诗学与美学研究丛书

现代审美问题

人类学的反思

王杰 著

北京大学出版社

图书在版编目（CIP）数据

现代审美问题：人类学的反思／王杰著．—北京：北京大学出版社，2013.12

（诗学与美学研究丛书）

ISBN 978-7-301-23846-2

Ⅰ．①现…　Ⅱ．①王…　Ⅲ．①审美分析　Ⅳ．①B83-0

中国版本图书馆 CIP 数据核字（2014）第 019460 号

书　　　名：现代审美问题：人类学的反思

著作责任者：王　杰　著

责 任 编 辑：张文礼

标 准 书 号：ISBN 978-7-301-23846-2/B·1179

出 版 发 行：北京大学出版社

地　　　址：北京市海淀区成府路 205 号　100871

网　　　址：http：//www. pup. cn　新浪官方微博：@北京大学出版社

电 子 信 箱：pkuwsz@126. com

电　　　话：邮购部 62752015　发行部 62750672　编辑部 62767315
出版部 62754962

印　刷　者：北京大学印刷厂

经　销　者：新华书店

650 毫米×980 毫米　16 开本　22.5 印张　357 千字

2013 年 12 月第 1 版　2013 年 12 月第 1 次印刷

定　　　价：49.00 元

目 录

第一辑

全球化审美：人类学视域

审美人类学与马克思主义美学的当代发展

20世纪90年代中期以来，一批美学、文化人类学领域的中青年学者对建立审美人类学的可能性与必要性、对其学理基础、学术渊源、学科定义、研究对象与方法进行了论证，基本上搭建起了审美人类学的学科框架①，审美人类学已经成为美学发展的重要方向之一。但与此同时，审美人类学在学理上仍存在一些亟待解决的问题，其中最重要也是最基本的问题有两个：一是作为一门学科，审美人类学所研究的基本问题是什么？二是作为美学与人类学的交叉学科，如何达成美学与人类学在理论与研究方法上的真正整合？学理问题的明确，决定着学科良性发展的可能性和方向，本文力求进一步深化审美人类学的学理思考，以促进审美人类学的发展。

一　审美人类学与马克思主义美学的历史渊源

审美人类学作为一门新兴的边缘学科，其学理上的合法性很大程度上取决于它与已有学科的成熟的思想理论体系之间的联系，因此，对审美人类学学理渊源的阐释一直是审美人类学的重要话题。在我们的论述中曾提到审美人类学与马克思的美学思想及马克思主义美学家

---

① 王杰、海力波：《审美人类学：研究方法与学科意义》，载《民族艺术》2000年第3期。覃德清：《审美人类学：价值取向与方法抉择》，载《民族艺术》1999年第3期。

在理论方法上的紧密联系①，但却还未系统梳理审美人类学与马克思主义美学思想两者间存在的渊源关系，这不能不说是审美人类学学理阐释中的重大缺环。在某种意义上，不仅可以说马克思主义美学思想是审美人类学最重要的学术思想来源，还可以说审美人类学本身就是马克思主义美学这棵参天大树在当代社会文化语境中受多种思潮浸润而催生的一枝新芽。审美人类学与马克思主义美学的渊源应当从马克思本人对浪漫主义美学的批评谈起。

具有系统的学科体系的美学产生于西方。尽管任何概括总难免有失偏颇，对于西方传统美学这一繁复的理论系统更是如此，但我们仍可将鲍姆嘉通到黑格尔的西方美学思想归纳为浪漫主义美学而不失其本旨。② 当然，这里所说的浪漫主义美学与文学史中所称的浪漫主义文学有重大的区别。我们所说的浪漫主义美学指的是一种基本的美学意识形态，涵盖整个资本主义文化时期，它的基本框架在康德美学中得到体现。康德美学的巨大张力在于把美学问题放在自由与必然、情感欲望与伦理要求、现实世界与艺术世界之间的二元对立的关系中来考察，将艺术与美视为超越人生一系列二元对立的方式，并将这种超越限定在想象的领域而与现实社会历史文化相脱节。这一方面保障了想象性超越不至于受现实社会变动的影响而失掉其作用，从而为康德美学成为一个圆满自足、不易被打破的理论体系创造了条件；另一方面，这也在思想上割断了美与孕育美的社会文化母体之间的脐带，从而使康德美学失掉了与现实相联系的可能性。在康德美学的影响下，经席勒、谢林至黑格尔，将美定义为“理念的感性显现”，已将美作为超现实、超功利的精神状态的观点发挥到极致。而当黑格尔在其《法哲学原理》中宣称其包罗万象的哲学体系已经完备，哲学已经发展到它的顶峰时，西方传统美学也就走到了严重危机状态。

马克思的伟大之处在于，他在浪漫主义审美神话占据着不可动摇的地位时，就已明确指出其虚幻性。在《1844 年经济学哲学手稿》和《德意志意识形态》中，马克思指出，正如宗教并不能真正解决现实

---

① 王杰、海力波：《马克思的审美人类学思想》，载《广西师范大学学报》2000 年第 4 期。

② 王杰：《审美幻象问题与心理学解释》，载《马克思主义与现代美学问题》，人民文学出版社 2000 年版，第 33—34 页。

的人的问题，而只是人民的鸦片那样，审美虽然能使人们被压抑的潜能得到某种实现，但只是在想象性和意识的层面上得到实现，这是一种虚幻性的实现，它与现实无关。在马克思对浪漫主义美学的批评中，我们过去往往只注意到论说的显在一面，即浪漫主义美学与资本主义生产方式的联系，却忽略了马克思在此处留下的言外之意，味外之旨，那就是，既然浪漫主义美学是西方工业文明的产物，那么，它的哲学基础、理论成果乃至论说方式就与而且只与西方文化的某一发展阶段相联系，并不具有普遍性意义，从而为不同的美学思考和论说方式的出现铺平了道路。同时，马克思的这一论述也暗示了他对某种特定的美学思想的产生与特定文化类型和社会发展阶段间存在的深层联系的关注，在马克思的晚年，他对人类学这门当时的新兴学科的极大兴趣更表明他企图寻找对于上层建筑、文化以及审美问题的更复杂的理解和说明。①

在马克思之后，通过对人类学材料和理论的借鉴来解决美学问题的趋势一直存在于马克思主义美学界中。从普列汉诺夫在《没有地址的信》中应用大量的原始艺术和考古学材料将艺术和审美心理的起源归于人类的劳动实践的论述到卢卡契在《审美特性》中大量引用人类学资料，都说明马克思主义美学与人类学的关系日趋紧密，而这一趋势最为明显地表现在当代西方马克思主义美学的理论发展中。在这里要着重加以论述的是现当代马克思主义美学家对马克思提出的商品使用价值理论的深刻思考和在此基础上重视“日常生活”这一概念所产生的重要影响。诚如伊格尔顿在《审美意识形态》一书中指出的那样，马克思在其美学思想中一向重视使用价值和交换价值的概念，他正是通过使用价值的概念解构了唯心主义哲学中居于核心地位的实践和审美之间的二元对立，正是通过对商品的使用价值的肯定，使得实践被包含在审美活动中，从而为人的真正的创造性活动也就是自由的活动或者说真正的艺术活动的出现创造了机会。伊格尔顿认为马克思通过对使用价值的把握将感性与理性重新联系起来，② 从而为在资本

① 王杰、海力波：《马克思的审美人类学思想》，载《广西师范大学学报》2000 年第 4 期。

② 特里 · 伊格尔顿：《审美意识形态》，王杰、付德根、麦永雄译，广西师范大学出版社 2001 年版，第 196—200 页。

主义社会中被私有制和强制性劳动所分裂的人的身体提供一个重新整合的机会。尽管在资本主义社会中，这种整合事实上是不可能实现的，但使用价值这一概念却使研究者的注意力从产品的生产过程转移到产品的流通、使用和再定义过程，从而为西方马克思主义美学的发展提供了新的思路。美国美学家波林·琼斯在《马克思主义美学——意识解放的日常生活基础》一书中认为，卢卡契作为第一个系统阐释马克思主义美学体系的思想家，在《历史与阶级意识》中提出了“日常生活”这一重要概念。他系统研究了资本主义社会的日常生活——商品拜物教——以及与日常生活密切联系的直接意识的虚幻性，由此将马克思主义美学研究的重点从商品——艺术产品和由此产生的审美制度、审美规范——的生产转移到商品的流通和使用领域，也就是艺术如何通过人们的现实活动而产生出审美意义的领域。马克思主义美学重视艺术与日常生活的关系，强调艺术所具有的启蒙能力和解放作用的根据及力量最终都产生于现实的日常生活。因此，深入地研究日常生活及日常生活所产生的审美需要，特别是研究作为文化创造者的大众的审美需要及其在不同文化中的不同表达机制，成为当代马克思主义美学的主要发展方向，马克思的许多重要美学观点都可以归结到日常生活的审美研究这一点上来。如马克思关于人的身体是审美活动的物质基础的论述就被伊格尔顿所继承，但是，人的身体并非单纯的肉体性存在，而是在现实历史条件和文化环境下的存在，因此对身体性的关注也就应该进一步推进为对文化塑造下的身体在日常生活中的表现的关注；还有，马克思主义美学所强调的艺术和审美对不合理的现实的改造，也可以通过考察艺术如何在生活中打破日常思维和现实社会结构，冲破意识形态的束缚而达致审美启蒙的目的。

正是在这一基础上，文化人类学与美学尤其是马克思主义美学思想达致了融合的契机。马克思的继承者们从对使用价值的重视发展到对实践这一概念在美学中作用的阐发，进而将实践放置到现实的日常生活中加以考察。以西方马克思主义美学的日常生活概念的进一步研究为基础，促成了人类学与马克思主义美学的结合。从 20 世纪 60 年代起，人类学界掀起了一股理论反思的浪潮，人类学家纷纷转向最具批判性的马克思及后继的马克思主义思想家以寻找新的理论资源，对原有的人类学理论进行反思。其中最具影响力的当推法国人类学家布迪厄和美国人类学家萨林斯，他们借鉴了“实践”和“日常生活”这两个概念，指出作为人的能动性和现实活动的实践对既有的社会文化体系具有继承与服从、破坏与创新的两重性，进而要求人类学者放弃传统的寻找最深层的、不变的社会结构与文化规则的目标，转而研究通过日常生活表现出来的实践与社会文化体系之间复杂的互动关系，他们的理论在人类学界引起重大反响，也成为审美人类学出现的契机。①

二　人类学与马克思主义美学理论的深层整合

审美制度这一概念的提出和对此进行的探讨是审美人类学实现人类学与马克思主义美学深层整合的标志和重要成果。

审美制度这一概念与阿尔都塞的意识形态理论有着密切的联系。阿尔都塞最早将意识形态这一概念理论化，指出意识形态是人对自身与现实生存条件之间关系的理解和表述，并将意识形态视为在一定思想体系制约下确立的行为实践与制度——仪式、风俗习惯、教育、宗教、家庭、传媒、文化工业等，艺术与审美活动也包括于其中。从审美人类学角度来考察阿尔都塞的意识形态理论，我们发现正是他进一步揭开了艺术与审美的神秘面纱，彻底打破了艺术与现实生活之间的二元对立关系，将审美从充当艺术与现实的调解人的高高在上的位置拉下来，揭示出艺术与审美并非如浪漫主义美学和在他之前的马克思主义美学诸流派所认为的那样，是独立于现实社会生活的纯洁的产物，相反，在艺术与审美的背后存在着与现实社会生活的错综复杂的关系。可以说，阿尔都塞重新拾起了马克思的探求美学思想与特定文化之间深层联系的理论火炬，在这一认识基础上，他将审美活动纳入整个社会文化体系中，并在具体的社会文化体系中解释审美的本质，从而将审美研究落实到日常生活这一层面。但是，在如何区分真正的艺术与审美意识形态，如何通过对艺术和审美活动的意识形态本质加以深入分析，以找到超越意识形态限制的途径这一重要问题上，阿尔都塞保

① 参见纳日碧力戈等《人类学理论的新格局》，社会科学文献出版社2001年版。

持了理论上的沉默。这说明了问题的复杂性和寻求其他理论资源的必要性。

从20世纪70年代起，解释人类学这一学派占据了文化人类学发展的主导地位。以美国人类学家克利福德·格尔兹为主要代表人物的解释人类学强调通过对特定场境下所表现的文化细节的深入观察与分析，也即所谓的“深描”（thick description）① 来达到对文化内部规则和象征体系的了解。将阿尔都塞的审美意识形态理论与格尔兹等对艺术和审美问题的观点加以比较，会发现两者间存在着相通之处。解释人类学一直将审美和艺术放在文化的整体中加以研究，并始终将其与文化的其他组成部分加以联系。正如格尔兹所说：“一个人对生活的感知当然表现在生活的各个方面，不仅表现在艺术上，还表现在人们的宗教观、道德观、科学观、商业观、技术观、政治观、娱乐观、法律观念，甚至还表现在他们任何安排日常生活现实生存的方式上。”② 因此，格尔兹认为艺术和审美观念与日常生活中其他领域的观念有着密切的联系，同为文化的深层法则在不同生活层面的表现。“在一些具体情形下，在我们称之为文化的那种普通的符号形式中的亲本参与体是可能渗入我们称之为艺术的那种实体的。因之艺术的理论同时亦即是文化的理论，它不是一个自治的领域。如果它是一种符号学的艺术理论，它必须探寻社会生活的符号意蕴，而不是那些臆造的二元论的、转换的、平行的或同一的世界。”③ 格尔兹强调，对艺术的审美意蕴的探求应当深入到现实社会生活的具体的和为数众多的方方面面中。

当然，在阿尔都塞保持理论沉默的地方，格尔兹也未能说出更多的东西，但是解释人类学强调对文化的符号与象征体系的考察却为审美人类学提供了新的思路。审美人类学认为“对关于美学进行探讨的学问我们可以称之为符号学，也就是去研究符号的意义的学科。这种学科我们不能用一般的科学诸如逻辑和数学之类去对它诠释，而只能

---

① 参见克利福德·格尔兹《文化的解释》之《深描：迈向文化的阐释理论》，纳日碧力戈译，上海人民出版社1999年版。

② 克利福德·格尔兹：《地方性知识》，王海龙、张家瑄译，中央编译出版社2000年版，第124页。

③ 同上书，第141页。

是以社会性的学科诸如历史和人类学去研究”①。对审美问题的研究可以转换为对审美符号的研究，从而把美学研究“引入一种符号和象征的自然史的疆域，一种以意义为传媒的文化人类学的领地。这些符号和象征，这些意义的媒介，在社会生活中或社会的一个部分里扮演着自己的角色，而且在事实上是它们给社会注入生命。在这儿，意义也是源于使用而起，或更确切地说，是从使用中产生的”②。

在解释人类学看来，主体对外在世界是通过运用一系列的符号体系来加以把握和认识的，也就是说人的文化关系和对文化关系的表达都是通过符号象征体系来处理的，人的审美关系作为整体文化关系的组成部分之一也是如此。文化实际上就是体现在符号意义中的结构，文化作为一种意义模式通过符号在历史上代代相传，其传承的观念体现在象征形式中，符号体系通过象征形式传递意义，达致人与人的交流，并发展出人生知识和生命态度。艺术是这一符号体系中的重要组成部分，但是，在大多数人类文化中，其他的符号体系组成部分与艺术一样发挥着传递审美意义的功能。因此，审美意识形态也是表现为一系列的文化符号而发挥着作用，它表现在社会生活的诸多方面，并不仅仅局限在艺术领域。审美人类学认为，通过将审美意识形态符号化，可以将其从较为抽象的层面具体化为较具体的层面。通过观察审美符号在不同的文化语境中的不同表现，我们就可以运用解释人类学倡导的“深描”方法对其内在规律加以阐释。此外，审美意识形态的符号化也可以帮助我们对审美与艺术在文化体系中的位置有更好的了解。人类学认为文化可以分为技术的、制度的、精神与信仰的三个层次，对艺术和审美活动，传统的美学研究注重的往往是精神层次上的问题，将审美和艺术活动视为人的单纯的精神领域的活动来加以考察研究；而传统的文化人类学对艺术和审美的研究刚好处于另一个极端，即注重艺术和审美活动的物质基础和技术条件。审美人类学则侧重对处于两者间的审美与艺术的制度层面加以研究，即通过对审美与艺术符号在文化语境中的具体表现来找出在其背后隐藏着的被社会约定俗成的一套规则与禁忌。

---

① 克利福德·格尔兹：《地方性知识》，王海龙、张家瑄译，中央编译出版社 2000 年版，第 154 页。

② 同上。

何谓审美制度，应该说这还是美学研究中的一个新名词。审美人类学认为审美制度是文化体系中隐在的一套规则和禁忌，包括文化对成员的审美需要所体现的具体形式，也即社会文化对审美对象的选择和限定；包括了成员的审美能力在不同文化中和文化的不同语境中所表现出的发展方向和实质；当然还包括了受不同的审美需要和审美能力限制所产生的特定文化的审美交流机制。此外，审美制度也体现在物质和环境的范畴上，包括了文化所给予的艺术创造的技术手段和历史形成的社会对艺术所持的接受态度和审美氛围。“深描”的方法对具体观察人们在日常生活中的实践活动及其影响具有明显的方法论意义，但更重要的是“审美制度”这一概念的提出。在马克思看来，真正的审美与艺术活动始终具有重大的积极意义，是超越现实制约的重要手段。审美制度包括了审美意识形态的内容，但又超越了后者的局限。在布迪厄等人看来，人的自由活动和规则制约之间存在一种“中介”（agency），这种中介包括了人的选择、思考、策略和谋划，凭借中介的作用，人可以利用社会空间的缝隙实现自己的目的，甚至对社会规则加以改造，布迪厄将这种创造性行为称为具有“艺术意味”的行为。当然，他是在比喻的层面上使用这个词的，但我们相信审美制度正是社会文化体系中“中介”的重要表现，不同的审美制度体现了不同社会文化体系的弹性和活力。

在审美制度中，尽管审美需要是人的本质属性，但是它在人类生活中的表现却是受文化制约的，不同的文化有不同的审美需要，并由此决定了审美能力的发展方向和审美交流、审美表达的具体途径。在经济全球化的今天，无论是占据着主导地位的西方文明还是处于发展阶段的非西方文明，文化传统都面临着自身发展的严重问题。人类学家萨林斯在《甜蜜的悲哀》一书中通过对咖啡和茶在原产地都不放糖，而传入西方后却与糖不可分离这一文化细节的揭示，指出了受到西方文化传统的制约而形成的审美需要，具有不同于其他文化传统的特点。① 他的论述给我们以启示：审美人类学当前的重要任务应当是通过田野调查方法深入了解并分析中华本土文化尤其是其中的底层文

---

① 马歇尔·萨林斯：《甜蜜的悲哀》，王铭铭、胡宗泽译，三联书店 2000 年版，第 69 页。

化和边缘文化所具有的不同于西方文明的审美需要，找出其特征所在，并进而在理论上加以说明，以便超越美学思想中西方中心话语的思路，为消除审美意识形态对人的真正的审美需要的蒙蔽，从而实现马克思主义美学所重视的审美启蒙的目的找到新的、更具建设性的路径。

三　对马克思主义美学基本问题的当代回答

审美人类学的这一理论目标实际上正与马克思主义美学的实践性要求相合拍。马克思把介入实际的社会发展进程从而达到改造世界的目的作为其哲学思想与其他哲学思想的本质区别之一。在这一天才的审美理想的指引下，马克思对浪漫主义美学的基本问题提出了质疑，浪漫主义美学将美学的基本问题界定在论证和解释审美的神圣性、非功利性、超越现实性之上，马克思对审美神话的解构同时也使浪漫主义美学的基本问题失去了意义。在1857年写成的《〈政治经济学批判〉导言》中，马克思从分析古希腊神话的永恒魅力着手，提出了美学的基本问题应当是研究艺术的永恒魅力的社会根源、艺术和美的创造与现实社会生活的联系、审美在社会历史发展进程中起到的积极作用等问题。在人类进入后现代社会，全球化趋势不可阻挡的今天，这一问题甚至显得更为复杂和尖锐。马克思提出的美学基本问题可深化为以下问题：艺术创造和审美活动如何使现代科技导致的社会变迁不至于与人类伟大的历史文化传统相分离。如何在人类文明进程新的发展阶段对这一问题做出自己的回答，正是审美人类学的基本任务，也就是说，审美人类学是对马克思主义美学基本问题在全球化时代的深化和进一步解答的尝试。

当然作为一门新兴学科，审美人类学对此问题作出完满回答的时机尚未成熟。但田野始终是审美人类学学者获得灵感的源泉，对艺术和审美在日常生活中的作用和具体发生途径的研究始终是解决问题的方向，鲜活的文化事象已给我们以极大的启示。作为审美人类学课题组田野调查项目的组成部分，笔者一直对广西阳朔县漓江畔一个有七百余年历史的古镇——福利镇进行追踪调查，以期对当地文化传承过程有所了解。在一次当地民间节日——“五月八”——庆典中，一幅活动场景给笔者以极大的文化震撼：走在整个巡游队伍最前面的一队游行者，身穿印有“新科电器”字样的广告衫，手持“牌灯”（为巡游队伍和供奉神灵开路照明之用的长方形玻璃匣灯），灯匣的一面绘有“祖国统一”、“和平稳定”、“科技进步”、“少生优生”等政府倡导的政策标语，另一面则绘有西王母、孙悟空、秦琼、郑成功、天师等当地民间神灵谱系中的各路神仙。事后，笔者得知这次活动乃至牌灯的制作完全是民间自发的行为，当地政府并未给参与者任何限制，而广告衫则是活动的民间组织者向当地的企业拉赞助时获得的赞助品的一部分。实际上，就在巡游队伍的两侧，很多企业包括新科电器在当地的代销处纷纷挂起条幅，进行产品的促销活动。

这不起眼的一幕给笔者以重要的启迪，以广告衫为象征的现代商业文化、以标语为象征的意识形态主旋律文化和以神灵谱系为象征的民间传统文化在这一队虔诚而兴奋的活动者身上如此和谐地统一在一起。在这里，现代商业文化并不像某些学者认为的那样，对民间传统文化起到的仅仅是破坏作用，相反，正是现代商业文化给民间传统文化的演示提供了舞台和空间（除了经济的因素外，可想而知，在极度政治化的年代，这样的活动是不被允许的）。此次庆典主要供祭的对象是两位在当地享有最高地位的神灵——天后和颍考叔，天后即妈祖，天后的职责就是保证风调雨顺，也兼管求子和生育；颍考叔在《左传》中有记载，为春秋时郑国大臣，使郑庄公与其母和好相会，被认为是掌管小孩健康和前途的神灵，同时也是忠孝的象征。从这两位神灵的选择上，不难发现以天后为象征的汉族民间信仰和以颍考叔（仅仅是儒家经典中的历史人物，还未发现在其他地方有奉其为神灵的信仰）为象征的上层儒家思想的结合（在民间以一种更为温馨的形式来促成这宗结合——称他们为公公婆婆，为一对恩爱夫妻）。而在放花炮、供放求子纸鞋、舞板凳龙等祭祀形式中还可看到百越文化底蕴的影响。意识形态主旋律文化常常被民间文化所借用以增强自身的合法性，但我们看到的是一种有选择的借用，在街道两旁贴着老百姓自己创作的标语：“向颍考叔学习忠心爱国的精神！”“向婆婆学习尊老爱幼的精神！”而牌灯上所绘的口号从和平稳定到祖国统一再到发展科技、少生优生等也无不与民众现实生活相关，从形式和内容上都可见到主旋律文化与民间传统相符的部分被整合进民间价值体系中。整个庆典活动本身也构成一个象征体系在起作用：商业文化作为民众活动的物质基础，主旋律文化被视为民众生活和活动的保障，其与民间价值体系相关相符的部分也被整合进民间文化传统中，但作为民众生活和活动基础的仍是传统的精神文化层面，无论从原有的神灵信仰还是从被整合的主旋律文化来看，都体现了三个层次：风调雨顺与和平稳定，强调了人与自然的和谐；颖考叔的忠孝和祖国统一、发展科技等思想，强调人与社会层面的和谐；而少生优生与求子等习俗，体现着人自身和谐的愿望。三个层次的愿望将人与自然、人与社会、人自身相统一，并使参与者摆脱现实对人的绝对控制而看到天与人、历史与现实、现在与未来、此岸世界与彼岸世界的本质联系。在这一意义与行动相联系的过程中，体现了人们凭借民间智慧的力量构建起内涵丰富的、灵活的象征符号体系的能力。类似的象征符号体系正是阿尔都塞、布迪厄等提出的中介的体现，凭借对象征符号体系的不断改造和赋予新意，人们保持了对社会现实的适应能力。通过对庆典活动的观察，我们发现庆典本身就是民间工艺和民间歌舞艺术的展演，但在展演的审美目的背后却隐含着三个层次的愿望，审美需要与功利的、伦理的、宗教的、意识形态的需求相结合相共存，正符合结构主义人类学家列维－斯特劳斯所倡导的整体把握世界的野性思维的要求，是这一特征的当代体现，体现出野性思维与理性思维的和谐共存。这种不同思维方式的共存使得西南文化具有与众不同的特点。

野性思维与理性思维的和谐共存对人类而言具有重大的意义。列维－斯特劳斯在《野性的思维》一书中着重指出，野性的思维是人类共有的普遍精神，而理性的思维才是近代西方文明特有的产物。但是，野性的思维也并不缺乏理性、推理能力和创造新事物的智慧，它同样是人类有效把握世界的方式，并且野性的思维在人类历史进程的最关键时代——新石器时代——创造了“具体性的科学”，从中诞生出满足人类基本生存需要并至今仍作为文明基础的各种文明技艺，如农业、畜牧、制陶、纺织、食物的保存加工等。在肯定野性思维的科学与实用作用的同时，列维－斯特劳斯还预言最现代化的科学精神必定会与野性思维相交汇并恢复野性思维的原则和合理性。在对审美的研究方面，列维－斯特劳斯对野性思维即具体性思维与人类审美感觉对世界的把握和理解方式上的一致很感兴趣，并认为野性思维天然地具有美学价值。实际上，他认为野性思维与理性思维作为人类思维的两种并行形式分别对应于艺术和科学这两种人类感知和把握世界的方式。在理性思维占据主导地位的现代社会里，野性思维以艺术和审美活动为栖居地而存在着。列维－斯特劳斯推崇野性思维在人类历史进步上起到的巨大作用，并认为野性思维是人类原初和共同的思维形态，理性思维要获得“生活的睿智”必须要以野性思维为中介。因此，他极力强调艺术与野性思维间的天然联系，认为原始艺术之所以成为唯一不衰落的艺术，就在于它是对“绝对存在物”的表现，而不像现代艺术那样过分重视技巧和艺术家个人的目的，这所谓的绝对存在物在他看来就是人与自然的直接联系，他主张艺术的前途在于“重新去接触自然，获得自然的原始状况”①。尽管格尔兹被视为后结构主义者，但他对斯特劳斯的这一论断却抱赞同的态度，他说道：“如果人类保持这种介于原始状态下的懒散和受自身固有的特性激励而进行的探索活动之间的中间状态（即野性思维与理性思维方式的中间状态——著者按），而不是由于不恰当的偶然性，受了机械的文明、无休止的野心、傲慢和利己主义的影响而抛弃它，会更好一些。然而，他的确抛弃了它。社会改革的任务是要使我们重新返回这一中间状态，然而，并不是通过将我们拽回到新石器时代，而是通过向我们展示人类的成果、社会的优雅中存留的令人激动的零散观点，将我们推向一个理性的未来，在那里甚至可以更完整地实现其理想——注重自我与普遍同情之间的平衡。这是……向人类发展的进程，被卢梭称为‘完美’的更高的思考能力的逐渐展露过程。”② 野性思维与理性思维的结合在西南各民族文化中仍以一种较和谐的方式存在着，这种存在的基础是什么？应该说找出这一基础正是审美人类学的学术使命。

在西南民族的一系列民俗行为系统中，现实功利目的、审美目的、信仰目的往往三位一体地存在于一种行为中，功利性的一面使民俗行为能面对现实而保持一种开放性，信仰的层面使其保持与历史传统和文化固有规则的联系，而审美和艺术则在两者间保持一种张力和平衡，并使民俗行为笼罩上一层诱人的光环，从而使民俗行为系统具有一种

① 列维－斯特劳斯：《结构人类学》第2卷，上海译文出版社1999年版，第309页。

② 克利福德·格尔兹：《文化的解释》，第411页。

生生不息的特点。正是由于有了这层神秘的光环，感性与理性相交融的审美活动才能以民俗行为系统为基础而延续。在对本民族文化传统加以妥善保存和延续的同时，又能对新的技术和文化内容加以改造性的吸收。在这些未得到主流美学界重视的现实审美制度和审美活动当中，我们看到了解决全球化时代马克思主义美学基本问题的途径。

（原文刊发于《文艺研究》2002 年第 2 期）

审美人类学的学理基础与实践精神

美学作为一门“感性”之学，一直关注世界上各民族的审美感知的生成及其特质，而人类学研究人的体质和文化，也离不开人的感性因素。人类按照美的规律来创造文化，人类学在区域开发与文化建设过程中，推行指导变迁的理论，所遵循的最高原则是美学原则，让人充分体验到感性之美与精神之美，由“悦耳悦目”，而“悦心悦意”，最终臻至“悦志悦神”的境界。

一　审美人类学研究的理论渊源

在文化人类学看来，所谓文化，也就是人类为了适应自然生态环境、适应社会演进以期实现身心和谐而创造出来的文明成果。人类为从自然中获得生存必需的资源，发明了一整套的技术手段以控制自然，更会通过各种途径促使人的心灵与自然之间建立起相互依存的关系，从而发明出一整套的社会规范和悦人身心的精神文化系列。尽管不同民族和文化中其精神价值规范表现形式千差万别，但是，其核心也仍然离不开抚慰人的心灵，提高人的生存质量这一终极目标。所以，按照人类学文化整体观来展开一个新的思辨空间，可以发现，作为审美文化核心的文学艺术，在本质上是相互渗透的人类文化浑融体中的一个侧面。诸如维柯的《新科学》、温克尔曼的《古代艺术史》、格罗塞的《艺术的起源》、康德的《判断力批判》、席勒的《审美教育书简》、普列汉诺夫的《没有地址的信》等美学经典著作，包含着大量的人类学素材和观点。而人类学家所从事的田野观察和民族志记录，始终注意到被观察对象的心灵世界和精神境况。从马林诺夫斯基到博厄斯，从列维－斯特劳斯的结构主义到当代此伏彼起的人类学各种思潮，都不乏有关文学艺术和人的感性世界的独到见解。国外人类学领域对异民族民间艺术的深入研究，积累了大量资料，逐步形成一种学术传统，促使审美人类学（Aesthetic Anthropology）研究取得一系列的研究成果，作为一门综合性的美学与人类学的交叉学科，逐步走向成熟。①

中国民族学、人类学领域有关文学艺术和审美习俗的研究，也具有源远流长的历史。中国民族学的开创者蔡元培先生留学德国期间，广泛研修哲学、文学、文明史和人类学，曾撰写《美术的起源》等文章，他还倡导建立美术博物馆，主张以美育代替宗教。毕生致力于人类学调查和研究的凌纯声先生，在其代表作《松花江下游的赫哲族》《湘西苗族调查报告》《中国边疆民族与环太平洋文化》《畲民图腾文化研究》等著作中，不乏对民族民间艺术的热切关注。② 知名人类学家林耀华先生以小说体裁写成他的成名作《金翼》。③ 林惠祥《文化人类学》中，列专章讨论原始艺术问题，认为“生活余暇，原始人也发挥其审美性而生出艺术来”，分析了原始人的人体装饰、器物装饰、绘画雕刻，以及舞蹈、诗歌和音乐。④ 岑家梧的《史前艺术史》《图腾艺术史》《中国艺术论集》，堪称中国人类学家研究初民艺术和审美特质的典范之作。⑤ 而近年来费孝通先生提出的“各美其美，美人之美、美美与共，天下大同”的文化共处原则以及文化向“艺术的境界发展”的更高层次的文化转向⑥，更是为人类学与美学的深度汇融，提供了新的契机。在这里，美已经成为文化最根本特点的象征。费孝通先生注重的是各文化不同特点的保持，而审美人类学则在对各民族、

---

① 参阅 *Culture/Contexture*：*Explorations in Anthropology and Literary Studies*，edited by E. Valentine and M. Peck，University of California Press，1996. *Beauty in Context——Towards an Anthropology Approach Aesthetics*，by Wilfried Van Danme，E. J. Brill Leiden New York Koln，1996。

② 参阅王建民《中国民族学史》有关凌纯声的章节，云南教育出版社 1997 年版。

③ 林耀华：《金翼：中国家族制度的社会学研究》，庄孔韶、林宗成译，三联书店 1989 年版。

④ 林惠祥：《文化人类学·序》，商务印书馆 1991 年第 2 版，第 1 页。

⑤ 参阅王建民《中国民族学史》有关岑家梧的章节，云南教育出版社，1997 年版。

⑥ 费孝通：《更高层次的文化走向》，载《民族艺术》1999 年第 4 期，第 15 页。

各文化的深入了解的基础上，强调对“大同之美”的体认。所谓的“大同之美”也就是人类文化进化的普遍标准，审美人类学认为这一标准应当在人类各文化的艺术和审美表现领域中寻找。

实际上，中外美学研究对人类学材料的引用以及对人类学学术理念的认同，早已形成一种学术传统，而中外人类学界历来注重调查对象的娱乐习俗、审美创造以及实现精神愉悦的方式和途径。中外美学史和人类学史上彼此之间在材料和研究路向的相互采借和相互交融，构成审美人类学深厚的学术渊源。

在经济和文化全球化的今天，人类面临着与以往任何一个时代都不同的问题和困境，由于西方文明发展起来的现代科技在某些方面已超出了本身所能控制的程度，人类迷惑于现代科技带来的短期利益，一些后发展的国家和民族在迫不及待地学习现代科技的同时，也毫无保留地接受了西方文明的精神和价值规范，造成原有文化传统的丧失和残缺。当人们终于认识到现代科技并不能解决发展中国家的所有问题，却发现西方文明不能提供有效的补救措施，而原可作为思想和行动资源的本土文化传统也早已畸变、扭曲，乃至丧失殆尽。西方文明无力解决本身造成的问题，这已成为思想界的共识。有鉴于此，美学和人类学研究需要站在人类文明史的高度反观有史以来人类的物质文化的创造和艺术创造，探讨如何引导并且保证社会变迁不至于与人类伟大的历史文化传统相分离。

答案必须建立在人类学对人类文化形态的充分了解和深入认识的基础上，尤其对西方工业化文明以外的各种原生态文化应当予以公正的评价和足够的重视。实际上，通过对非西方文化的调查了解，人类学家已经证实很多被美学家视为公理的概念如审美的无功利性、艺术活动与人类其他活动相分离、美仅仅与人的精神活动相关等，只是西方近代文化的产物，也只在西方文化的范围内才是有效的，而在人类文明的整体视野内，对艺术和美的理解、审美体验和美的创造方式还存在着各种不同的回答。因此，一些人类学家已经向美学家发出劝告，如文化相对主义的创始人，美国人类学家赫斯科维茨就曾认为美学研究缺乏一种“交叉文化的多维性（Cross-cultural Dimension），因此有必要使美学理论的基础更加扩大化，以打破贯穿在美学中的受一种文化束缚的局限性”①。这种“交叉文化的多维性”也正是审美人类学寻求的学术视野，为了解答马克思主义美学当代问题，就必须尊重文化差异，了解不同文化传统中美的理解和美的创造、欣赏方式，并从中提炼出有益当代社会发展的因素。具体来讲，也就是要“在不同民族文学（艺术）生产方式的比较研究的基础上，通过对艺术品（文本）的产生和交流方式的具体研究，探讨现实的审美关系，探索审美需要——文化书写——文本书写三者之间复杂的转换关系，阐释少数民族文化中积极健康的审美交流方式，从而为超越以工具理性为基础的现代艺术生产方式和审美交流方式提供可资借鉴的文化资源和学理根据”②。

二　审美人类学研究的逻辑起点

马克思认为，理论的作用不仅仅是认识世界，重要的是改造世界。马克思视此为自己与其他哲学家的根本区别。人类学强调身体力行开展田野作业的实证精神，为人们“认识世界”提供了有力的武器，而美学的浪漫主义情怀，则为“改造世界”指明了更为符合人的本性的更高层次的发展方向。审美人类学作为早已客观存在于美学研究领域的人类学探求指向，同人类学学科史上渊源深远的美学旨趣的化合创生的逻辑延伸，责无旁贷地需要担当起“认识世界”和“改造世界”的历史重任，并以此作为研究的出发点和落脚点。对于以中国学术资源为基础的审美人类学研究的理论提升，首先必须解决的前提，是对审美人类学基本概念、研究对象、研究方法、理论旨趣和学术规范作出明确概括。

众所周知，任何一门学科如果没有深厚的学术渊源和自己的研究理念，就无法真正确立起来，如果不能解决学科发展过程中的某些困境和社会现实中的某些问题，也就难以获得源源不断的生机活力。审美人类学是古往今来中外美学界和人类学界自觉或不自觉的共同学术

---

① 转引自朱狄《原始文化研究》，三联书店1988年版，第781页。

② 参见王杰、海力波《审美人类学：研究方法与学科意义》，载《民族艺术》2000年第3期。

追求发展到一定阶段之后应运而生的逻辑结果，它既是美学自身发展需要不断超越、不断摆脱困境的自我调节的历史必然性的反映，也是人类学发展到20世纪中后期需要向更高层次转化的趋势。所以，审美人类学的基本概念同美学和人类学原有的有关人的审美创造、审美感知、审美能力、审美体验和精神愉悦的实现路径等概念和范畴紧密相关。审美人类学的研究对象的核心层次是特定区域族群的审美实践和审美文化的创造性成果。世界上各个区域的人类群体，无不生发并传承着自成一体的使身心得以平衡和愉悦的娱乐方式。人类和动物的根本区别就是人类拥有发达的对外界的感知神经，人类能够自觉地调节身心，借助舞蹈、歌咏、音乐，还有虔诚的宗教崇拜，获得心境的安详和愉悦的审美体验。此中蕴涵的审美价值和生存智慧，有时会被外在相对滞后的经济状况所暂时遮蔽，但只要在现代躁动不安而忙忙碌碌中静思回观，就会领会到美的创造和美的体验正是人类生存所真正需要的内在的东西。因此，揭开特定区域族群文化中被遮蔽的审美感知方式，激扬符合美的规律的文化创造原则，建构充溢审美氛围的生存环境，就成为审美人类学研究的重要任务。

传统美学研究主要运用形而上抽象思辨的学术探求方式，而审美文化研究力图把哲学层面的美学研究向形而下具体层面靠拢。前者的抽象玄虚与后者导致美学的泛化已经引起学术界的警惕。相对而言，审美人类学更为强调规范化的人类学研究方法的采借，强调关注社会现实而不失学术研究的独立性，注重第一手资料的搜集，也要在资料积累到一定程度之后，努力探寻规律性认识。人类学经过一百多年的发展，形成的一整套学术理念和方法论体系，可为保证审美人类学研究方法的有效性、学术品格的纯正性、学术脉络的清晰度以及学术生命力的持久性，提供学科理论及方法的有力支撑。20世纪80年代以来，一些轰动一时的学术思潮之所以无疾而终，究其原因，主要在于学科根基飘浮不定，学科方法论资源的深厚度与规范性不足。审美人类学将研究的根基建立在扎实而规范化的区域文化调查的基础之上，一方面承接美学学科领域的审美人类学资源，另一方面，充分借鉴传统人类学的文化整体观、跨文化比较、主位客位转换、动态演化与文化相对论视角等学术理念和研究方法，使之成为审美人类学方法论体系的有机组成部分。从这个意义上说，审美人类学就不仅是美学界面对学术转型和学术困境的自我调节和在原有研究领域基础上的自我拓展，还是学术渊源与知识结构的重新组合，是冲破学科壁垒，由美学和人类学研究者取长补短而携手共进的一种新的尝试。因此，有效地开展审美人类学研究，需要兼备基本的美学训练和人类学知识系统的训练，需要深谙美学的旨趣和人类学的传统规范。

审美人类学的知识背景要求的严格程度和它的理论价值是相辅相成的。在当今知识迅速增长、学科边界日趋模糊的时代，传统学科内部的修修补补与自我拓殖，不足以酝酿出富有强劲生命活力的学术新质。文学研究与美学研究在某种程度上出现的边缘化倾向，主要缘于自身学术更新、学术重组与学术创造能力有待提高。引进西方的话语不足以解释具有独特文化渊源的中国文明传统的现代演进路向，数千年文化的承继性和中国56个民族文化之间的差异性，使得来自西方的现代性或者后现代性理论的直接借用，面临极大的困难，始终摆脱不了削足适履和方枘圆凿的难堪境地。将西方学者开出的“灵丹妙药”，运用于研究中国各区域和众多族群的审美实践，中国的学术只能相对于西方而存在，实际上陷入了头足倒置的误区。因此，中国美学研究的根基在中国各区域各民族的审美实践以及相应的审美文化的载体，审美人类学研究的逻辑起点是深入调查现实当中真实存在的审美文化现象，通过细致描绘审美文化的传承形态，提升出立足于中国区域民族审美文化的理性认识，进而激扬符合审美规律的文化习俗，抑制反美学社会因素的滋生蔓延，提升民族文化品位，从而实现审美人类学学术价值与社会效应的和谐统一。

三　审美人类学与文化人类学理论方法的契合

审美人类学力图超越二元对立的西方美学、哲学体系，在宏阔的多元文化背景下，贴近人类审美感性活动，同时与具体文化情景相适应，使美学研究从想象性的精神活动变为作用于社会现实生活的实践活动。对马克思主义美学基本问题的继承使审美人类学与传统美学研究相区别，也使它不同于西方人类学界研究非西方文化中审美现象的美学人类学（the Anthropology of Aesthetics）和国内以探寻美和具体艺术样式的起源为主要内容的艺术人类学，从而体现出独特的学术理路。

审美人类学对文化人类学理论方法的认同，体现在由表及里、由浅入深的三个层面上。

首先，将美和艺术放在文化的结构体系中，并始终将其与文化的其他组成部分加以联系而进行研究。在某种意义上说，正是人类学的这种整体研究法为美学与人类学的联姻创造了条件。马克思的重要美学贡献就在于揭示审美活动和艺术创造与现实生活的联系，把美作为现实社会文化的重要组成部分之一，并从艺术生产方式和审美意识形态两个方面对美与现实社会生活的关系进行研究。西方马克思主义美学家伊格尔顿就此提出了以身体话语为中心的美学理论，视身体为精神、伦理和情感活动的载体，认为身体决定着情感话语的活动方向和强度，使美学恢复了其原有的感性学的面目。但是，人的身体并非单纯的肉体性存在，而是现实历史中的物质性存在，因此，对身体性的关注也就应该更进一步地推进为对日常生活的关注，美学研究也就应相应地从艺术和审美活动扩大到日常生活，探讨不同的日常生活如何产生出不同的文化需要和审美需要的问题，也就是将对美的研究放到对文化的整体研究的背景下。① 这不可避免地与人类学，尤其与人类学最新的研究方法——深度阐释法——相联系。当代人类学在社会科学界最有影响的代表人物，美国人类学家格尔兹（Glifford Geertz）继列维 - 斯特劳斯之后，提出不同于抽象的文化深层结构分析，也不同于制度性素材堆砌的民族志方法，即“深描”（thick description）方法。他将注意力放在通常被忽视的表层的现实生活和作为它的基础的生物和物质的必要因素上，通过对生活细节的微观的描述，进行文化的广泛的阐释和抽象的分析，其目的是“从细小但编织得非常缜密的事实中推出大结论；通过把那些概括文化对于建构集体生活的作用的泛论贯彻到与复杂的细节相结合中，来支持这些立论广泛的观点”，从而达到“理解他人的理解”的目的，实现对文化的观念世界、文化成员的观念世界、观察者的观念世界之间的异同的理解，获得对不同的

---

① 王杰：《马克思主义对现代西方美学思潮的影响》，载《马克思主义与现代美学问题》，人民文学出版社 2000 年版，第 227—242 页。

文化解释体系的转译与贯通。① 这种深度阐释方法对文化的符号层面——艺术、宗教、意识形态等——尤其具有很强的解释力，使我们注意到在上层建筑的领域，文化的固有符号和意义系统、作为文化拥有者的社会成员经过自己的理解和改造而拥有的符号和意义系统、人类学家等文化的研究者通过主位、客位的观察而拥有的符号和意义系统间的微妙差异，以及正是通过难以觉察的差异表现出的文化的特性和意义。

西方马克思主义美学中的审美意识形态理论也正是侧重于审美与审美意识形态、主流意识形态之间的微妙关系，并力图从艺术与意识形态间的裂缝中找到美和社会发展的机遇。审美人类学和审美意识形态理论两者都从生活的原生形态着手，都有着相同的学术和现实目的，“观察社会行动的符号层面——艺术、宗教、意识形态、科学、法律、常识——不是逃脱现实社会的困境，寻求六根清净的最高境界，而是投身于这些困境中去”②，而前者无疑可为后者提供更具操作性的手段。

其次，体现在对文化人类学理论成果的吸收上。人类学作为对人类文化最具包容性和前瞻性的学科，其理论成果对其他社会科学和人文学科往往也具有启发性。考古资料证明人类最早的艺术产生于旧石器时代晚期，基本与现代人类的出现同时，因此，艺术创造与审美能力不再是某种依附于巫术或其他活动的奢侈品，而是在人类形成的关键时期，与语言、工具的复杂化等同时出现的另一种重要能力。一部分美学家据此提出人的真正特质应该是审美和艺术，这一大胆的观点仍在争论中，但艺术创造和审美能力在人类形成过程中所起作用比我们现在所猜测的要大得多，这一点当无疑意。审美人类学的任务包括具体研究人类早期的艺术才能与人类的形象创造力、利用形象来表现事物与抽象的观念，并通过这种活动来表达情感、探索未知世界、与他人沟通的能力等。审美人类学认为，艺术能力可能大大提高当时人类的视觉定位、双手并用能力、空间、时间、观察认识能力，并创造出符号表达和抽象思维能力，从而创造出人类早期文化的决定性的、

---

① 克利福德·格尔兹：《文化的解释》，纳日碧力戈等译，上海人民出版社1999年版，第31、34页。

② 同上。

非语言的、适应性的符号化能力，为语言的出现、工具制造技能的提高创造条件。

近年来，人类学家李亦园提出中国传统文化“三层次均衡和谐说”，认为中国传统文化无论在精英文化还是民间文化的层面都以人与自然、人与自我、人与社会的均衡和谐为最完善的理想境界，以“致中和”为人与文化发展的最终目标。① 这是从中国本土材料出发而建构的较完整的人类学理论。它虽未直接涉及中国传统艺术与审美问题，但却为我们提供了一个整体上理解中国文化精神的理论依据，从而使我们能将中国美学的特点放到中国文化的整体特点中去认识。

第三，基于文化相对论立场对东西方文化传统的兼容，通过对不同文化形态的深入研究来达到对人类不同区域族群文化的相互理解与和谐共存，是人类学研究的最终目标。在社会发展普遍规律的研究上，张光直提出，以中国为代表的“连续性”宇宙观和文明发展道路，不同于以西方文明的“破裂性”宇宙观和文明发展道路，从而为我们重新审视人类文明发展的一般规律提供了不同于以往的视角。② 列维－斯特劳斯和张光直都对艺术和审美活动在人类发展道路上所起的作用十分重视，审美人类学从他们的理论中获得一些极有价值的启示。列维－斯特劳斯对野性思维即具体性思维与人类审美感觉对世界的把握和理解方式上的一致很感兴趣，并认为野性思维天然地具有美学价值。实际上，他认为野性思维与理性思维作为人类思维的两种并行形式分别对应于艺术和科学两种人类感知世界的方式。在理性思维占据主导地位的现代社会里，野性思维以艺术和审美活动为避难所而存在着。张光直则认为在连续性的文明发展道路中，艺术起着沟通人与万物、神灵世界与现实世界的作用，与此相反，在破裂性的文明发展道路中，艺术属于人所创造出的人工环境的一部分，其作用是将人与原始的自然环境相分离。

在新的人类思维和文化发展规律的观照下，东西方美学体现了各自所属的文明发展道路的特点，同样，东西方美学的特征都可在文化

---

① 李亦园：《传统文化的三层次和谐》，载《人类的视野》，上海文艺出版社 1996 年版。

② 张光直：《连续与破裂：一个文明起源新说的草稿》，载《中国青铜时代》，三联书店 1999 年版。

的背景下得到很好的解释。东方美学中审美思想与具体艺术实践活动血脉相连，美与伦理、宗教、政治等其他思想范畴间的互通互渗、重视感性的具体经验等思维特征更能体现人类审美思维的普遍特点；而东方美学那种体现在对文学、艺术、人生经验的具体描述中，注重“因物缘情”“灵性抒发”的片断式的阐释方式也更具有开放性和灵活性，更适合对现实的审美感悟的及时和真实的表述，也与人们现实的审美感受过程更为契合。从某种意义上说，以二元对立为哲学基础、以抽象思辨为思维方式、以想象性活动为内容、以建构形而上的美学思想体系为目标的西方美学再也不能代表美学发展的方向，也不应该被视为最能表达人类审美经验的内容和特点的唯一思想体式。与此相反，曾被视为幼稚、不成熟的东方美学以其注重人与自然和谐关系的哲学基础、感性体悟的思维方式、将审美指向艺术和人生实践活动为内容、把保持对多变的艺术和现实生活的敏锐观察和解释批判能力作为目的的特点，更符合人类学和美学发展的方向。

在传统的人类学理论中，美与艺术往往被视为某种经济和社会组织形态的衍生物或文化的花边而存在，这是传统人类学理论中一种虽未明言但却挥之不去的倾向，恰恰在这一点上，审美人类学为我们提供了不同的视角。审美人类学赞同格尔兹的一个著名观点：人类的共性恰恰就表现在文化的多样性之中，那么，对文化而言，正如历史所证明的那样，能够对不可捉摸的、不断变化的未来保持适应性的文化，也往往能具有较强的生命力，这种适应性表现在对不同环境所持有的探索态度和对不同文化的开放程度上。对任何一种文化而言，保持开放兼容心态与对现存秩序及其传统的尊重态度，都是必不可少的，实际上这也构成了文化的上层建筑的两大主题，在宗教、道德规范等方面主要体现了稳定性的因素，而探索和开放态度主要体现在艺术和审美领域。艺术总是文化中最能接受新的体验、新的主张的一个领域，它能使人们在一个受保护和控制的范围内去进行新的和可变的尝试，作为文化的先遣者走在演进道路的最前面，为政治、社会、道德、宗教等方面的变化提供经验。在伟大艺术的内部，蕴涵着文化的创新和探索的渴望，当面临新的环境挑战时，人们可在艺术中汲取创新的活力和勇气，去应付不可预知的未来。因此，创新在艺术中所占的地位和艺术在文化中所占的地位可作为审美人类学独有的文化进步评判标准，为审美人类学对美的研究、对人类文明进程的研究和美与艺术在现实生活中的作用等问题的研究提供新的角度。

四　审美人类学介入现实的实践途径

审美人类学离不开对民众现实生活的感悟和参与，它必须从日常生活中寻找资料，其研究成果最终也应该应用于现实社会生活中。审美人类学之所以在世纪之交的中国需要再度阐扬，源自中国各区域各民族丰富多彩的文化事象为审美人类学研究者提供了理论阐释的广阔空间，美学研究者自觉或不自觉地对人类学材料的关注与人类学领域对审美文化习俗的调查和研究，为审美人类学从潜在的自发研究转变为自觉的理论总结，积累了深厚的学术基础和文化底蕴，而人类学经世致用的学术传统以及积极介入现实的指导变迁理论，还有当今急遽变迁的区域民族文化，促使我们去探究各族群文化的内在逻辑和文化更新机制，引导新时期的社会改革与文化建设的发展路向，使之更能体现美的规律和美的原则。

审美人类学以实践美学的理性，介入当下中国学术现状与特定区域、特定民族的社会现实生活之中。在审美人类学的观点看来，“中国文学”、“中国美学”、“中国艺术”、“中国文化”这些人们习以为常的词汇，实际上是形而上的高度虚拟的概念，中国文学、美学和文化的研究，需要实现从笼统的自上而下的演绎法到自下而上的归纳法的根本转变。因为“中国”的内涵和外延，包括中国境内各个区域迥然不同的文化，包括56个民族相互区别的文化创造与传承模式，相互间的差异是十分明显的，各自独特的艺术成就和审美价值的实现方式，不应该由于人口的多少和经济实力的强弱作为影响价值判断的指针。汉族文学是中国文学的主流和主体，但是，汉族文学不等同于中国文学，中国少数民族的“三大史诗”，即藏族的长达150万行的《格萨尔王传》、蒙古族的长达20多万行的《江格尔》、柯尔克孜族的《玛纳斯》，其艺术成就和审美价值，将之置于世界文学史上，都毫不逊色，理应拥有一席之地。但是，许多冠以《中国文学史》、《中国美学史》的著作，对包括“三大史诗”在内的55个少数民族的文学精品以及许多“活态”的审美经典著作，只字未提，对少数民族当中传承的行之有效的心灵愉悦方式熟视无睹。尚未摸清中国各区域各民族的文学与美学家底，而试图构筑理论体系只能是以偏概全。

美学研究回归到“感性之学”的原点，就有必要参照社会现实外在客体对人的视觉和听觉等感官所产生的影响，研究人类生存境况的困顿如何造成美的失落，而在文化建设和旅游开发中，如何尽可能地渗透美的要素，使周遭的环境，更为赏心悦目。随着现代科技的发展，高楼大厦可以在相对短的时间内建成，社会生活中纯正而高雅的审美趣味的养成，需要长时间的熏陶，而全民族审美文化品位的提升，甚至需要付出几代人的艰苦努力。文学艺术在民众中的传播，满足人的物质文化需求的同时，满足更高层次的精神生活的需求，是未来文化演化的正确方向。费孝通先生指出：

> 我认为文化的高层次应该是艺术的层次，这是我对生活的一种感悟，但再进一步我就说不出来了，因为我自己在这方面的感觉也还没达到很深的程度。我所致力的还只是要帮助老百姓吃饱穿暖，不要让他们饥了寒了，这一点我可以体会得到。但再高一层次的要求，也就是美好的生活，这是高层次的超过一般物质的生活，也是人类今后前进的方向，我就说不清楚了。但我能感觉得到，所以把它讲出来，而且把它抓住，尽力推动人类的文化向更高的层次发展，也就是向艺术的境界发展。①

从费先生的这段话，我们发现审美人类学介入人民大众美好生活的建设的路径及其广阔的前景。文学艺术的起源本来就是和原始初民的社会生活融为一体的，而社会分工的精细化导致文人阶层的出现，诗人、作家、艺术家应运而生，由此造就了一座座文学艺术的高峰。当代社会生活中艺术与日常生活的某种断裂，促使人们重新省思文学艺术的原初形态及其同社会生活的水乳交融的密切关系。在当代中国的社会和文化条件下，促使“生活艺术化”，“艺术生活化”，既是文学艺术创作复兴之路，也是审美人类学大有用武之地的广阔舞台。

---

① 费孝通：《更高层次的文化走向》，载《民族艺术》1999 年第 4 期，第 15 页。

五 余论

对客观存在于美学和人类学发展史上各个时期的审美人类学学术资源进行系统梳理，并且结合当前美学和人类学研究的实际情形进行新的阐发，需要美学与人类学界有志于此的学人通力合作，共同促使立足于21世纪中国区域族群审美文化研究的审美人类学的基本概念和理论方法，得以更为清晰而准确的阐明。这确实还需要经过一个渐进式的较长的过程。1998年以来，笔者着力于文艺学与少数民族文学、美学与人类学的沟通、交融和科际整合，在珠江流域中上游的桂北——漓江流域、桂中——柳江流域、桂西——红水河流域，开展摸底式的调查，初步建立起若干调查基地，试图以审美人类学的理念和方法，介入当地的精神文明建设、文化建设和旅游开发，收到初步的成效，发表了若干论文，深感中国区域民族文化资源的浩博精深。① 在中国各民族的一系列民俗文化系统中，现实功利目的、审美目的、信仰目的往往相互交织着存在于一个统一体中。功利性的一面使民俗文化行为能面对现实而保持一种开放性，信仰的层面使其保持与历史传统和文化固有规则的联系，而审美和艺术则在两者间保持一种张力和平衡，并使民俗文化行为笼罩上一层美丽的光环，展示出一种生生不息的生命活力。正是由于有了这层神秘的光环，野性与理性相交融的审美活动才能以民俗行为系统为基础而延续。“探究处于众多个案中的一项个别案例，洞识众多不同世界中的一个世界所取得的成就，就能发现这些成果虽小却来之不易。而倘若没有这样的志向，客观性就

① 覃德清：《审美人类学：价值取向与方法抉择》，载《民族艺术》1999年第3期；王杰、海力波：《马克思的审美人类学思想》，载《广西师范大学学报》2000年第4期；王杰、海力波：《列维－斯特劳斯与审美人类学》，载《东方丛刊》2001年第2辑；张利群：《论民族审美人类学领域的开拓和扩展》，载《广西民族研究》2001年第2期；覃德清：《恬淡劲健的人生，人类文明的范本——红水河流域人文资源的审美人类学调查与研究》，载《红水河文化研究》，广西人民出版社2001年版；覃德清：《激扬民族潜能，共创和乐美境——论21世纪壮族地区精神文明建设与可持续发展战略》，载《广西民族研究》2000年第4期；《东方丛刊》2001年第2辑、第4辑“审美人类学”专栏。

会成为虚妄的借口，宽容就会成为虚设的伪装。”① 在中国这片古老而神奇的土地上，正在经历深刻的社会变革，社会主义市场经济理论模式的成功实践，使中国文化特别是审美文化处于极为复杂的活跃状态中，有一种难以言传的神韵在缥缈流淌，对它的捕捉，已超出了现有单一学科研究的范围。审美人类学理论期望将现代科学精神与人类的感悟力相结合，对“四时行焉，万物生焉”中蕴藏的“天地间大美”保持谦恭的态度，用心灵和行动加以体悟。

（原文刊发于《文学评论》2002 年第 2 期）

① 克利福德·格尔兹：《地方性知识》，原著第 16 页。

审美人类学：研究方法与学科意义

尽管审美人类学这一名称仍很少为学者们使用，但近年来学术界出现一种倾向，企图把美学与文化人类学结合起来，以找出美学新的研究方向与内容，不少学者也都在自觉或不自觉地从事着这一领域的研究。在本文中，我们将探讨审美人类学作为一个学科的可能性，它的研究方法和学科意义，提出初步的看法，以就教于学术界的专家学者们。

一　审美人类学的可能性

1. 从美学研究的危机谈起

是否有必要开展审美人类学研究还应当从当代美学面临的危机谈起。美学面临的危机在中国学术界是一个既重要又沉重的话题。在中国现代化进程中，从王国维开始直到现在，美学都与社会发展、社会现代化进程直接相关，并承受着西方强势话语的压力，是学者们对中国命运思考的折射。随着中国社会的变化发展，从 20 世纪 80 年代后期开始，就有学者讨论美学的危机，这表现在：（1）80 年代以后，美学话语在学理层面出现某种断裂，一方面倾向于大众化的“审美文化”，另一方面退守体现人文精神的文学批评。在某种意义上，80 年代后期开始出现的审美文化研究，正是美学自身深刻危机的表现。80 年代后期以来，中国美学界在美学理论重大问题的研究方面似乎丧失了自信，这也可能是中国美学长期以来与社会问题有联系，而让学者们感到沉重，不约而同地转向审美文化研究。作为学术话语，审美文化研究最基本的内涵就是美学的世俗化、日常生活化，即把美学研究与现实的大众文化、现实的消费文化相结合，这使得美学从文化边缘向文化中心过渡。美学现在确实成为社会的中心话语之一，但就在关于美和美学的一片众声喧哗中，美学自身的活力萎缩了。其实，美学从产生到发展的很长一段时期内，一直是一种边缘话语，一直是与社会物质领域的现代化进程相对立的文化力量。① 以德国古典美学为例，从温克尔曼到莱辛，到康德、席勒、黑格尔都有一种很强的乌托邦精神，这是美学能对社会进行清醒反思与批评的基础。一旦美学的立场与物质性的要求、社会主流愿望相共鸣，它的批判力，它那不同于现实话语的超越性也就丧失了。因此，美学与意识形态的关系问题就成为很多理论家思考的重要问题。（2）美学的语言学转向。这也是学术界多次讨论的问题，但却是一个迟到的问题。西方美学已经历了语言学转向这一过程，历史不会重复，中西方美学在语言学转向方面其学术背景与目的都是不相同的。在我们看来，当代中国美学的语言学转向并不能看作美学的实质性发展，它恰恰暴露了美学自身危机的一个方面，即美学转向或变成文学批评。美学应包括文学批评，美学与文学批评有内在的联系，但文学批评只能是美学的组成部分和功能之一，而非全部。当然，美学的语言学转向是有其合理性的。传统美学是黑格尔时代美学的继承与发展，它具有浓厚的形而上学色彩，思辨性很强，语言学转向使美学能借鉴现代语言学系统的理论和方法，增强其实证性和可操作性，更好地把握与辨析一些抽象的理论问题。但是，语言学转向最基本的理论资源来自索绪尔和雅各布逊的语言学，其理论框架是二元对立，它作为一种哲学方法论，在后结构主义兴起后，已经受到深刻的批评。如果美学仅限于叙事学，仅限于对文学作品叙事结构的分析，显然大大缩小了其研究的范围，对自然美、社会美以及其他美学方面就会丧失分析能力。（3）美学研究的心理学转向。它对美学的发展产生了很大动力，把美学从形而上学的纯粹的理论思辨中解脱出来，使美学与人的审美经验、现实生活经验建立起联系。但心理学美学所吸收的弗洛伊德的精神分析、马斯洛的需求层次论、拉

---

① 丹尼尔·贝尔：《资本主义文化矛盾》，三联书店 1989 年版。

康的心理学方法等在西方学术界也走向了某种危机。西方心理学的学术资源是西方社会文化心理，20世纪西方社会文化心理的最基本特点是个人主义和自恋倾向。西方文化的自恋性从古希腊开始，发展至20世纪，已趋登峰造极。物极必反，这是一个规律。1986年詹姆逊在《跨国资本主义时代的第三世界文学》一文中指出，在后现代文化条件下，西方心理学、美学、文化哲学的学术动力已面临枯竭，需要从第三世界国家的文化中寻找新的文化动因①，这一观点在西方和中国的学术界都引起了巨大反响。西方美学的心理学派中，最富于成果和生命力的是精神分析的方法和理论。在精神分析理论中，自恋性是与俄狄浦斯情结相联系的，这种自恋性或者说对自我的高度关注，是西方文化自文艺复兴以来不断发展的巨大的内在动力，尤其在自恋文化被精神分析理论指明和系统化后，它成为20世纪西方文化得到繁荣发展的基础之一。但正如伊格尔顿在《美学意识形态》中所指出的：俄狄浦斯情结已走向苍白，丧失了文化的内驱力。② 自恋文化发展到今天，已丧失了往更高层次发展的能力，对西方心理学而言，找不到走出自恋性文化的学术资源和理论方法。西方心理学自身尚存在危机，建立在心理学基础上的中国心理学美学自然也存在着学理上的危机。

中国美学的理论框架来自西方，在消化、容纳中国的学术资源时，这种学术话语体系与中国话语系统发生冲突，来自西方的各种理论之间也具有相斥性。由此提出了如何有效利用中国的学术资源的问题，这就需要认真研究中国经验的人类学阐释问题。中国美学的理论根基，应该建立在中国经验的文化人类学解释的基础上，这包括中国特有的生产方式、生活方式、社会组织制度，以及由此制约的心理习惯和审美习俗，这些都决定着中国人的思维方式、情感特征和表达方式。当代西方学者也认识到了这一点，并开始对东方和中国文化加以异乎寻常的关注。佳·查·斯皮瓦克1992年发表《论艾柯》一文，认为西方哲学、美学、心理学的自恋情结已走向极端，建议转向对东方文化的研究，以寻找文化发展的新模式。她认为西方文化以喀索斯（古希腊神话中的美少年，因迷恋自己在水中的倒影，而变成水仙花，喻指自

---

① 詹明信：《晚期资本主义的文化逻辑》，三联书店1997年版，第516—546页。

② 参见特里·伊格尔顿《美学意识形态》，广西师范大学出版社1997年版。

恋性，与视觉思维相联系）为象征，东方文化则具有与西方文化不同的心理特点，以艾柯（古希腊神话中喀索斯的情人，求爱被拒绝后化为山谷中的回声，喻指恋他性，与听觉思维相联系）为象征，东方文化所表现出来的兼爱、利他、含蓄、流动性等特点，正是西方文化走出以主客体二元划分为基础，以自我为中心的文化发展模式的一个重要参照系。① 在这样一个学术背景下，作为中国学者应当妥善地利用中国特有的学术资源，包括典籍中的大传统，也包括长期被忽视的存在于民间的小传统，以图在理论上有所贡献。我们不应仅局限在搜集、整理自身学术资源的水平上，还应当以此为基础，去作出理论阐发，这样才能发展中国美学，并在世界学术界发出自己的声音。

2. 美学与人类学的联系

美学与人类学有着漫长的、相互联系的历史。可以这样说，美学在其发育的早期阶段，就与人类学有着一种内在的联系。美学与人类学的联系早在浪漫主义文学运动时已经存在。人类学与浪漫主义文学运动、浪漫主义美学运动有很深的联系。例如英国湖畔派诗人华兹华斯、柯勒律治的文论中都提出了一个很重要的思想：诗歌应当到民俗中、到乡间去寻找已经逝去或模糊的传统，把这些传统找出来，用文学的方式加以表现，才是真正的、最好的诗歌。他们的观点与人类学观点不谋而合，到乡间去寻找已经消逝的文化传统，正是人类学的田野作业强调的。维柯的《新科学》既是一部美学著作，也是一部人类学著作，是美学与人类学融为一体的著作。在该书中，维柯提出一个曾对马克思《人类学笔记》产生重要影响的观点：诗是人类的母语。维柯所讲的诗是广义的诗，在人类早期指神话，在浪漫主义时期是艺术，它表达着人类最基本的要求、欲望，是人与人之间进行深刻交流的媒介，人可以通过诗这种母语，超越种族、阶级、时代的界限进行交流。浪漫主义文学运动和美学运动在研究对象上与人类学有许多共同之处：它们都对原始社会、原始文明（主要是神话）抱巨大的兴趣，都对社会进步后乡村民俗中仍以某种形式保存的远古神话的残留

---

① 佳·查·斯皮瓦克：《论艾柯》，载 *New Literary History* 1993 年第 1 期，第 17—43 页。

抱有巨大兴趣，这体现了两者有着共同的理念。

在德国古典美学阶段，美学与人类学曾处于“热恋”关系。德国古典美学从温克尔曼开始，到黑格尔、费尔巴哈，是美学最辉煌的时期之一。这一时期美学之所以取得很高的成就，原因之一就是美学吸取了当时人类学研究提供的资料和思想资源，在一些伟大的美学家身上和著作里都可找到这种影响。康德的哲学、美学思考都建立在人类学之上，康德认为哲学的基本问题是人是什么？这同时也是一个地道的人类学问题。但康德与文化人类学家不同，他没有对某个种族、文化进行具体的研究，而是从哲学的角度进行探讨，开创了哲学人类学的先河。费希特的哲学讨论了自我与非我的关系，即主体性与他者的关系，认为自我与非我是一种辩证的关系，人通过非我来发展自我。20 世纪文化人类学研究的一个重要问题是讨论不同民族文化自我的形成、发展问题，从中隐约可以看到费希特的影子。黑格尔《美学》用历史主义的方法讨论了主体与对象（环境）的关系，先后有环境压倒主体、主体与环境相平衡、主体压倒环境三种关系。主体与环境的关系问题在当代美学中又被再度提出，80 年代以来，西方有学者建议把黑格尔主体与环境关系的理论称为人类学的美学，认为他所讨论的人与环境的关系，正是人类所面临的最基本的问题。黑格尔之后的现代主义艺术思潮和美学思潮，其特征是以主体为中心，人的存在和利益压倒环境，这种人类中心论正是 19—20 世纪美学中占支配地位的理论倾向。但西方美学界近年来又出现了环境美学，力图打破人与环境相对抗的文化僵局和理论困境。黑格尔的思想从康德那里延续下来，对人与外在环境的关系进行了深入的思考，他提出的三种关系模式在某种意义上包括了人类文化的基本类型，直到今天，他的观点对美学研究和文化人类学研究都还具有一定的指导意义。可以这样说，在德国古典美学时期，美学事实上走在了人类学的前面，美学以哲学人类学或审美人类学的形态引导着当时人类的整个精神世界，引导着人类学。

20 世纪的美学和人类学关系变得更为复杂、丰富。两者的关系从美学影响人类学研究到人类学发展影响美学研究，从一方受另一方影响变为相互影响。这种影响在以下学者身上体现得较为明显：如诺·弗莱的文学理论和美学理论很大程度上以文化人类学为基础，他的原型批评理论在西方文学批评史上是一个重要转折，是西方批评理论从文学内部文本研究向文化研究转折的标志。在原型批评理论和实践中有大量人类学的方法、理论、材料，它的方法论基础就是人类学。还有，在20世纪上半叶，英国文学批评中就出现了直接以人类学命名的文学批评学派也称剑桥学派。该学派用人类学的资料来解释文学作品，进行比较研究，在对古希腊戏剧等方面的研究上有很多实证成果。此外萨特的美学、文学理论受人类学的影响也很大。20世纪上半叶人类学在法国得到蓬勃发展，出现涂尔干、莫斯等有重要影响的学者。对萨特影响最大的是人类学关于个体和他所创造的文化对象之间复杂的辩证关系。萨特早期所作的《影像论》就具有很强的人类学色彩，他把人所创造的审美对象称为影像，就人与影像的复杂关系提出一系列重要而有影响的意见。有一点值得注意，列维－斯特劳斯与萨特一直存在着对话性的关系，萨特的思想中一直有列维－斯特劳斯的影子。列维－斯特劳斯《野性的思维》最后一章就是与萨特的对话。在列维－斯特劳斯结构主义的影响下，在20世纪60年代以巴黎为中心形成了文化人类学结构主义学派，其影响延续至今。与列维－斯特劳斯同时的马克思主义理论家阿尔都塞对美学和人类学两个领域都产生了重要的影响。在阿尔都塞学派的形成过程中有两个现象值得注意，一是阿尔都塞五人小组中就有两人是人类学家，可见阿尔都塞的理论与人类学的密切联系。其二，是阿尔都塞的意识形态理论特别强调仪式的作用，从主体的生产和再生产的角度开展对认同的研究，认为主体的再生产通过认同机制而实现，阿尔都塞曾引用帕斯卡尔的话："对待上帝，一跪下就是承认"①，来说明认同具有的巨大力量。意识形态的力量来源于社会性的仪式，通过仪式而产生个体的文化认同。如果说阿尔都塞的理论与文化人类学理论有什么不同的话，那么可以说阿尔都塞侧重对现代社会中仪式作用的研究，而人类学侧重研究古代社会的仪式。审美活动在远古社会中与一定仪式相联系，那么在现代社会的审美活动有没有一种"无形的祭坛"存在着？也就是说审美活动是如何被文化常规所约定俗成的？阿尔都塞的审美意识形态理论开创了研究这一现象的道路和方法。

---

① 路易·阿尔都塞：《意识形态和意识形态的国家机器》，载《当代电影》1987年第3—4期。

精神分析美学与人类学也一直存在着密切联系，前者讨论个体自我，而后者讨论社会自我或文化自我。精神分析理论的发展遵循从个体的心理情感的研究走向普遍性的社会心理情感研究的轨道。弗洛伊德早期研究个体的精神障碍，但他的晚期著作明显地转向了对普遍性心理现象的研究，可视为重要的人类学著作，弗洛伊德对图腾、禁忌、宗教等文化现象提出的观点已成为人类学的经典理论。在他之后，荣格对无意识的研究，更是大量使用了人类学的方法和材料。拉康的精神分析理论之所以得到重大发展，影响远远超出了精神分析和心理学的范围，主要受益于两个方面的重要影响：一个是语言学的影响，这一点已为大家所熟悉；另一个是人类学的影响，这是国内学术界没有注意的，其实，人类学理论和方法对拉康精神分析的影响丝毫不亚于语言学。拉康对隐喻和换喻的著名研究一方面来自语言学，另一方面来自人类学，或者说他的表述方式借用一些语言学的概念系统，但内容方面却来自人类学。法国在90年代初出版了B. 西律尼尔克的人类学著作《感情粮食》就提出了情感人类学的概念。这本著作通过人类学材料和精神分析证明人类情感的人类学基础，它能通过基因遗传延续，并对后代产生重要的影响。从理论内涵上说，情感人类学与审美人类学存在着许多共同之处。① 实际上，当代的人类学研究早已不满足于对原始民族和远古文化遗存的研究，而发展到对人的重要的精神品质进行人类学的研究。此外，M. 巴赫金的美学和诗学也明显受人类学的影响，他关于陀思妥耶夫斯基的著作和分析拉伯雷《巨人传》的著作都大量使用了人类学方法和材料。他的美学和诗学与以往的美学理论不同，关注民间、关注普通人、关注仪式、关注人的身体，这些也都是人类学研究的基本对象。

3. 审美人类学研究的学理基础

审美人类学研究的学理基础首先是现实提出的要求，其次是学理上的根据。现实的要求是推动理论发展的重要原因。首先，后殖民主义文化理论引发出问题和理论机遇。后殖民主义理论产生于西方学术界，对中国学术界和美学研究已经产生了强有力的挑战。很多西方学

---

① 见《国外社会科学》1994年第3期上的介绍。

者意识到中国的学术资源还未充分阐发和理论化，有着极广阔的发展余地。后现代、后殖民主义、西方马克思主义理论家纷纷关注中国，关注中国的人类学、美学资源，力图做出学术上的概括，我们中国学者应该做什么？应该怎么做？这是当代中国美学应该思考并作出回答的。其次，关于中国民间文化资源如何开发利用的问题。对民族民间审美文化资源的理论阐释，是进行开发利用的基础。我们已经开始认识到民族民间文化资源具有极大的商业价值和文化价值，并试图对此进行挖掘，但如果这种挖掘和利用没有充分的实证调查和理论研究作为基础，就有可能导致对资源的破坏。如某省举办的国际民歌节，投入大量的资金、人力，但结果却未尽如人意，在举办时间、方式、群众参与等方面都有不少缺憾，这有一个是否符合文化习惯和人类学规律的问题。任何文化都具有强大的强制性力量，少数民族文化和民间文化作为活的文化，其传统与现代生活的结合方式是一个需要认真研究的问题，由于各种文化小传统自身的特殊性，这种结合方式可以有许多模式，理论研究的价值和意义就是探讨其中能够闪光的结合方式。最后，关于东方文化的表达机制问题，在今天这个问题已经变得十分重要了，斯皮瓦克就曾提出并强调这一问题。人对同一现实生活的体验，受不同文化教育的人，处于不同文化背景中的人其欲望的表达方式是不同的。每一个民族都有自己独特的审美表达方式，不加以认真的研究，就会形成误解，如南宁国际民歌节期间壮族导游的服饰绚烂多彩，采用大红色基调，让一些导游小姐感到别扭，因为在壮族文化中，只有出嫁才着这样的服装。其实，壮族传统审美习惯倾向于蓝、灰、黑等色，这些艳丽的服饰只能说是“伪壮族服饰”。审美表达机制的研究已成为美学的重要课题，对东西方，对不同民族间的审美表达媒介与审美表达的不同机制的研究，必将推动对美学基本问题的研究，也有利于加深对东方美学问题的理解和把握。

从学理上考虑，这也是美学和人类学自身发展的要求。西方美学自身有两个重要的基础：一是以视觉思维、造型艺术为基础，强调主客体划分，感性和理性划分、艺术与现实生活相区别的美学理论；其次，西方美学具有较强的欧洲中心论和与此相伴随的男性中心论色彩。当代美学必须超越这两点才能得到发展，审美人类学恰好为这种超越提供了可能。人类学非常关注母系文化，进入男权社会后，母系文化被压入文化边缘和无意识状态，但仍以艺术变形的方式加以表达。审美最主要的形式即视觉和听觉，相对于其他感觉方式而言，听觉是最精神化和超肉体性的，然而，长期以来美学在音乐性形象的研究方面未得到应有的发展。人类学在研究原始文化、民族文化时通过少数民族艺术的调查可搜集到大量原生态的音像资料，这些资料对美学的学科发展，对研究音乐性形象的审美表达机制，建立一种超越主客体对立，超越理性与感性截然划分的理论框架提供了学术资源。另一方面从人类学的角度看，以往的人类学偏重于对人类生活物质化层面的研究，今天的人类学则需要对人类精神领域作更多的探索，否则人类学无法进入到当代人文科学前沿开展富于建设性的学术对话，无法进入存在着种族危机、生态危机、信仰危机时代有关人类文化价值的深层次讨论。这些讨论与对话往往涉及人的精神、情感、想象、幻想等高层次品质，但这些品质对个人和社会集团行为的影响的研究目前还不够。人类学是研究人性的科学，人性的最高体现，一是伦理，一是审美，而这两方面的研究都有待加强。因此，人类学也需要往美学、审美的方向发展。

二　审美人类学的研究方法

简单地说，审美人类学应该是一门用人类学的方法和概念系统来研究和阐释美学问题和审美现象的理论。因此，审美人类学的研究应当是在田野调查基础上，比较分析不同种族、民族在审美习惯、审美制度、审美传统方面的区别与联系。在目前的学术背景下，主要研究各少数民族活跃的审美文化。

在方法上，我们认为审美人类学应加强实证研究。美学擅长对人类最精微、复杂、微妙的情感和思想作出研究、评价，传统美学的弱点在于缺乏实证基础，与此相应，人类学却擅长对人类社会的基础和物质文化等方面作出研究，有一整套田野调查、实证分析的具体研究方法。在审美人类学研究中，人类学方法是重要的基础，通过这种跨学科的研究，引入实证方法来改造美学中的唯心主义色彩和形而上学倾向。

此外，在方法论上还应坚持多元化的方法论原则，把人类学、精神分析、经验美学、审美意识形态理论等多种方法结合起来，在某种基础上统一起来、协调起来。没有方法的多元化不行，只有方法多样而没有统一的目标和效果，没有不同方法之间的协调也是不行的。

从学科性质上看，审美人类学应属于人类学的分支学科，但如简单定性为人类学，由于人类学存在着一整套成熟的、学院性很强的规范，很可能会用某些僵化的规范来拒斥有价值的东西。因此，为了学科的发展，应将审美人类学定性为复合性交叉学科，类似于西方学术界的文化研究。然而审美人类学研究又不同于西方的文化研究，区别在于审美人类学以经济全球化时代弱小民族和少数民族的审美体验和文化实践为基础，在不同民族文学（艺术）生产方式的比较研究的基础上，通过对艺术品（文本）的产生和交流方式的具体研究，探讨现实的审美关系，探索审美需要——文化书写——文本书写三者之间复杂的转换关系，阐释少数民族文化中积极健康的审美交流方式，从而为超越以工具理性为基础的现代艺术生产方式和审美交流方式提供可资借鉴的文化资源和学理根据。在研究的初期阶段，我们认为，审美意识形态和文学（艺术）生产方式这两个观念在把人类学、精神分析和美学的方法结合起来的过程中具有十分重要的意义。

对于中国西南山区的少数民族而言，古朴的野性思维、典雅规范的古典文化、条分缕析的现代化原则是以一种叠合性和互相容纳的形式共存的。1986 年参加在广西三江县举行的三月三国际民歌节上，笔者就为侗、苗、瑶姑娘身着民族服装，手持重新装饰过的折叠花伞载歌载舞的场面感到惊奇，现代工艺生产的折叠花伞与古朴的野性文化很好地融合在一起。在这里，野性与现代性并不截然对立。这样的例证可以举出很多，问题在于怎样作出理论上的说明。

在理论上，审美意识形态是社会现代化进程中的伴生现象，其中的标志之一是审美和艺术的专业化和独立化。① 在中国西南山区，出现了一种既不是现代意义上的审美意识形态，也不是口传文明中的神话，而是一种这两者的意义都能显现的另一种文化样式。在我们看来，对这种文化样式的研究和说明在理论和实践方面都具有重要的意义。

---

① 参见特里·伊格尔顿《美学意识形态》，第十四章，广西师范大学出版社 1997 年版。

用一般人类学的方法显然不能完全说明这种现象，只能是在审美意识形态的理论框架里用人类学的方法，也就是说，在后现代文化的参照下用人类学的方法作出实际的研究。马克思早就指出，人体解剖对于猴体解剖是一把钥匙。① 在对待当代中国西南少数民族文化现象和审美活动的研究方面也是如此。

三 审美人类学的学科意义

对于中国的人文科学和美学研究而言，整整一个世纪主要是以西方（包括苏联）美学的理论与方法作为“拿来”和借鉴的对象，这是必然的，也是必要的，然而，在后殖民主义和经济全球化的现实条件下，简单地引进或拒绝西方各种理论已经被事实证明是错误和有害的。在与西方思想和学术对话的时候，由于某种不平等的学术关系，我们不容易正视自己的弱点和不足，而且在中国人文科学和美学研究比较薄弱的一些地方，西方学术界和美学界自身也陷入某种困厄，例如关于音乐性形象的审美机理的研究，关于积极、健康的审美交流模式的研究，都需要拓宽研究领域，挖掘新的学术资源。审美人类学的研究，可以帮助我们从另外一种立场和眼光来理解和认识我们自己。在这一点上 M. 巴赫金的对话理论是十分富于启发性的，巴赫金曾经写道：“理解者针对他想创造性加以理解的东西而保持外位性，时间上、空间上、文化上的外位性，对理解来说是件了不起的事……文化领域中，外位性是理解的最强大的推动力。”② 对于理论形态的中国美学而言，西南少数民族的审美活动无疑具有这样一种文化上和理解上的“外位性”。我们认为，在当前的学术语境中，开展审美人类学研究，具有以下几个方面的价值和意义：

1. 把少数民族文化传统中的美学资源引入到美学研究中来。以往的美学基本上是西方美学加上一些中国居主流地位的汉民族美学，少数民族美学从未进入美学研究的主体，面对着精英艺术、美学与大众

① 《马克思恩格斯选集》第 2 卷，人民出版社 1995 年版，第 23 页。

② 《巴赫金全集》第 4 卷，河北教育出版社 1998 年版，第 363—371 页。

化艺术、美学的深深裂痕，引入少数民族美学可使美学发展不那么偏激，也有利于美学研究开拓一些新的领域。

2. 对社会和文化发展过程中的重要问题进行研究，以便从学术的角度作出解释并提出建议。自从中央和国务院作出西部大开发的战略决策以来，西南地区的经济、文化问题引起了各界人士的高度重视。由于少数民族地区经济和文化发展的不平衡现象显得较为突出，怎样发展的问题自然而然提出来了。云南的丽江①、昆明，广西的南北钦防都走出了自己的发展道路，认真研究和说明其中的学理依据，探讨审美文化在区域经济发展中的地位和作用，也许是当代美学参与社会发展的一种方式和途径。

3. 审美人类学研究可丰富发展西方学者提出的“弱小者话语”理论的研究。西方学者从1980年代后期提出该理论，着重研究黑人、女性等弱势群体的话语，并以压迫—反抗的模式作为理论的核心。中国少数民族文化资源、文化类型要远比西方黑人、妇女亚文化丰富，在审美上也更富于积极意义。通过对中国各民族共生、文化上互相影响渗透的研究，找到比弱小者话语更复杂、更辩证的模式，这是审美人类学应该努力奋斗的一个目标。

（原文刊发于《民族艺术》2000年第3期）

---

① 关于云南丽江文化建设与社会发展的关系参阅［白族］景宜著《节日与生存》，作家出版社2000年版。

审美人类学的问题与方法再思考

一　走向人类学视野的艺术与美学研究

王杰（以下简称“王”）：中国艺术人类学学会的成立可以看作是艺术人类学在中国兴起的一个重要标志，作为一个国家级学会的成立，其合理性与必然性是什么呢？在我看来艺术人类学与审美人类学既有联系又有区别，那么审美人类学的合理性、必然性又是什么呢？我们可以通过对孙家正部长的发言和这几天学者们的观点进行梳理，对我们前一阶段做的工作进行反思。从任何意义上讲都应该反思，学术的发展到一个阶段就应该总结一下，调整一下，“仔细思考自己的目的和预设究竟是什么。这种批判性的自我反省，便是我们所知的理论”①。我原来就想写一篇关于审美人类学与艺术人类学关系的文章，这个话题比较大，我们就聚焦在几个问题上，而且几人谈的形式也蛮好的，我们每个人可以从自己的立场（角度）谈一谈。

尹庆红（以下简称“尹”）：从与会的学者情况来看主要来自三个领域：一是接受过正规的人类学训练的学者，二是从事具体艺术门类研究的，还有就是从事文艺学和美学研究的。这三类学者对艺术人类学的界定和研究理念是有很大差异的，大家除了对人类学的田野作业方法表示认同之外，在其他问题上的差异是很明显的，就是对田野作业方法，不同的学者对它的理解和具体运用也是很不同的。这说明把

---

① Terry Eagleton, *After Theory*, New York: Basic Books, 2003, p. 27.

人类学的方法和理念引入到传统的艺术学研究和文艺学、美学研究中来，还需要从学理上做深入的探讨，绝不是简单地把二者相加，当然出现这种争鸣的现象也许是一件好事，大家可以从不同的角度去探讨，或许更有利于中国艺术人类学的发展。

王：从整体上看，审美人类学研究在国内还是比较单薄的，当然原因是多方面的。艺术人类学一个很大的优势是人员多，但我从他们的发言看，他们主要还是从民族志的角度谈，一个明显的特点是几乎一边倒的民族志的研究方法。民族志的研究方法有极大的合理性，它冲破了原来那种从书本到书本，从理论到理论的研究模式，但我想民族志的研究方法也有它的不足，这一点审美人类学在借鉴人类学的田野调查方法时要引起注意。

向丽（以下简称“向”）：确实如此。审美人类学是在美学与人类学的深层契合之处逐渐生长出来的新兴学科，因此，它必然要求与传统美学和传统人类学相区分。不同于传统美学对关于“美”和艺术的共相的固恋和抽象玄思，审美人类学力图充分借鉴人类学关于文化书写与文本书写之间内在张力的独特探讨，但这里首先要明确这样一个基本的理论预设和问题：审美人类学借鉴的是何种意义上的人类学？是作为文化殖民主义的共谋者存在的人类学还是对这段历史形成自觉反思的人类学？是偏重事实材料收集和罗列的传统人类学还是从文化批判的角度力图把握这些材料之间微妙关系的现代人类学？在方法上是偏重关于“人是什么？”的形而上学思考的人类学例如哲学人类学还是侧重实证考察的民族志研究？……事实上，对人类学不同的理解本身就是一个极其复杂的意识形态问题。当然，这里并不存在一种非此即彼的完全区分和选择，而是需要我们在理清这些问题的基础上寻找到审美人类学自身的规定性。民族志重视田野调查和实证研究，这既是它的独特优势，同时也可能隐藏不易察觉的局限性，即，在对材料的采集和编排中容易陷入从事物之间的简单对应关系中寻找问题根据的还原主义和将理论实践的对象和原材料等同于实在本身的经验主义的窠臼之中，“主义”在此表现为事情的极端形态。因此，在探讨运用人类学的研究理念和方法改造传统美学，以恢复和激活美学研究对现实问题的思考和批判能力的同时，我们仍然要充分意识到人类学在美学研究中的限度问题。值得注意的是，这种限度恰恰最能在美学与人类学交叉不仅作为一种需要，而且作为一种可能性去实践的过程中显现出来，并且也仅仅于此获得某种修复。

尹：我赞同你的看法，将传统美学和现代美学、传统人类学和现代人类学区分开来对我们理解艺术人类学或审美人类学是十分必要的。以免把传统美学的局限性扩大到现代美学，从而希望借助人类学的方法就可以改造现代美学，人类学的理念和方法有其很大的合理性，但其局限性也是很明显的，所以在人类学学科的发展过程中，人类学自身也在不断地调整其研究对象和理念，如象征人类学、解释人类学就已经摆脱那种纯粹的民族志式的描述，更注重这种描述背后的文化意义和价值的挖掘，说明现代人类学不仅关心小型社会中的物质、制度文化，更关心人类的情感、伦理和审美等高层次的精神文化的研究。现代人类学的转向表明，现代人类学与现代美学研究在研究对象和方法上有很多相一致的地方。

王：任何一种真正有生命力的学术应该是跟这个时代的脉搏有联系的，这种联系有可能直接一点、明显一点，也可能是曲折一点、隐晦一点。那种游戏式的、从故纸堆里面抄来抄去的论文不是真正的学术。为什么在近十余年有那么多学者对艺术人类学和审美人类学感兴趣，在我看来，审美人类学的兴起有这么几个方面的原因，一是中华民族的崛起，这是大的时代背景。二是人文科学的转型，我在近年来的审美人类学研究中时常感受到，人文科学需要一个现代转型。原来的人文科学由于研究方法的整体性和系统性，用来表达思想的概念都比较大，如道、气、韵、神、西方的上帝、中国的自然等，而且带有模糊性。每个思想家在谈论这些概念时都有他自己的理念和方法，意思很不一样，概念不够明晰。现代西方学术研究一个基础性的工作是做关键词研究，比如谈审美、艺术、审美经验，这些概念都需要很明晰的界定，这就要求人文科学的现代转型，这是审美人类学兴起的第二个原因。第三个是学科所面对的问题，从艺术的发展现状来看，艺术与商品的界限日益模糊，审美渗透到日常生活的方方面面，这也就是日常生活审美化所提出来的问题，从马克思主义角度来看，就是审美意识形态问题，这是不可回避的问题。第四，现实的问题，全球化是艺术人类学兴起的必然原因，全球化带来更直接的结果是跟国际学术交流的频繁，我们的艺术人类学或审美人类学研究一定要放在全球化背景中去，其研究的对象比传统的人类学和艺术学研究要复杂得多，研究对象是变化的，其意义也是复杂的。我想审美人类学和艺术人类学的兴起大体上有这些原因。

向：当今国际美学发展的一个重要趋势是从对形而上的宏大美学体系的建构转向知识性、实用性、实证性的美学分支学科的建设，从对美的本质问题、经典美学范畴的原理性探讨转向对活态的艺术和审美文化现象的研究，美学学科也从封闭的自足建设走向与人类学、社会学、心理学、文化学等学科的交叉互渗，这无疑拓展了美学研究的问题域，增强了研究方式的开放性、灵活性和有效性。国内美学在了解美学前沿动态的基础上，也朝着与民族文化资源和现实问题相结合的道路发展，其研究成果也较为可观，但中国美学要获得实质性的突破和进展还有待于对中国语境和中国问题的进一步阐释和提升。

尹：关于中国艺术人类学和审美人类学的兴起，我觉得还要补充一点，就是与当前我们国家对文化建设和非物质文化遗产的重视有密切关系。全球化带来的直接后果是对第三世界、少数民族、边缘族群的文化艺术的威胁，联合国教科文组织提出的非物质文化遗产的保护是对全球化的一个回应，而近年来我们国家对文化建设的重视尤其是对非物质文化遗产的保护的重视，更需要对民间文化艺术进行调查摸底，在理论上做深入的研究和阐释，这既是中国艺术人类学学会成立的一个契机，是艺术人类学研究的一个重要内容，也是赋予从事艺术人类学研究的学者的一个责任。

向：1999 年 11 月联合国教科文组织第 30 届大会通过决议，决定设立《人类口头和非物质遗产代表作名录》，以弥补 1972 年通过的《世界文化与自然遗产保护公约》中对非物质文化保护方面的缺陷。那些非文字的、以人类口传方式为主，具有民族历史积淀的民间文化艺术遗产获得了前所未有的关注，尽管这种关注在政治、经济、学术等方面的共同介入中有可能偏离其原初的意旨，但这种转向将在很大程度上拓展关于活态文化研究的广阔的理论增长空间，关键在于我们将如何把握这种发掘的向度。

王：人类学一个很大的特点是强调文化的多样性和多元文化的共生，这是人类学学者应具有的一个基本的眼光和胸怀，如果没有这种胸怀，再怎么做田野都不是个优秀的人类学家。艺术人类学研究艺术与人的存在的关系，如果用田野湮没了人的存在，我觉得这种研究就成了伊格尔顿在《理论之后》中所批评的那种琐细的文化研究。① 人文科学和社会科学是有区别的，人文科学是关心人的价值的，包括关心人的尊严，不是客观地告诉你一个现象是怎么样的，人文科学强调它的价值和意义。我们从那种飘浮的玄虚的研究转向扎实的实证的研究是对的，但如果这种研究没有意义、价值的探索，不关心人的存在意义，这种研究就可能会有问题的。我觉得我们国内的研究有两个大的方面是需要警惕的，作为人文学者需要特别关注的，一是民族主义情绪，艺术人类学的兴起与中华民族的崛起是密切相连的，但对中国文化的合理阐释要有一个度，对文化的维护不能走向原教旨主义。二是工具理性，这是西方现象学和西方马克思主义都批评的，伊格尔顿的《理论之后》对后现代的批判都是跟工具理性有关。当代的消费主义也是跟工具主义相联系的，其骨子是工具理性，消费湮没了人的存在。作为人文学者，我们要特别关注我们这个时代最需要关注的问题，审美人类学研究要关注最底层的人的存在，像黑衣壮，那是边缘中的边缘，在急剧变迁的现代社会，他们的情感需求和情感表达方式发生了怎样的变化，呈现出怎样的特征都值得我们好好研究。

尹：多元共生是人类学的一个重要的理念，强调不同的文化都有其合理性和必然性，这是对的，但有些学者在强调这种合理性时往往容易夸大某一文化或习俗的必然性和合法性，从而滑入文化相对主义和文化本质主义，从而以文化批判代替政治的、经济的批判，这是有问题的。正如伊格尔顿所提醒我们的，文化是关于人的存在价值的、道德的而非物质的。"艺术与文化所处理的问题，应当是'人类的'，而不是'技术的'；它们所处理的，是关于爱、死亡与欲望的问题，而不是关于侵权行为法或是十足目生物的有机构造"②。因为，作为人文学者的知识分子"不会自满地认为习惯与信仰是理所当然的，而是视它们为必须加以检验的，所以他们会倡议社会的改变"③。因此，艺

① Terry Eagleton, *After Theory*, New York: Basic Books, 2003, p. 48.

② Ibid., p. 78.

③ Ibid., p. 85.

术人类学和审美人类学在研究文化、艺术时应该要对这种艺术和文化的价值、意义和合理性加以探讨。

向：通过边缘理解中心的缺失，为边缘和弱势群体及其文化的存在和发展争取合法性和话语权，并以此构成对现代文明潜在的批判，这是人类学发展的一个重要趋势。近年来艺术人类学将研究的重点从传统手工制品或艺术成品转向活态语境中的艺术现象，从对艺术作为社会意识形态建构的基质的强调转向关于艺术作为意识形态的特殊性的探讨为这种文化批判提供了重要的精神资源，它从艺术的审美维度尤其是艺术的审美启蒙功能方面不断地接近审美人类学研究的内核。尽管这种研究目前尚处于初步探索阶段，但王老师刚才的谈话实则已经暗示了，问题的突破点是明确的，即它首先要求一种人文科学的基本理念的在场。

二　文化语境中的审美经验：审美人类学的研究视角

尹：作为一门相对独立的学科，人类学的发展已经有一百多年的历史了，而艺术人类学的兴起则是最近几十年的事，而我们中国的艺术人类学和审美人类学研究才刚刚起步，还没有标志性的学术成果，但国外的艺术人类学和审美人类学研究比我们早，研究成果也较多。我在学习的过程中发现，艺术人类学主要研究民间艺术、土著艺术，而审美人类学也把民间的边缘的少数民族族群的审美文化作为研究的一个重要对象，好像这其中的界限并不明显，我觉得审美人类学研究的对象是否应该更明确一些，或者说审美人类学该从哪些方面去开辟自己的研究路径从而树立起自己的学术特色。王老师，您以前在文章中多次提到审美人类学研究中的审美经验的问题，您就这个话理再谈谈。

王：首先我们要清楚，艺术人类学显然不是人类学中的主流，人类学还有大量现实的迫切问题需要解决，但艺术人类学应该有自己的问题。艺术人类学和审美人类学现在国外发育比较充分了，是一个已经定型的学科，我们今天要做的不是从零开始，不是一个创建学科的工作。从学理上讲，第一，要对国外的艺术人类学、审美人类学研究的现状加以梳理，弄清楚人家是从那个角度来研究的，研究到什么程度，有什么代表性的成果，这是我们从事审美人类学研究所必须掌握的基础工作。第二，抓住中国性。同样是文学性、艺术性、审美性，但有中国的艺术性，中国的审美性，也就是说，中国经验和中国问题的特殊性，抓住这两点，中国特色的艺术人类学和审美人类学也就出来了，这就不是对西方理论的简单介绍。当然，难就难在对中国性问题的把握上。为什么这几年来我一直在关注音乐这一条线，因为，在我看来，中国文化与音乐的关系十分密切，在劳动经济学理论中，工具是身体的延伸，其实原理是一样的，审美是情感的，要用身体和身体的延伸来表达。艺术作品要表达一种情感、一种对人生对世界的态度，事实上用讲话，用平常的姿态是无法表达的，只有借助特殊旋律的声音、节奏、形象才能表达，需要创造一种形象来帮助表达，从这个意义上说艺术也是身体的延伸，是身体的一种表达形态。在这一点上舞蹈是最能说明这个问题的。在人类学中，人的情感的表达有两种机制，列维－斯特劳斯指出，一种是放大，其对象是崇高（这在形态上类似于“巨石结构”，与“崇高”的审美范畴具有深刻的联系），把人的身体加以延伸，情感被放大，放大是跟恐惧相联系的，投射的是一种敬畏和恐惧。另一种是缩小的机制，缩小的特点是人可以把握它，控制它，艺术作品就是这种机制的产物，我们今天要对这些艺术现象重新解释。在我看来单纯的描述事实不是人文科学，只是一种增加知识的学问，它可以告诉我们某一方面的知识，增进对人类的了解，丰富我们的知识，并没有把其背后的情感、价值、意义揭示出来。人文学者不能成为伊格尔顿所批评的那类学究，“知识分子并不仅仅只是褊狭的专家而已”，“知识分子所关切的，是对于社会与人性整体所提出之意念的旨趣”。[①] 因此，审美人类学包括艺术人类学一定要研究人的情感及情感的合理性。现代人其实存在一个很大的问题就是表面上情感泛滥，实际上情感空虚，表面上有很多的节日、有那么多的电视、歌曲、时尚，但真正属于他的情感的表达却很少。审美经验是人的身体和世界接触后的一种表达，而不仅仅是一种符号性的表达。许多时

① 王杰：《美学研究的人类学转向与文学学科的文化实践》，《广西民族学院学报》2004 年第 5 期。

尚电视剧、歌曲都是符号化的，看完后觉得跟他们没有关系，跟他们的生活隔得很远，现代人怎么找到情感的表达，这是现代人生活的困惑。我们过去对人生意义的讨论总是高悬一个理想，那是被意识形态化的话语，人生的意义是建立在个体经验的基础上，个人与世界的接触不是通过我们的思想、符号或我们生活在这个世界就自然而然地与世界联系的。

尹：您的谈话启发了我，从当代人的审美经验这一视角进入审美人类学的研究，这是与传统的艺术人类学研究不同的一个地方。传统的艺术人类学研究有两个主要特征，一是强调对民间艺术的研究，二是把艺术作为一个与社会各部分相互联系的整体来看待，也就是说把它当作一种文化体系来研究，研究艺术作品背后的文化意义。但这种研究基本上是在一个相对稳定的文化语境中进行的，而在全球化的背景下，那种封闭的远离现代文明的传统社区已不复存在，在多元文化的冲击下，出现了传统的农耕文明和现代文明甚至后现代文明多元并存、叠合的现象，原来的文化艺术呈现出一种“杂糅性”的文化特征。于是，有些人类学家和民俗学家就认为这种夹杂着浓厚都市文化气息的民间文化艺术不是纯粹的原生态的民俗文化，进而认为是“伪民俗”，不屑于研究。如果我们从审美经验的角度去研究，则可以发现这种所谓的“伪民俗”的意义和价值。传统的文化艺术的传承和变迁在不同的历史时期、社会环境、文化语境中由于不同的发展需要，会被主动地、创造性地重新利用和阐释，并赋予它们不同的功能和意义。人们为什么要在特定的语境中重新改造、利用传统的文化艺术，他们为什么要这么表述，他们的动机、选择和策略是什么，这与他们的情感、思想是有关系的，这些恰恰反映了文化传承主体的情感经验的流动性和复杂性，民俗可能是“伪”的，但生活在这些民俗中的人们的情感经验却是真实的。如黑衣壮族的姑娘们在南宁民歌艺术节上的演唱，她们的审美经验的复杂性与那种传统的民间歌手的审美经验绝不是一样的。因此，审美人类学研究不是非要去研究那种原始的所谓的原生态的文化艺术，而是要关注在社会现代化过程中，处于边缘的、底层人们的文化生活、审美活动在与意识形态、经济、技术、权力的交织中，他们的审美经验呈现了怎样的特征，其情感表达的机制是什么等。

向：这让我想起，王老师在谈到如何解决中国美学的危机时就曾经指出："中国美学的理论根基，应该建立在中国经验的文化人类学解释的基础上，这包括中国特有的生产方式、生活方式、社会组织制度，以及由此制约的心理习惯和审美习俗，这些都决定着中国人的思维方式、情感特征和表达方式。"① "中国经验"是一个开放性的概念，目前在政治、经济、文化等领域都得到了广泛而深入的探讨和实践，并引起了国际学术界的重视和研究。总体说来，中国经验是对当代中国人的生存和生活体验、个人体验以及艺术体验的批判性的总结和提升，它来自中国具体的地域文化同时又是中国人普遍的经验；它没有固定的模式，而是始终处于发展变化之中。在研究理念上，一方面，提出和研究中国经验并非将之作为西方经验的对立面而建构，不强调中国经验的全球化和普适性；另一方面，对中国经验的总结和创造绝不是为了迎合西方对中国的意识形态想象的某种预设，相反地，对中国经验的语境研究是逐渐消除对中西文化经验误读的最好办法，这也正是我们深入发掘中国的问题，更新中国的提问方式以及整合中国理论模式的现实基础。于此，中国的审美经验问题研究是否也可以在此基础上有所推进？

尹：我们通常用的审美经验这个概念是从西方引进来的，它有自身的内涵和外延，而在我们中国古典美学中用得最多的是审美体验，很多理论家对审美的过程包括其层次都作了细致的分析，并把那种在审美活动中，物我一体、突然顿悟的状态视为审美体验的最高境界。我觉得用西方的审美经验的概念好像不能完全表达中国人的那种在审美活动中所体验到的最深刻的心理感受。

王：审美经验与审美体验是不同的概念，在西方哲学中，关于人的现实经验有三个最基本的层面，一是经历，二是经验，三是体验。经历类似于生产线上的工人的经验，他完全没有自我，也不需要自我，只需要像机器一样地工作，他的行为是被动的。审美经验是一个描述性的概念，它是跟人的心理记忆包括深层的记忆和浅层的记忆以及深层和浅层结合在一起的那种状态。体验更偏重于主体的感受性，审美

① 王杰：《美学研究的人类学转向与文学学科的文化实践》，《广西民族学院学报》2004 年第 5 期。

的理想状态是体验，是把主体和外在状态结合起来达到物我一体，所有的体验都以经验为基础。我们平时所讲的只是一般意义上的审美经验，只有在审美的高峰状态下才是审美体验。

向：审美经验既是个人的、内在的情感状态，同时也具有跨文化的普遍性。它往往与“艺术”概念一样难以捉摸，借助单纯的民族志研究方法无法对此进行解答，例如，“究竟是什么构成了审美经验?”“如何将审美经验与非审美经验相区分?”……过去的人类学家一般都通过处理关于不包含人类主观情感的艺术作品来回避这个问题。尽管我们已经知道，审美经验不等同于对艺术品的经验，但审美经验与艺术的关系仍然是美学研究中不可逾越的课题。那么，我们应当如何理解艺术？艺术究竟以怎样的形态存在和演变?

王：艺术作品就像劳动者的工具，是帮助我们通过塑造一个形象来表达，这是审美经验的一种工具性的创造物，艺术是自我与外部世界的中间地带。问题的复杂性在于任何时代都有两种艺术，一是跟法律、习俗、仪式具有同样功用的社会文化体系，可以同样起到类似于法律、仪式的功用艺术，这是可以意识形态化的，曾经是统治人的手段，是制服人、让人产生一种神圣感并认同权力的东西，尽管它也是形象的、想象的，完全符合艺术规律，这种形式的艺术在历史上和现实中都大量存在；另一种是所谓的真正的艺术，它的生成与某种文化习俗惯例，也就是我们说的审美制度有关。按照马斯洛的观点，人的需要有几个层次，在需要的最高层次才是艺术、哲学的追求和审美的享受。只有在温饱、安全、自我实现等问题得到实现后才会有审美的需要，温饱没解决、社会地位没人承认，你去享受艺术，那是矫情的、虚假的。我们今天叫做艺术的东西在过去不是艺术而是一种神器，在当时不是作为审美的对象，供人消遣、产生愉快的，而是一种产生权力和确认权力的神器，只是今天它被当作艺术品放在展览馆里。如果把两种艺术混为一谈，我们的艺术人类学或审美人类学研究就比较危险。但这种艺术是否能真正产生审美经验，它能否帮助我们与当代世界产生联系，通过艺术这一中介，我们就能够感受到这个世界，现在很多的文学作品，读后并不能让我们真切地感受到我们所生活的世界。我们的审美人类学一定要抓住现代人的审美经验，只有那种真正的艺术活体的艺术经验才是审美的，这是和艺术人类学一个很大的不同点。

尹：我有一个疑问就是，用马斯洛的理论来解释现代人的各种需要是容易理解的，但它好像不能很充分地解释原始人的艺术活动，以及今天生活在社会底层的人们的艺术活动。如黑衣壮这个族群，他们的社会地位、安全保障、物质生活、健康条件等远远不如我们城里人，但他们在民间的自发的歌圩活动中，通过唱歌却能够达到一种审美的状态，在歌唱的过程中，生活的苦难、现实的无奈都被暂时中断，歌唱者完全沉浸在自己用歌声所描绘的想象的世界中，用王老师的“审美幻象”理论来说，这种幻象是可以让人产生审美体验的，我们还没有理由怀疑他们的审美活动是虚假的。因此，新的问题又产生了，即作为文化体系的艺术到底能不能给人带来审美愉悦和真正的艺术是否也能被意识形态化以及如何才能将两者区别开来。

向：是否可以这样来理解，王老师刚才提到的两种艺术：作为社会生活的重要组成部分之一的一般社会意识形态与作为人类生活中最精妙部分的特殊意识形态，尽管两者都是艺术存在的基本历史形态，也都有可能成为象征权力的隐秘的中介，但在性质上仍然有所区分：前者强调艺术与其他社会意识形态的叠合性，因而侧重考察艺术的社会功用及其现实基础；后者强调艺术作为一种剩余需要与一般需要不同，它的存在本身就是对现实关系与意识形态之间发生断裂的表征和审美修复。因此，对两种艺术的区分是把握艺术作为意识形态的特殊性的关键。当然，作为特殊意识形态的艺术其奢侈性往往与特权相关，但令人惊叹的是，在政治和文化上处于劣势的边缘群体的审美活动在很多方面都具有被授予特权的高雅艺术所无法比拟的丰富性和生动性，正如你谈到的黑衣壮审美文化的神奇魅力，它直接解构了现代审美等级秩序的神话，而马克思在揭示人类社会发展的“不平衡规律”中早已论证了这一点。

王：审美人类学发展和建设在我看来最关键的一点是方法论的问题。我想应该选择或者改造某种方法，以便能较好地研究和把握当代人的审美经验，不管是少数民族族群的还是都市中的流动人群的审美经验。审美经验是偏向主观化的，怎样用一种可以操作的方法去把握，这一直是我考虑的，人类学的方法只是其一。在我看来现在的艺术人类学面临的一个问题是，个案的局部的经验怎么具有普遍性？伦理的经验即使是个人的，其中还是有普适性的，真正的审美一定是有普遍性的，这其中的关系是怎么样的？这在单一的人类学的研究方法中是没办法解决的。据我所了解，美国的实用主义哲学在这方面的研究成果可以为我们提供方法论上的借鉴。因此，我们要从多方面的学术资源来找到一种可行的方法，田野调查是一种方法，审美人类学还需要用其他的方法，要摸索出一种尽可能先进的方法来研究全球化条件下的这种杂糅的混合的多元文化中的人群的审美经验。先在理论上论证这种方法的合理性，通过与其他方法的比较，找到其优势所在，在理论上觉得可行了再到田野中去实践和不断地修正。

尹：我们在学习的过程中，也感觉到我们现在缺少一种实际可行的操作方法。比如我们做的黑衣壮和南宁国际民歌节的调研，这两个个案所包含的问题是很多的也很有研究的价值，但就是找不到很好的切入路径。我有一个体会是，我们过去的研究还是太过概括，具体的深描还不够，给人的感觉是理论先行，比较空洞。我认为审美经验不是一个客观的、固定的东西或理论摆在那里，只要通过人类学的田野调查就可以发现它、认识它。事实上，当代人的审美经验是流动的、易变的、复杂的，在不同的语境中，审美经验呈现的状态是不同的，因此，一旦我们用抽象的理论语言来概括它时，它就成了一堆僵硬的概念。所以，我认为我们可以借用格尔兹的“深描法”。[①] 在具体的文化语境中，通过对某一具体的审美活动的过程或艺术事项的深描，展示审美经验鲜活的特征，在此基础上再进行理论的阐发和提升。

王：我认为审美人类学以后的研究要从两个方面着手，一是要紧扣当代人的审美经验、伦理价值，着重讨论从当代审美经验中产生出伦理价值和启蒙意识的可能性及其机制这个角度进入对问题的研究。二是一定要注重对资料的收集整理，要建立起较为系统的有自身特点的资料库。我们现在有了黑衣壮和南宁民歌节两个很好的个案，它们包含了很多复杂的理论现象值得我们去分析和阐释，但我们还没有建立起自己的资料库和信息系统。我在广西时曾计划建若干个审美人类

---

① 克利福德·格尔兹：《文化的解释》，纳日碧力戈等译，上海：上海人民出版社1999年版，第6页。

学田野工作站，可惜因为某种特殊的原因被迫中断了。现在我们正在进行南宁民歌节的资料库建设，我们一起努力来把它做好，丰富的资料是我们下一步深入研究的基础。

三 马克思主义美学：审美人类学的理论资源

王：一种学术思想或一门学科就像一棵树一样，能长多高多大，这取决于它生长的土壤的厚度，看它的根能扎多深。尽管我从一开始研究审美人类学时就把马克思主义作为其主要的理论来源，但如何把现代人类学思想与马克思主义美学研究结合起来，一直是我在思考的问题。这种结合是在一种很高的层次上，而不是一般意义上的简单的嫁接。马克思的人类学思想是哲学人类学意义上的关于人的本质的讨论，这需要我们做进一步的探讨，从学理上说清楚马克思主义美学和人类学的内在联系。

尹：我们过去对马克思的人类学思想的研究主要集中在对他晚年的人类学笔记的解读，包括对马克思晚年转向人类学研究的原因以及马克思在近十年的时间里在理论上的沉默的原因的猜测，但我想，我们要跳出这种研究模式，联系马克思关于实践、劳动、人性和种族以及历史唯物主义等思想才能从整体上理解马克思的人类学思想。

向：人们对于马克思晚年的人类学转向之所以产生种种误解，主要在于缺乏对马克思晚年思想的充分把握，尤其没有将马克思的人类学研究纳入到他的整个理论体系中进行考察，从而造成对马克思理解的认识论断裂。正如我们不能仅凭马克思著述中直接涉及“美”字的地方企图透析马克思的全部美学思想，马克思对于人类学的兴趣在他一生的理论探索中以不同的方式持续着这一事实也应当引起我们足够的重视，并且要求以一种新的探讨方式对此加以把握。马克思通过对人类学材料的研究，发现资本主义社会只是历史发展的某种阶段，并非是一种永恒真理的结果，这为批判资本主义制度灭亡的必然性，完善和发展历史唯物主义提供了历史依据。因此，马克思晚年的人类学研究是理解“整体马克思”的重要环节。关于人的自由而全面的发展是马克思最高的审美理想，而这种理想既不可能在充满着异化和价值颠倒的资本主义社会内部获得实现，也不能在没有剥削和压迫的史前社会实现，而是只有在未来的共产主义社会才能实现，这种社会是建立在资本主义充分异化的基础之上，它不是浪漫主义者渴望的原始社会。① 因此伊格尔顿把马克思的人类学称为是一种“革命的人类学”。②

王：中国的审美人类学研究一定要把马克思主义的理论品格贯穿于我们目前的研究中去，这就是关注现实，关注我们时代大多数人的生活、情感、精神和价值。就中国的现实而言，在全球化背景下，中国社会正在经历急剧的社会转型，人们的情感、思想、价值等正在发生巨变，他们传统的文化正在被剥夺和利用，作为一个马克思主义者应该关注中国社会底层人们的生活、文化的自觉和文化的尊严。在我看来现在很多中国人的生活是缺少尊严的，没有尊严的生活就难以有自我，如阿 Q 就是一个很好的例子。现在中国社会的底层，有大量的人就是阿 Q 式的生活着，他们的生活和情感以及情感的表达，并没有得到学者们的重视。在这一点上英国马克思主义者就比我们做得好，他们当时做的就是田野，他们去了解工人阶级的生活、情感，了解工人喜欢什么音乐，街头有什么样的娱乐，这些人的情感绝对不是电视上演的那些东西，也不是教科书里讲的东西。而我们今天的每一个城市有大量的下岗工人，街头和工厂有很多的底层人们，在这个社会的迅速转型期，在多种文化和价值观念的冲击下，他们的情感，他们对生活的感受，他们需要什么的文化和艺术作品，他们的审美需要到底是什么呢？恐怕没有认真而深入研究，他们的情感和审美经验被知识精英们所忽略。而我们的学术却成了象牙塔里的自我言说式的智力游戏，这就是伊格尔顿在《理论之后》中所批评的那种患了政治失忆症的文化研究，就是指的对社会现实的漠视。③

尹：我想这还涉及一个人文学者如何确立自己的学术立场的问题。在这个消费至上、工具理性横行、后现代思想泛滥的时代，作为一个

---

① 向丽：《现代人类学视野中的马克思主义美学研究》，载《马克思主义美学研究》第 9 辑，北京：中央编译出版社 2006 年版，第 223 页。

② 伊格尔顿：《审美意识形态》，王杰等译，桂林：广西师范大学出版社 2001 年版，第 203 页。

③ Terry Eagleton，*After Therory*，New York：Basic Books，2003，p. 7.

人文学者对道德、价值的维护，对知识分子的责任，对人类终极价值的关怀还有没有可能，或者如何可能，在这些问题上很多人是迷惘的。理论立场的不坚定，导致学术观点的游移，我们找不到自己的学术问题，总是在追赶西方的理论时尚，而又总有一种追赶不上的感觉。

王：我觉得知识分子有两种，一种是享有特权的精英型知识分子，相当于古代的祭司、巫师，他们掌管着专门的知识，他能沟通天地神，然后告诉你什么是秩序，把它讲得神神秘秘的老百姓却不懂，只让人服从。在我们今天的知识界，有一些这样的知识分子，外语好一点，有点出国的经历，拿外国的学术来装神弄鬼，动不动就说国外是怎么样的，搬外国的东西来唬人，让不懂的人顶礼膜拜，以为那就是真正的学术，这些知识分子在我看来不是真正的知识分子，是意识形态化的御用文人，是统治者的一部分，甚至就是统治者，过去的国王也是巫师，装神弄鬼只有他才会的。真正的知识分子应面对现实，面对我们这个时代绝大多数人的生存、生活的意义、有什么困惑，从他们的经验中提炼出理论来。

向：中国不缺乏杂家和专家，而是需要有问题意识并且能够对这些问题提出真正有价值的解决方案的大家。总的看来，目前中国美学研究中存在的问题主要有：一、大部分西方美学话语和理论模式在被移植到中国本土时，由于还没有经过中国语境的具体转化，理论的架空往往造成对中国本土想象和阐释的混乱，这种混乱不仅无益于对日渐丰富、复杂的现实问题做出合理的解释，而且在很大程度上遮蔽了中国自身的问题及其独特的审美方式和特征；二、中国美学研究尚缺乏足够的立足于本土文化语境提出中国美学的元美学问题以及探寻有中国特色的解答方式的学术自信和实践。三、基于以上两个原因，中国美学没有在中国语境的现实基础上解决好美学如何从现实生活中发掘真正的问题意识、如何调整美学的研究范式以及传统美学的现代转型等问题，中国美学的现代性还未充分显现出来。事实证明，深邃而彻底的理论只能来自现实生活本身。马克思的美学思想从既有的现实生活出发，他所直接面对的是异化劳动下造成的颠倒的审美图景，货币凭借其最大限度的交换功能成为纯粹的审美现象。马克思的伟大和高明之处在于，他不是从任何外在的理论形态中寻找问题的根源和出路，而是就从人的日常生活经验中发掘审美启蒙的现实基础和实践方式，从而重新占有人的自由而全面发展的本质。

王：我同意。我们可以给自己这样的假使，如果马克思活在当代中国，他会不会选择文化和美学问题作为主要研究对象？他会采取一种什么样的学术姿态呢？好吧，我们今天就谈到这里。

（原文系作者与尹庆红、向丽博士的对话，刊发于《马克思主义美学研究》2007 年第 1 期）

马克思的审美人类学思想

人类学的总体目标应当是把对人的精神现象的研究和对人的物质存在、生理基础的研究加以统一，使人文科学的研究能建立在实证的基础上，以驳斥人文科学是伪科学的观点。而当代人类学的一个重要发展方向则是由研究未被现代文明改造过的原始文化而把视野转向对现代社会和现代文明的研究。新兴的教育人类学、都市人类学、环境人类学及文学人类学、审美人类学等人类学分支学科都与现代社会生活和现代人的思想情感相联系。今天仍需要传统意义上的人类学研究，但更需要学者用人类学方法来研究当代的文化现象，这会产生很多新鲜的学术话题。

在对理论问题进行新的阐发的同时，我们也不能忽略学科的学理基础，在美学研究领域更是如此。马克思的思想与美学、人类学有着密切的联系，本文试图阐释马克思独具特色的审美人类学思想，这一尝试能否被认可，还有待于学术界的检验。

一　马克思主义与人类学理论的联系

众所周知，马克思、恩格斯都对摩尔根《古代社会》的出版感到十分兴奋，他们认为该书是对历史唯物主义（一种对人类社会发展抽象程度非常高的哲学理论）的强有力的实证说明，在此之前，历史唯物主义主要侧重于学理方面的论证和政治经济学方面的论证，而缺乏实证基础方面的系统论证。历史唯物主义与摩尔根的人类学理论具有很大相似性和内在联系。两者都侧重从人类生活的物质存在和技术进步的方面去说明人类社会的起源和发展，都很注意人类社会的物质基础，认为所有文化现象和社会制度都建立在一定的物质基础之上。摩尔根受资本主义上升时期启蒙主义思潮影响，侧重于从技术进步方面说明人类社会的发展，认为技术进步推动生产力发展，从而导致生产关系变化，进而推动社会制度的改造。这正好与历史唯物主义的观点不谋而合。

尽管有着以上相同之处，在马克思的历史唯物主义与摩尔根的人类学理论之间仍存在着很大的不同之处。在马克思晚年所做的《人类学笔记》中马克思既有对摩尔根的肯定又有对他的某些观点的批评。本文以为，马克思主义与人类学存在着以下三方面的区别：

1. 人类学作为一门实证科学，十分重视田野调查和实证材料的比较研究，相比之下，马克思主义具有较强的理论性和思辨色彩。注重实证材料既有优点也有缺点，田野调查资料不可能做到绝对真实、客观，由于主、客观方面的原因，人类学家可能受到不够真实的田野调查资料的蒙蔽；并且，当研究者的研究视野和理论水准对现象无法解释时，往往容易阉割、扭曲实证材料，这是一些人类学家自觉、不自觉做的。马克思主义则具有较强的思辨性，较强调对学理问题的把握，对于现代学术研究这是很重要的。

2. 从研究思路来看，文化人类学着重对异质文化的比较研究，而马克思主义则侧重于过去与现实、古代社会与现代社会的比较研究，这是一种基本思路的区别。作为理论的根本特征而言，人类学根基在于实证主义思潮，与自然科学方法论联系在一起，和资本主义社会现代化进程联系在一起，因此大多数人类学理论是肯定现实制度和社会的现代化进程的。而马克思主义则是批判现实和扬弃社会的现代化进程的，这是因为马克思主义从诞生之日起，就与现代化理论、实证主义思潮相对立、相批判。这是两个根本性的差别。

3. 在方法上，马克思主义以经济学或政治经济学为最重要的方法论基础，而文化人类学以文化理论和文化哲学为基础。在方法论和研究侧重点上，马克思主义侧重对社会物质基础、经济关系、生产方式方面的研究并推及、阐发至上层建筑和意识形态领域。而文化人类学则侧重从文化差异性、文化的不同制度的区别上着手，追溯差异的根源直至物质基础。在西方哲学传统中，如果说马克思继承了德、法哲学的唯理论传统，文化人类学则继承了英国哲学的经验论传统。

二 马克思主义美学与艺术人类学的区别与联系

马克思主义美学与马克思主义审美人类学关系更为密切，后者虽受人类学很大影响，借用了其很多方法、资料，但它的传统、根基还在马克思主义美学上。

（一）两者的联系

1. 马克思主义美学或马克思主义的艺术哲学是一种人类学意义上的美学，这一点有许多学者指出过。[①] 它表现在：（1）马克思认为人的想象、情感是一种人类学意义的人类特性，马克思认为激情、想象是人的本质存在（《1844 年经济学哲学手稿》），这一点在马克思之前尚未有人认识到。（2）在《人类学手稿》中，马克思还强调人的潜能、能力的全面发挥，在马克思心目中始终有一个“理想的人”的模式存在，这是一种哲学人类学的思想。

2. 马克思主义美学在发展过程中始终以人类学提供的材料来阐发论证其理论。不仅马克思如此，其后继者也如此，如拉法格关于艺术的起源问题的讨论所用的材料都来自人类学，普列汉诺夫《没有地址的信》中大量引用人类学材料，乔治·卢卡契的重要美学著作《审美特性》也大量引用人类学材料，瓦·本杰明的神话理论对卡夫卡、波德莱尔的解释不同于他人，就在于他借用了神话学、人类学的观念方法，这也是他的理论能穿透那一个时代的重要原因。此外，在西方被誉为“文化研究之父”的著名学者雷蒙德·威廉斯在他的文化研究中也大量使用了文化人类学材料。

3. 换一个角度来讲，人类学的许多重要思想和理论都源于马克思主义，这在 20 世纪表现得尤为明显。列维－斯特劳斯的结构主义人类学，怀特的新进化论，马文·哈里斯的文化唯物主义，受阿尔都塞影响的解释人类学，都受到马克思学说的深远影响，还出现了马克思主义人类学学派。

---

① 参见 S. S. 柏拉威尔《马克思与世界文学》、豪克《绝望与信心》等。

4. 两者的研究领域越来越接近。如当代人类学的一个重要分支象征人类学，与马克思主义美学在研究对象上就有很大的重合性。象征人类学认为任何文化要具有普遍性，都要把具体的物象转化为象征，这是人类文化创造上最普遍的行动，象征人类学就是研究文化中的象征的产生、作用、意义和彼此关系，也就是研究文化的象征系统。而马克思主义美学认为对象要成为审美对象，就必须从审美物象转变为象征，因为不具有象征性就不具有普遍性，也就不具备审美价值，马克思主义美学研究审美意识形态其实就是对审美象征系统的研究。可以说这两个不同的学科走到了一起。

（二）两者的区别

1. 马克思主义美学与艺术人类学的不同之处，在于马克思主义美学有更强的抽象性，更多的本体论色彩。

2. 马克思主义美学与其他美学不同之处在于其不仅要认识世界，还要求改造世界。在认识审美现象的同时，还要改造旧的审美关系，创造新的审美关系，以审美的眼光来建设新世界，这是由马克思主义的性质决定的。而人类学则注重从旁观者角度进行客观研究。

三　马克思审美人类学思想的主要观点

马克思有关审美人类学思想的主要观点有以下三方面的内容是值得进一步注意和研究的，这些思想和理论在马克思的理论框架中具有新的意义和价值。

（一）马克思关于人的身体与审美需要的关系的思想和理论

审美需要这个概念是美学理论中应该研究但事实上研究得不够的问题，除马克思主义外，心理学曾对审美需要的问题做过一定程度的研究，但马克思的研究与此不同，它具有人类学的意义，具体而言主要包括以下四层含义：

1. 身体作为审美活动的物质基础的思想。这是马克思在《1844 年经济学哲学手稿》中提出的，伊格尔顿在《审美意识形态》中作了重要的论述。今天人类学努力把研究人的精神活动与研究人类社会物质活动之间存在的屏障打通，马克思的这一思想是这种跨学科研究的很早的一个体现。这对美学研究意义重大。长期以来，美学是一个没有物质基础的学科，在今天的后现代理论中与当代马克思主义美学理论中，对身体与人的情感的关系以及身体与人的审美活动的关系作了很好的论述，这些思想都在不同程度上来自马克思。

2. 马克思在《1844 年经济学哲学手稿》中提出现代化进程对人的身体的约束或者说人的身体在现代化进程中发生异化的思想。伊格尔顿对此作了进一步的阐发：审美需要并不是生理需要，而是文化需要。对审美对象的强烈需求与人的身体在现代化进程中受到异化和约束相联系，理论上可以说审美需要是与人自身的某种匮乏相联系的，而匮乏则是社会的结果，而不是自然现象。因此，可以说审美需要并不是培养出来的，需要培养的是人的审美能力。生活在一定社会关系中的人自然具有一定的审美需要，他具有什么样的感受能力，就采用什么样的方法满足他的审美需要。

3. 人的潜能的充分实现的思想。这是马克思在《1844 年经济学哲学手稿》和其他著作中一再表达的重要思想，也就是审美人类学的思想。它与启蒙主义、德国古典美学的思想一脉相承，认为在审美活动中人的潜能得到了某种想象性的实现。马克思与启蒙主义、尼采、叔本华等哲学家的共同之处在于他们都认为在艺术、审美活动中人的潜能得到充分、自由的实现，但马克思的不同之处在于他清醒地认识到这种实现是想象性、幻觉性的实现，不是真正的实现。审美活动中人的潜能的实现是虚幻的。因此，马克思常常把审美与宗教相提并论，在马克思的著作中对审美既是肯定的，又有否定的，而以否定居多。当然，正如马克思从未否定过真正伟大的宗教在历史中的作用那样，他也从未否定过伟大艺术的意义。

4. 马克思在《1844 年经济学哲学手稿》中提出“美的规律”的思想和理论。关于“美的规律”，马克思提出“两个尺度”的理论，即对于人的对象，不仅要用“物”的尺度，现实的尺度去把握和评价，而且还要用人的尺度、内在的尺度去把握和评价。只有两个尺度相吻合、相统一时，这个对象才是符合美的规律的。这一思想是马克思的审美人类学的重要内容，他对人的存在、人的意义的理解，要求不仅用外在的、“物”的尺度如效率、金钱、权力等可测量的外在尺度来测量，还要求用人的尺度即符合人性、符合人的最高伦理、人的理想的尺度来要求对象，当这两者相统一时，才是真正的人，才符合“美的规律”。在马克思之前，莱辛已使用“美的规律”的概念，但莱辛主要讲的是形式美的规律，马克思却从作为人的人类学角度，即如何才是符合人性的存在的角度提出问题。

（二）马克思对古希腊神话的永恒魅力这一问题所表现的思想

古希腊神话的永恒魅力问题并不是马克思最早提出的，但它在马克思理论框架中具有与以往不同的意义。浪漫主义美学在此之前就提出过这个问题，其答案也就是马克思在《政治经济学批判・导言》中谈到的“正常的儿童说”。浪漫主义美学认为人类在原始社会阶段是正常、自由、和谐的，因此，这一时代的文明创造也是正常、和谐、美好的，给处于异化状态的现代人带来美的享受，具有永恒的魅力。这种观点实际上并不是马克思主义的观点，马克思主义并不认为原始社会是一个最美好、完善的社会。我们认为，马克思针对古希腊神话的永恒魅力问题提出了几点重要思想。

首先，在马克思的理论框架中，古希腊神话是一个复合性文本或者说多重话语相叠合的文本，这在他的《人类学笔记》中多次提到。①当时，以摩尔根为代表的一批人类学家根据神话谱系推论古代社会，与之相比马克思对古代神话的辨析更细致、更辩证，马克思认为在古希腊神话中至少叠合着父权制、母权制神话的不同形象和声音。古希腊的优秀艺术能把这两种声音同时传达出来，古希腊悲剧往往是这两种声音最深刻、内在冲突最激烈的表现。

其次，马克思对古希腊神话永恒魅力的解释与历史背景相联系。马克思的神话理论的独特之处在于他把神话这种符号系统表现出来的美与具体的审美关系、一定的历史阶段相联系，这是其神话学理论的一个重要思想。马克思不是单纯就神话研究神话，他认为神话的意义一定要和现实相结合才能呈现出来，古希腊神话的永恒魅力在不同历史阶段有不同的意义，它不是静态的，而是动态的表现，应该在具体

---

① 马克思晚年所做的人类学笔记亦称为“民族学笔记”指马克思 1879 年至 1881 年期间所做的马・柯瓦列夫斯基的《公社土地占有制，其解体的原因、进程和结果》摘要、路・摩尔根的《古代社会》摘要、亨・梅恩的《古代法制史讲演录》摘要、约・拉伯克的《文明起源和人类的原始状态》摘要等，见《马克思恩格斯全集》第 45 卷，人民出版社 1985 年版。

的生产关系、交往关系、审美关系的语境中把握其魅力。[1] 实际上，马克思的神话理论是与其意识形态理论紧密相联的，可以说是意识形态理论的一种形态。美与具体历史相联系的思想，还表现在《路易·波拿巴的雾月十八日》中，马克思用幽默的口吻谈到，同样是资产阶级上升时期创造的审美对象，在资产阶级取得政权后，其审美意义也会发生改变，而且是实质性的改变。

再次，马克思还提到神话学的辩证法问题，即神话现象或者说情感性意识形态的神秘性和解神秘性的辩证关系问题。神秘性和解神秘性的问题一向为神话学所关注，20 世纪 60 年代以来，随着审美意识形态成为主流意识形态，艺术和审美现象本身被神秘化和神话化，人文科学转向侧重于对神话的解神秘性的研究。我们认为，对神秘性和解神秘性之间的辩证关系的研究实际就是马克思在《政治经济学批判·导言》中谈到的古希腊神话与古希腊艺术所表现的关系，古希腊神话是神秘性的，并把神秘性作为永恒的和最高权威，它不是艺术。古希腊艺术是以神话为材料，或者借用马克思的话，是土壤、母胎、武库，将其加以处理，使它变得具有解神秘的色彩，呈现出它隐含的本真意义。马克思在《政治经济学批判·导言》中给自己提出了任务：（1）说明和解释古希腊神话的原始形态以及为何具有解神秘性即促使现代人感受它的艺术价值和永恒魅力的问题。（2）以莎士比亚为代表的近代古典艺术的神秘性和解神秘性的问题，即它所具有的无比魅力与起到何种价值和作用的问题。（3）我们认为马克思的思想中还存在着第三点，即不同于古希腊和古典时代的现代艺术用古代神话的素材将之与现代生活结合起来，重新表达出一种新的不同于以往的审美价值的问题。这应该是一个更复杂的问题。马克思主义的审美人类学应对以上不同的审美关系及其意义作出自己的解释。现在，学术界对前两个问题的研究较多，而忽略了对第三个方面的研究，当前马克思主义审美人类学应加以努力的方向是对卡夫卡、乔伊斯、魔幻现实主义的神话回归，即神话以现代形态重新出现以及它们与古典神话在审美魅力和艺术力量上的不同之处作出解释。神秘性和解神秘性的关

① 参见詹姆逊《马克思主义与历史主义》，收入《晚期资本主义文化逻辑》，三联书店 1997 年版。

系实际上一直是艺术与意识形态的关系，关于解神秘性的力量很多神话学理论通过对神话本身的复杂性、悖论性的形象进行分析和论述，以说明其艺术的价值和魅力，而马克思主义神话学则把解神秘性的力量最终追溯至现实关系的复杂性和具体性，这是其独特之处。

还有，马克思在《政治经济学批判·导言》中提出了审美转换的重要概念。马克思在思考神话或者说意识形态与艺术、审美启蒙三者间具有什么样的关系时，他认为存在着从神话转化为艺术，又从艺术转化为接受者的审美体验，进而取得审美启蒙的效果的过程，两个转化过程的联系环节都是“审美转换”。“审美转换”既是一个美学概念，也是一个人类学的重要概念。文化人类学家哈里斯在思考为什么同一阶段的不同人种其艺术表达各不相同的问题时，也使用了“审美转换”概念，认为它包含了审美传统和现实材料两个方面。审美转换是这两个方面同时作用、共同创造出来的对象，面对同样的现实材料，在不同的审美传统条件下会导致不一样的审美体验，而这种审美传统在马克思看来就是一定的意识形态。

（三）审美活动与历史进步的关系

马克思的人类学与一般的文化人类学的不同之处在于后者侧重于材料的搜集、整理和客观描述，而马克思的所有思考都围绕着如何使人类社会从资本主义生产方式中走出来，超越剥削、压迫、对立的阶级社会这一中心问题。马克思主义审美人类学的一个重要成就是理论地提出审美活动与历史进步之间关系的问题，这是马克思主义美学与一般美学的不同之处。

在现象上，我们不难体会到，当现代人欣赏古希腊神话、原始民族文化、原始民族艺术时，总能感受到强烈的不同于现实社会以金钱、效率为唯一尺度的合理性；一个事件经过一段历史时间后以文学、艺术形式加以重新表达，会变得美好而给我们带来美感；为什么在艺术表达中越孤独就越具有普遍性，越有个性、唯一性、不可重复性就越具有普遍性呢？这些现象都是审美人类学的难题，许多理论在这里被难倒了，但马克思主义具有解释的能力。马克思在解释审美活动时提出了一个重要概念：“价值颠倒。”在《人类学笔记》和《政治经济学批判》中这是一个经常使用的概念。马克思在讨论原始文化、讨论交换关系的发展时，注意到这样的现象：在一定的巫术圈内现实的价值关系会产生一种颠倒、一系列在日常生活中处于合理状态的关系在特殊的文化机制中会发生一种颠倒，在神话解体后的社会发展中，这也是审美活动中的特殊现象。马克思认为，这一现象是人类社会即使在最痛苦、最黑暗的社会中仍存在希望的证据。艺术或审美是人类社会的特殊领域，它保存了人类社会最有价值、最符合人性的习惯、理想、价值，它通过颠倒日常生活的某些方面来超越现实，实现它的神秘化、实现艺术的特殊性，对这些价值加以保护，艺术也因此得以存在。可以说，艺术存在本身就是社会不合理性的一种表现形式，正如罗兰·巴特尔指出的那样，正是因为社会存在着分裂、压迫才需要神话。艺术通过价值颠倒，或者说陌生化的手法来实现它的自我保护，来传达和延续人类文明中最符合人性的东西，有很多文化的要求，虽然被压抑至潜意识的层次，被排斥出日常生活和一般的文化中，但仍保留在艺术中。

“价值颠倒”概念在《1844年经济学哲学手稿》《资本论》《人类学笔记》中被大量使用，在马克思那里以最典型的形式表现在商品交换中。继马克思之后，詹姆逊继承并发展了“价值颠倒”这一概念，他在《布莱希特的方法》《政治无意识》《时间的种子》等著作中提出了“文学生产方式”的概念，考查马克思关于审美活动中价值颠倒问题与历史进步的关系，认为价值颠倒使人们从面向过去变为面向未来。人的心理活动一般都是面向过去，大部分艺术也往往使人转向过去，而真正的艺术使我们正视现实，面向未来，从更理想、更合理的存在这个立场上审视现实，从而使我们能够充满激情地去改造现实。

四　马克思的理论方法对人类学研究的方法论意义

在20世纪人文科学的发展中，马克思的理论方法与人类学方法存在着互动的关系，双方相互影响，如列维－斯特劳斯在关于亲属制度的研究中将不同部落间用妇女作为交换媒介来达到彼此联合的观点就是从马克思那里继承而来。再如德里达关于文字的研究，具有普遍的符号学意义，德里达在这方面的研究实际上是一种人类学意义上的研究，他坦率承认他关于文字作用的研究受到马克思的关于货币研究的影响。此外，拉康的心理学与人类学的关系也非常密切，他的精神分析理论与人类学具有互动的关系，拉康的心理学中提出的剩余快感（“剩余想象”）的概念与马克思的剩余价值理论存在着血缘关系。列维-斯特劳斯神话理论中提出的“神话素”概念，德里达《马克思的幽灵》一书中提出的“意识形态素”的概念，都根源于马克思的意识形态理论。我们认为，马克思对“商品拜物教”的研究对神话学、人类学都具有重要意义，关于货币、交换关系的研究也具有人类学方法论的一般意义和普遍性。今天的审美人类学应当把这些方法和概念吸收进自己的框架系统中。

（原文刊发于《广西师范大学学报》[哲社版]2000年第4期）

列维－斯特劳斯与审美人类学

列维－斯特劳斯与审美人类学有什么样的联系，这大概是一个很少有人考虑的问题。列维－斯特劳斯作为结构主义大师、结构主义人类学的创始者，在世界学术界享有崇高的声誉，其研究与艺术的密切关系也引起了学术界的广泛注意，但审美人类学作为一门新兴的边缘学科在国内学术界仍鲜为人知。我们最近发表过几篇文章阐发审美人类学的学科性质、意义、研究对象及研究方法，① 但在本文开头，仍有必要简要介绍审美人类学的基本学术理念和思路，以利于我们论题的展开。

一 问题的提出

审美人类学是一门用人类学的方法和概念系统来研究和阐释美学问题和审美现象的学科。人类学在大多数人眼中是侧重研究人的体质、物质生活和社会生活制度等方面的学科。它以注重客观性、注重操作性、极强的田野调查和实证研究为特征。而美学在很大程度上恰恰与人类学正相反，它以注重思辨、注重逻辑、关注人的精神世界中最空灵玄妙且难以言说的部分为特征。审美人类学力图打破两门学科间的壁垒，以人类社会文化的大量材料来充实美学对人类精神领域的思考，使抽象的思辨建立在实证的基础上。同时，把美学研究引入人类学领

---

① 参见覃德清《审美人类学：价值取向与方法抉择》，载《民族艺术》1999 年第 3 期；王杰、海力波：《审美人类学的学科性质、意义与方法》，载《民族艺术》2000 年第 3 期；王杰、海力波：《马克思的审美人类学思想》，载《广西师范大学学报》2000 年第 4 期。

域中，使人类学研究从形而下的层次上升到形而上的层次来。在 20 世纪下半叶的学术发展中，列维－斯特劳斯是两门学科实现沟通的一个较为突出的例证。他对人类学材料进行了独到的理论分析，他对艺术的浓厚兴趣使得他把人类学研究从物质文化领域发展到精神文化领域。结构主义研究喜欢使用“共时性”与“历时性”的双重分析方法。如果说在“共时性”——美学与人类学两个学科的交融上斯特劳斯起了重要作用，那么，他在“历时性”——学术思想的继往开来方面起到的作用就更大了。斯特劳斯的理论一头与萨特的存在主义相连，另一头与以德里达为代表的解构主义相连。他对原始艺术、原始文明的推崇，以及对现代文明的批判，成为解构主义、文化多元主义等众多思潮的思想来源之一。

审美人类学研究可从两个方面加以展开，一是研究人类学与美学共同关注的对象，从中作出哲学上、理论上的概括。二是对已有所成就的人类学家、美学家用审美人类学的概念系统对之重新解读，这样可以使我们为审美人类学的学理机制和理论框架提供有价值的学术资源和启迪。列维－斯特劳斯是一个重要的个案，通过对他的研究，可以使我们明确美学与人类学交叉的必要性、必然性，明确审美人类学的发展方向与途径。

二　列维－斯特劳斯的生平、性格与学术渊源

1. 生平与性格

列维－斯特劳斯是一位典型的学者。他 1908 年出生于一个有犹太血统的画家家庭，受父母的影响，从小掌握了绘画的基本技巧，还曾学习作曲、写过交响乐，打算做一名作曲家、戏剧家。他还很喜爱文学，对文学有着不同寻常的天赋。早在童年时代，他就能背诵名著《堂吉诃德》，成年后每年都要重读巴尔扎克的作品，晚年还曾经尝试小说创作。对文学的酷爱，使他的著作具备了优美的文风。他的人类学考察笔记《忧郁的热带》就因行文流畅、风格典雅而差一点获得法国最高文学奖龚古尔文学奖。斯特劳斯对文学艺术始终保持浓厚的兴

趣，但他曾戏称自己一生最衷情的有三个情人：马克思主义、音乐和地质学。这三门学科看似没有关联，但马克思主义能从纷繁复杂的人类生活中归纳出最基本的规律即物质生产决定着社会生活的其他方面，音乐凭借 7 个音符进行无穷尽的排列组合而产生不同的乐曲，地质学研究静态的层层累积的地质结构可以了解动态的地球的历史。我们不难发现，从复杂的具体现象背后抽象归纳出隐藏着的本质规律，正是这三门学科的共同特点，也正是斯特劳斯结构主义研究最擅长的事。斯特劳斯的著作中常以音乐和地质学为例，而在他的思想深处，则不难发现马克思的影响。一般而言，德国思想家往往以擅长于抽象思辨、逻辑归纳，建立庞大的体系而著称，法国思想家则多以思维的活跃灵动、气势宏阔而不拘泥小节见长。斯特劳斯能够建立起结构主义思想体系，除了他本身擅长理论概括外，还与他受到与德国古典哲学有很深渊源的马克思主义的影响有关。

与大多数法国知识分子一样，青年时期的斯特劳斯对政治非常热心，大学时代曾任国会议员秘书，还企图进入政界。但中年后他潜心从事学术研究，与现实政治活动自觉保持距离，以避免影响其学术研究，这使他能对现代文明的重大问题进行冷静思考，实际上是对现实政治和社会生活更深的关注。

斯特劳斯对政治的热情持续得不长。1934 年他赴巴西某大学任教，在此期间对人类学产生了浓厚兴趣，并在巴西进行了他一生中唯一的一次田野调查，使他得以写出著名的《忧郁的热带》一书，从而奠定了他在人类学界的地位。二战时，斯特劳斯流亡美国，结识了著名结构主义语言学家雅各布森。战后，他返回法国，一直从事学术研究工作，1973 年当选为法兰西院士。与其简单的生平相反，斯特劳斯留下的著作十分丰富，有《亲属关系的基本结构》(1949)、《种族与历史》(1952)、《忧郁的热带》(1955)、《结构人类学》第 1 卷（1958)、《今日的图腾崇拜》（1962)、《野性的思维》(1962)、《神话学》1－4 卷(1964—1971)、《面具的奥秘》(1975)、《广阔的视野》(1993)、《确定的语言》(1984)、《嫉妒的制陶女》(1985)、《象征与双关》(1989)、《猞猁的故事》(1991)、《看、听、读》（1993）等。

如果用一句话来概括列维－斯特劳斯的性格，我们可以称他为具有美学气质和修养的人类学家。他虽然一直走在学术的前沿，但与大多数思想家具有激进的特征相反，他没有激进的特征。他力图用一种冷静科学的态度来对待生活与学术。他骨子里仍是卢梭主义者即浪漫主义者，对社会的物质现代化进程持批评态度。他对早已消逝的原始文明的推崇，对人类的童年生活时代的留恋，使他曾自嘲地说自己与堂吉诃德十分相似，都力图把早已消逝的传统带到现实中来。

2. 学术渊源

列维－斯特劳斯是一位承前启后的学者。他的思想不仅在人类学领域，而且在整个西方学术界思想界都产生了深刻的影响。

当斯特劳斯发表他第一本有影响的人类学著作《忧郁的热带》时，他在书中一开头就声明自己厌恶旅行和田野调查，他更愿意通过已有的资料进行理论的概括。这在当时的人类学界掀起了轩然大波。从 20 世纪初到 50 年代，人类学学者们进行了大量的田野调查工作，搜集了大量资料。在当时的人类学界占主导地位的是美国历史学派。该学派的特点是重资料收集，轻理论归纳。借用该学派代表人士博厄斯的话来讲："资料本身会说话。"他主张把对现象或资料的搜集分类当作研究的最终成果而不是研究的出发点。在这种主张的影响下，当时的人类学界缺乏理论的提出而被视为主要从事资料搜集的二流学科。这种状况直到斯特劳斯的出现才发生转变。他指出："大约从一世纪半以前开始，到现在已收集起来大量的民族学研究资料。根据这些资料，民族学家们可以继续进行数百年以至数千年的研究……在这些资料里，可以有长久的取之不尽、用之不竭的科学研究源泉。"① 他的一系列理论著作如《野性的思维》《结构人类学》《神话学》等标志着人类学从注重田野调查、对实证材料的收集和整理转向理论分析和概括。以列维－斯特劳斯为标志的这一转折为他赢得了极高的声誉。当代美国著名的人类学家格尔茨称列维－斯特劳斯"使人类学得到一种理性的训练。他使人类学成为理论的、理性的、哲理的，他把人类学与世界的理性大潮联系了起来，他使人类学脱离了手工艺的模式。他使人类学摆脱了经验论的数据收集式的事务，并且将法国的理性，也就是通常所说的理性特色引入了人类学……从列维－斯特劳斯以来，人类学家

---

① 列维－斯特劳斯：《民族学者的责任》，载《民族译丛》1979 年第 4 期。

们才认识到他们应该去思索，这的确是前所未有的情况”①。而法国当代著名人类学家和社会学家布尔迪厄也赞誉列维－斯特劳斯“为一门社会科学第一次赢得了尊敬，实际上是成了占统治地位的学科”②。一旦人类学开始自觉意识到人类学应该解决什么问题（以列维－斯特劳斯为重要标志），本学科有何作用与意义时，人类学与美学之间人为划分的界限就被打破了，人类学与美学开始相互吸引。当美学在讲到艺术和审美的起源时，一定会涉及大量人类学的材料。在此，有一点必须加以澄清，即艺术的概念并非自古就有的。现代意义上的美和艺术都应该在文艺复兴后才产生。我们今天当作艺术来欣赏的前现代社会艺术在当时并非按照今天的艺术概念加以创造，也不是按照今天的审美标准来欣赏。今人与古人创造、使用这些产品的态度是不同的。美学要对前现代社会的艺术加以正确理解，势必要利用人类学对人类历史和不同文化发展进程的深刻了解。利用的程度要比我们想象的大得多。反之，人类学并非单纯学术研究，而被称为最富于人道主义的学科，绝大部分人类学家对以往文明的研究实际上都曲折地反映了对现实的思考、批判和否定。这种思考需要哲学的指导。美学长期以来一直作为一种社会批判话语而存在，随着美学对当代社会发展的影响日渐明显，人类学也需要美学的指导。任何文化都有一个最重要的基础即人对现实的体验，任何文化都是根据人在现实生活中具体的感受和体验而创造的。美学（Aesthetic）实际就是“感性学”之意，美学也是对人类的感性经验作出分析，它与人类学都研究人的具体经验和具体经验如何转化为文化。

斯特劳斯不仅是一位人类学家，还是一位哲学家、思想家。他的思想还受到马克思、波德莱尔、卢梭、巴尔扎克、康德、塞万提斯、夏多—布里昂、普鲁斯特等人的影响，从中可以看出，斯特劳斯与浪漫主义文学和美学有着很深的联系。波德莱尔、卢梭、康德、夏多布里昂、普鲁斯特都是在文学艺术上非常强调形式的、而且达到非常高的审美境界的作家与思想家。列维－斯特劳斯的人类学著作中对自然，对原始文化和人与自然和谐相处的状态那种挥之不去的依恋、怀旧、

---

① 理查德·汉德勒：《克利福特·格尔茨访谈录》，载《国外社会科学》1996 年第 1 期。

② 布尔迪厄：《文化资本与社会炼金术》，上海人民出版社 1997 年版，第 5 页。

感伤的情结，无疑与卢梭等人的浪漫主义审美情怀相仿。至于斯特劳斯与结构主义语言学家索绪尔、雅各·布逊的密切联系更是众所周知，他曾与雅各·布逊合作，用后者的语言学理论分析了波德莱尔的诗篇《猫》，列维－斯特劳斯对文学作品的个案研究很少，因此，他的这一研究成果无疑是非常有价值的。此外，法国著名哲学家梅洛·庞蒂对列维－斯特劳斯也很有影响，庞蒂通常被称为存在主义者，实际上他在法国哲学传统中是较早地对交流理论作深入分析的学者，他的最大贡献是对审美知觉的研究。列维－斯特劳斯对庞蒂深怀敬意，在《野性的思维》献辞中称该书就是献给他的。

列维－斯特劳斯在同书中曾声称“人类学实际是心理学”。在心理学领域对他启发最大的首推弗洛伊德。弗洛伊德对人的无意识领域的研究推动他去寻找不同种族、文化的人们思维背后的普遍规律。但弗洛伊德侧重对个体人格与个体无意识的研究，而斯特劳斯侧重研究集体无意识领域和不同民族文化的特殊性即文化性格。他企图把心理学研究实证化，不是把作为个体的人而是把文化作为研究对象，同时也希望使人类学研究深入到集体无意识领域。他的这一构想对审美人类学无疑具有方法论上的指导意义，审美人类学也正希望把人类学研究拓展到心理的精神的层面，把抽象思辨为主的美学建立在坚实的文化基础上。

研究列维－斯特劳斯的学术渊源，最重要的还是把握他与萨特和他与德里达的关系。他与萨特在学术上是论战与对话的关系。萨特的存在主义强调主体性、人的主观能动性和精神自由，而列维－斯特劳斯批评的正是这一点。他认为对现实不能以主观态度，而应用科学、冷静的态度来对待。通过对萨特理论的论述，他提出一个重要问题：萨特的理论，事实上是列维－斯特劳斯生活时代的神话。在列维－斯特劳斯看来不是真正的哲学，而是那个时代的主流意识形态。真正的哲学应是对这一理论的超越。可以说是列维－斯特劳斯使法国思想界从热中于主体和对主体的分析，转向对人的文化现象的比较实证的研究。结构主义在和萨特相比较的意义上，可称为人文主义中的科学主义。从存在主义发展到结构主义时间不长，又到了解构主义时代、新历史主义时代。斯特劳斯着重讲人类的基本结构、共性的、不变的东西，而新历史主义、解构主义则开始超越他，认为历史是流动的、发展变化的，认为企图从文化中找出某种占主宰地位的核心观念也是徒劳无益的，文化是无中心的，多元构成的。但是，尽管德里达等人以列维－斯特劳斯的结构主义人类学为解构的对象开始了解构主义时代，但从他们的理论中仍看得见列维－斯特劳斯的身影。德里达对西方形而上学和理性主义传统也就是“逻各斯中心主义”的批判，对西方文化中心论即“白色神话”的批判，实际上都可溯源自结构主义人类学。正是列维－斯特劳斯首次把非西方文化、原始文化的价值发掘出来，并以此为武器对现代社会、西方文化进行了批判。这一点在列维－斯特劳斯的《野性的思维》中表现得最为系统和鲜明。

三 《野性的思维》的概念和思想

《野性的思维》在列维－斯特劳斯的著作中占有中心位置，是其思想的完整和纲要性的概括，与他的其他人类学研究形成理论概括与具体材料的关系。该书的核心是对原始思维特性所进行的分析。当时的人类学界对原始思维抱有深深的歧视。进化学派代表弗雷泽认为人类思维经历了“巫术—宗教—科学”三个阶段，原始思维仍停留在最低级的巫术阶段。社会学派列维－布留尔在其《原始思维》一书中称原始思维与现代思维存在着质的差别，后者是逻辑思维，前者是“前逻辑思维”，倾向于认为世间万物存在着神秘的联系即受到“互渗律”的影响。功能学派马林诺夫斯基认为原始人的思维重心是繁殖和食物的基本需求的满足。列维－斯特劳斯否定了上述看法。他认为原始思维与现代思维没有本质的区别，在结构上都以二元对立为基本结构，都以将世界进行分类从而产生秩序和安全感作为思维的基本要求和思维活动的基础。列维－斯特劳斯认为巫术与科学是本质相同的思维过程，代表着科学思维的两种模式：“其中一个大致对应着知觉和想象的层面，另一个则离开知觉和想象的层面。似乎通过两条不同的途径都可以得到作为一切科学的——不论是新石器时代的或是近代的——对象的那些必要联系：这两条途径中的一条紧邻着感性直观，另一条则远离着感性直观。”① 列维－斯特劳斯以此为基本思路，提出了以下重

① 列维－斯特劳斯：《野性的思维》，商务印书馆 1987 年版，第 20 页。

要概念：

1. 具体性的科学

列维－斯特劳斯认为人类学的研究对象应该是具体的人的感性经验和生活中具体的活动。在社会的现代化阶段，自然科学甚至哲学中存在着很大弊病，不研究具体的、感性的经验，而是以某种概念，以某种被划分开的感觉经验为基础。但斯特劳斯认为具体性的科学应是对事物整体性的、感性的把握。这样的科学是非常重要的，我们对事物的纯理性的，或者说不全面的把握，在他看来和以这种认识方式为基础的文化一样是病态、不自然的。因此，列维－斯特劳斯很注重原始社会、自然、野性等概念。与其他人相反，在他的理论中这些都是值得肯定的概念。在他看来，文化有两种，一种是现代社会工业文明，以理性和概念来把握世界。另一种是自然形态的文化，以具体性的科学为基础，以感性、全面的方式把握世界。这正是原始文化的特征。为此，他在书中提出了“敲敲打打”这个概念来说明原始文化的特征。在他看来，原始工匠工作时，从身边的自然界广泛地选取适用的材料和工具，他对工具和劳动对象的把握都是全面的、非特殊化的。这种以具体性的科学，用完整的、全面的方式来把握对象的能力正是原始社会的特点，也应当是所有文明的基础。一旦缺乏这种能力，人与社会都会有不平衡感。可悲的是，现代文明恰恰缺乏这种能力。现代工业化社会的一个基本要求就是分工合作，这就导致了人的专业化，每个人都是“专家”，只能用特殊的工具去解决一方面的问题。人的整体性被破坏，现代社会的种种弊病也由此产生。

2. 转换系统的概念

列维－斯特劳斯认为马克思主义关于上层建筑的理论存在着缺憾。他认为文化或者说上层建筑有着自己的一套逻辑规则，这是与物质生产领域的逻辑规则不一样的。《野性的思维》一书的目的就是要探索原始社会或者说未进入现代社会之前一种原生态的、比较完整的文明如何在文化创造中获得内在的系统。他的一个重要观点就是认为“原始”时代的文明并不落后、简单，而是非常复杂、精致、严谨的，有自己的内在逻辑和原则。在研究过程中，他发现“转换”这个概念具有重大意义。原始文化的一个特点是用具体材料、形象来表达，没有很多抽象的概念和原则。各具体形象之间的意义如何联系起来，具体形象与其抽象意义如何联系起来，就存在着一个符号转换的问题。每一种文化都面临着一系列的符号转换问题，也都有一套约定俗成的规范和转换系统。这种转换系统实际就是原始文化的逻辑。阐明这种逻辑就是写作《野性的思维》的目的。列维－斯特劳斯认为消除人与自然的对立，是文化最基本的要求。他用了大量篇幅来说明原始社会中各种物象包括动植物与文化之间的复杂关系，以及原始人如何把自然界中动植物按照与他自身的关系，赋予一定的文化意义。

3. 对仪式的研究

列维－斯特劳斯非常重视对社会仪式的研究。他认为不同的仪式有不同的作用。仪式的一个重要功能是把人与自然划分开来，把日常生活现象与具有超自然力量的神秘现象区别开来。也就是说仪式能使日常生活的现象具有超自然的力量、永恒的力量、最高的精神力量。仪式是对自然时间的一种重新体验和表达。按其与自然时间的关系，可把仪式分为三种类型，分别对应着过去、现在和未来。列维－斯特劳斯尤其重视与过去的联系，努力寻找一种特殊的机制，通过某种转换我们能把过去与未来以某种形式联系起来。仪式在过去、现在与未来之间，三者可以通过仪式而互相转化。列维－斯特劳斯从而提出了可逆的时间这一重要概念。他通过对不同类型的仪式的研究，找到了仪式与体验的内在联系。对仪式与时间关系的研究，使他进入了哲学的领域。对什么是历史、人类日常生活与历史的关系如何等问题，列维－斯特劳斯通过对仪式的研究，通过仪式对不同时间的处理方式，作出富于辩证色彩的分析，并对历史哲学具有了不同于哲学家的发言权。

4. 文化相对主义的概念

列维－斯特劳斯相信任何文化都有相对独立的符号转换系统，但系统背后的结构也就是文化的组织原则却是相似的。因此，他认为文化间没有高低，只有不同。他的理论与文化相对主义存在共同的旨趣，但他本人对后来出现的第三世界理论和后殖民主义理论持谨慎态度。

他认为这些理论要求别人对其持平等尊重的态度，但在很多方面却未给予别人同样的平等、尊重，这仍然不是真正的平等。列维-斯特劳斯的这些思想是值得我们认真思考的。

四　列维-斯特劳斯与现代生活

列维-斯特劳斯对野性思维的研究仍然是为了给现代文明提供借鉴。列维-斯特劳斯虽然是一位现代人，但他努力使自己通过研究而达到原始文化的立场和观点，然后从这种立场和观点出发来看现代文明。这是他的基本立场。他对现代文明基本上持批判的态度，认为现代科学和认知方式是狭隘的、不合理的、扭曲的。他对现代艺术总体上也持排斥的态度。他在《野性的思维》最后一章大量涉及文学艺术的内容。他认为艺术是感性的，感性经验是人的最直接的现实经验的基础。艺术是把抽象的、符号化的文化与人的感性的现实生活联系起来的中介部分。任何文化都不能离开艺术。原始时代的艺术不是简单表述美和审美愉悦，而是努力从整体上把握世界，传达对生产、对日常生活、对社会有用的经验和知识，所以，原始艺术与整个社会生活、整个文化联系在一起，而不仅仅让人得到一种超功利的、纯粹的审美愉悦。现代艺术最大的失误就是割断了艺术与文化之根的联系，只是为形式而形式，为快感而快感，为美而美，失去了艺术应有的、最重要的文化功能。

出于对现代文明的不满，斯特劳斯作为一名人类学家，把眼光投向原始文化，希望从中找到对现代文化建设有用的东西。他在《结构人类学》第1卷“遥远的目光”中解释了自己的思想。人是不能在自己身上找到发展的动力和力量的，只能通过与别人的交往来认识和超越自己。文化也是如此，只有发现不同的文化并以此为镜像来加深对自己的认识，才能找到超越本身文化局限的途径。人类学正是为现代文明找到了原始文化这一真正的他者，并力图用原始文化的眼光来看待现代文明，也就是用他者的目光看自我。斯特劳斯把人与自然的关系当作一以贯之研究的问题。他认为人本身是大自然的一部分，但人又必须超越自然，为此而创造了文化。原始文化和东方文化较好地保持着同自然的联系、保持着与古代文化的优良传统的联系，而西方现代文化在使人从自然中脱离出来后，越来越远离自然。这正是西方文化、现代文化的不足之处。列维－斯特劳斯希望西方文明能从东方文化中吸取有益的成分，恢复人与自然和传统的联系。这也正是他在晚年关注日本文化与中国文化的重要原因。

五　列维－斯特劳斯给审美人类学的启示

在20世纪人类学和美学发展的过程中，列维－斯特劳斯处于一个十分特殊的位置。他从人类学哲学和美学的角度所提出的问题明显超越了20世纪所能解决的范围，但却引起了热烈的反应和广泛的影响，成为激发美学和人类学进一步发展的重要动因。认真地研究其中的学理价值和思想意义，我们以为至少有以下几点值得注意。

首先，对整体性的关注是审美人类学不应忽视的。当代美学面临着危机，表现在对大量现实生活中的审美现象不能作出满意的解释上。不能否认这与美学专注于理论思辨而忽视了与现实生活的联系，割裂了对具体事物的感知和认识有关。因此，重新恢复美学面向感性存在的本来面目，并通过人类学研究来深化对生活、历史、文化的感知也就极有必要了。

其次，人类学中的转换的概念与美学的陌生化、审美变形等概念在内涵上其实是一致的。转换这一概念早在16世纪丢勒和18世纪歌德那里已经谈到，但系统用人类学材料加以充分论述的首先是列维－斯特劳斯。在这一点，美学应向人类学学习，如果把审美变形、陌生化概念加以具体化、系统化的研究，可以使美学研究更进一步。

第三，列维－斯特劳斯神话学研究与审美研究有内在的联系。斯特劳斯神话学的特点就是对形式的强调。他提出“神话素”这个重要概念，认为若干神话素的不同排列组合组成无穷的神话系统，如同7个音符组成音乐，因此，他着重整理神话，把神话内在的东西加以提炼。在他看来，神话中这些内在的东西与审美形式相一致，所有的神话都符合审美要求，应当把握神话背后形式化的东西。在这一点上，他的神话研究与美学研究相一致，美学感兴趣的也是所有艺术现象背后内在的形式化的东西。

第四，仪式的研究与美的产生。列维－斯特劳斯把社会生活的本质概括为一系列的二元对立，世俗与神圣的对立是其中一项重要的对立。人们只有通过仪式才能摆脱日常生活的羁绊进入到神圣的领域、精神的领域，因此，仪式是与精神文化的创造相联系的。它不仅体现在宗教生活中也体现在美的创造和欣赏的过程中，这一过程中的超功利、超理性的态度与宗教活动中通过仪式进入的迷狂状态有一定的相似之处。艺术创作及其消费过程都需要有仪式，只不过被内化而未引起注意，这也是审美人类学亟待研究的课题。

第五，对待东方文化的态度引人深思。列维－斯特劳斯关注、关爱原始文化、东方文化，但他的目的是为了促进西方文化的发展而非为后进民族的进步提供帮助。尽管他力图理解这些文化，用这些文化的视角来看问题，最终仍只能把它们视为他者，视为一种遥远的目光，因此，也就不可能真正地理解和体悟东方文化、原始文化的精髓。作为古老中国的人类学和美学工作者，应该在思维上自觉地形成一种新的方法和观念，以西方文化为镜固然可以促进我们认识和反省一些问题，但不能仅仅停留在这样的层次上，因为这仍然是以二元对立为框架来思考问题的。如何把我们的研究深入下去，还需要进一步的思考。

第六，列维－斯特劳斯对艺术与文化的思考与审美人类学研究有密切关联。他对艺术与文化之根关系的思想确实是天才的论断，但作为人类学家，列维－斯特劳斯对艺术的研究主要是为了找出艺术作品背后隐含的二元对立的结构关系，从而证明他对人类思维本质的推断是正确的。他未能总结出艺术作品给人带来美感的本质因素是什么，这些因素与他所找到的结构有什么关系。他也未能进一步说明真正优秀的艺术是如何把古代传统中的优秀成分用现代形式加以延续、表达、再现的。尽管他对这些问题也具有浓厚的兴趣，但由于这些问题偏离了他的理论目的，因此其研究重心从未转到这些方面。

第七，列维－斯特劳斯关于艺术的文化之根学说还为今天我们的研究带来了新的研究课题：文本书写与文化书写的关系。这两种书写在时空中同时进行，有时是一致的，有时是有距离的，甚至是矛盾的，有时要经过转换，但任何文本书写背后一定有文化书写，文化是一种无形的力量影响着文学家、艺术家。当代人自觉不自觉地受着意识形态的支配。当代艺术哲学关于艺术对象的研究表明艺术的对象不仅仅是我们看得见的现实生活，还有看不见的形象。实际上任何艺术表达，最终都是表达看不见的形象。这种看不见的形象可从心理学、马克思主义美学和人类学等不同的角度加以各自的理解，虽然表述方式不同，但都表明了文本书写和文化书写事实上是联系在一起。审美人类学研究就是要把没有文字或难以用文字书写的东西表达出来。

曾经有人提出质疑，认为列维－斯特劳斯研究的只是文化的共性，但对各类文化中最精微的部分，即具有最高审美价值的部分却未能加以研究和说明。① 这不能不说是列维－斯特劳斯研究的一个弱点，也是他作为一名人类学家难以避免的弱点。人类学研究方法侧重分析文化的基本运作机制、制度与传统，通过实证研究而加以归纳。其实，任何文化都是金字塔形的，在它的顶层是最精致的文化要求即审美的最高境界，现有的人类学方法还没有足够的能力对此加以把握和说明，而这恰恰是美学的专长，因此，美学与人类学确定存在着互补的必要。审美人类学的任务，就是要找到每一种文化的最高审美境界和文化境界，努力把文化传统与现代社会发展结合起来，用现代方式把文化传统表现出来，达到一个更高的境界。这正是我们当前要做的工作。

（原文刊发于《东方丛刊》2001 年第 2 期）

① 迪迪埃·埃里蓬：《今昔纵横谈》，袁文强译，北京大学出版社 1997 年版，第 149 页。

民族美学研究对象的思考

1987年，张艺谋执导的电影《红高粱》在柏林电影节上获银熊奖。与在国外获得的巨大声誉的成功相比，《红高粱》在国内观众中反响不大。在理论方面，一些文章分析了《红高粱》的艺术语言与主流意识形态话语的一致性①。也有一些文章认为，电影《红高粱》的成功，主要凭借民族文化中带有原始色彩的东西，通过构成对于西方文化的“异国情调”来取得它的艺术成功。从这里面，可以引申出这样一个问题：在改革开放的文化氛围中，对于西方文化所形成的文化和民族心理的压力，艺术应该采取什么样的立场？或者说，审美活动应该唤起什么样的人生态度？在关于《红高粱》的评论中，我们可以看到具有民族美学性质的反应：通过对现实材料的审美选择和艺术变形，《红高粱》造成一种文化呈现意味很浓的“异国情调”，从而满足西方观众的审美好奇，却不易唤起国内观众的审美感动。虽然这种看法包含着某种民族感情的内容，但它的确把当代文化交流过程中，文学艺术怎样为本民族塑造真正的文化形象的问题，非常尖锐的提出来了。1989年，詹姆逊在《社会文本》杂志发表了著名论文：《处于跨国资本主义时代的第三世界文学》，从理论上论证了第三世界文学艺术在当代文化研究和美学评论中的关键性地位。詹姆逊的文章很快译成中文刊载于《当代电影》1989年第6期，乐黛云教授也撰文在《读书》杂志上作了介绍，在国内外产生较大反响。“民族美学”这个概念在1989年正式提出来②，表现出中国美学思维通过理论分析而介入当代

---

① 参见王一川《茫然失措中的生存竞争——〈红高粱〉与中国意识形态氛围》，载《当代电影》1990年第1期。

② 范阳：《民族美学的理论基础及其研究途径》，载《学术论坛》1992年第3期。

文化冲突和文化建设的积极姿态。

从一般意义上说，民族美学是一个较为宽泛的概念，包括所有从文化人类学和比较文化学角度所从事的美学研究。从学理上说，这是一个广义的理解，概念的理论特质并不十分明确。例如，中华民族漫长的历史造就了特殊的艺术思维和艺术表征方式，在理论上留下了许多宝贵遗产，文艺理论界曾在“古代文论的民族特色”这个命题的范围内作过一些研究。① 严格地说，这还不是民族美学概念的基本内容。事实上，民族美学是一个现代美学概念。马克思和恩格斯在《共产党宣言》中指出，民族问题是资本主义生产关系的直接产物，它与殖民主义的民族压迫和掠夺相联系。这个思想对于我们理解民族美学的理论内涵，仍然具有关键性的意义。1987 年，爱德华·赛义德出版了在西方知识界引起强烈震动的著作《东方主义》。该书在马克思这一思想原则的基础上，对西方文化中的东方观念和关于东方的研究作出了深刻的解剖。在此之前，法国学者法侬曾经出版《大地的不幸者》，尖锐地提出了民族问题及其在文化方面的表现。我们知道，马克思在 19 世纪的六七十年代，非常关心印度、中国以及俄国的社会发展的历史命运。为了解决其中所提出的理论问题，马克思转向了系统的人类学研究。他的有关摘要和笔记（亦称《人类学笔记》或《民族学笔记》）留下了他在这个方面的部分探索。这些理论遗产对于民族美学的建设也具有十分重要的意义。马克思晚年深入研究了文化发展模式的多样性，对欧洲中心论的文化偏见作出了深刻的批判。如果从这些思想和原则的角度来思考民族美学的研究对象和理论特征，就能够作出较为内在的理论把握。

民族美学是与后殖民主义美学和后殖民主义文化相对立的理论意识形态。从理论内涵的角度讲，它是民族矛盾和冲突的美学表达。它的基本目的是，通过艺术分析和美学研究把握民族关系的文化背景和现实根据。从理论的基本特征方面说，民族美学是现代美学，特别是马克思主义美学的一部分。这样提出问题和思考问题，有的同志也许不同意，认为这会导致民族美学研究的某种褊狭化，从而限制理论研

---

① 牟世金：《雕龙集》，中国社会科学出版社 1983 年版。赵胜德：《古代文论的民族特色》，广西民族出版社 1985 年版。

究的发展。这个问题不可能在此展开讨论，我这里只想指出两个基本事实。首先，事实上，民族美学问题可以在不同的意识形态框架内提出问题和思考问题。大体说来，有狭隘的民族主义视角，新、老殖民主义的文化视角，以及以争取各民族共同发展为目标的马克思主义理论立场。中国人民争取民族解放的文化斗争为民族美学研究提供了较好的现实基础。其次，在关于受压迫民族的研究和思考方面，马克思主义在近二三十年的西方理论思维中具有很大的影响，这种影响不仅表现在法国和美国的文化人类学研究中，也体现在文化批评和新历史主义美学的理论思维里，还更直接地出现在詹姆逊和伊格尔顿这样的马克思主义理论家的美学著作里。当然，我们也看到，马克思主义对现代民族美学的影响主要是在思维原则和文化立场方面，而不是在具体的理论操作层面。例如，爱德华·赛义德的著作就并不是严格意义上的马克思主义著作。对于西方学术界的复杂情况，如果我们没有较为清醒全面的认识，很容易产生误解而导致不正确的态度。

民族美学，它的最基本的理论内涵主要指研究不同民族在审美心理、文化符号以及艺术表达方式等方面的区别和联系，是一个综合性的理论学科，涉及跨学科研究，它的比较直接的理论基础应该是比较文化学。从比较的角度来研究不同民族的美学风格和美学传统，研究民族美学传统的形成、它的特殊品格、它的文化载体和相应的审美心理基础，这是民族美学研究的基础部分。其次，民族美学研究的另一个基本部分是现实生活中的民族美学问题的研究和艺术评论。在当代资本主义已经进入跨国资本主义时代，“全球性困境”已经成为每一个民族都面临的共同问题。在新殖民主义强大的文化渗透的压力下，受压迫民族怎样用文学艺术这个特殊的文化纽带增强民族凝聚力是关系民族命运的大问题，而要做到这一点，关键就在于穿透遮蔽现实关系的各种文化幻象，用艺术的方式真正把握住现实的底蕴。美学主要从艺术批评的角度切入，通过理性地分析传统、艺术作品和现实生活关系三者之间的内在联系，从中寻找从现实走向未来的道路。我认为，只有充分展开这一部分的研究，我们的民族美学才能具有现实感和真正的理论力度。在这方面，鲁迅后期的杂文和毛泽东的文艺论著仍然能够给我们以重要的启示，是我们理论建设的思想资源。

在民族美学研究中，研究传统和研究现实这两个部分的关系，事实上面包含着较为内在的理论原则。一种较为通常的理解是，把民族传统的美学研究作为基础，把当代生活中民族审美文化和审美意识的研究作为应用部分。这种看法当然有一定的合理性，特别是在这个学科初创的时候。但是，我们也应该看到，这种以民族传统和文化个性为本体的研究，在外来文化的强大压力下，很容易滑向比较褊狭的民族主义，从而给民族美学研究带来消极的影响。从比较文化学的角度来研究民族美学，它的优点在于具有宽广的文化视野和较为系统的理论方法。20世纪以来发展很快的人类学研究，为它提供了实证科学的基础和完整的理论框架。20世纪以来，比较文学和比较文化学在法国和美国形成两个中心并产生非常广泛的影响，与法国和美国具有很好的文化人类学传统不无关系。比较文化研究强调各民族的特殊性，以及在这种特殊性基础上的不同发展道路，主张各民族在坚持自己文化优势的基础上充分吸取其他民族的优秀文化成果，通过文化更新建设新的现代文明。毫无疑问，这些思想和原则在理论上是合理和正确的。但是对于民族美学的系统研究来说，特别因为我们是在现代美学的理论框架中研究民族美学，我认为，还有需要进一步思考的东西。

在当代文化氛围中，既可以把民族美学作为一种学院式的纯学术来研究，也可以结合民族解放和民族发展的问题和现状来展开研究。我们的研究重心似乎应该偏向后者。这并不是一种主观的选择，而是由我们的基本文化氛围和马克思主义理论基础所决定的。马克思在批判青年黑格尔派的理论错误时曾经指出，我们的研究前提，并不是头脑中所臆想或理论上推论出来的，而应该从现实关系的经验分析中概括出来。① 在民族美学的研究中，这就要求把现实的民族审美冲突和文化交流过程中的各种心理现象和社会反应作全面的综合性研究，从中把握我们研究的前提和基本对象。由于艺术在文化中的特殊地位，以及艺术和美学的具体关系，我们有理由重视现实生活和当代艺术所提出的民族美学问题。如果我们在研究民族美学时，立足于当代文化所提出的问题，就能够从现代美学的角度研究和认识民族美学传统的价值和意义。

如果充分考虑西方“主流文化”的文化渗透和文化压力，在运用

---

① 《马克思恩格斯选集》第3卷，人民出版社1965年版，第23页。

比较方法来从事民族美学的研究方面，必须反对那种只注意不同民族的文化特殊性，在民族关系的矛盾统一体中，只强调诸矛盾的存在而不区分主要矛盾和矛盾的主要方面的理论观点，这种理论模式很容易把民族压迫和被压迫关系掩盖起来。对此，严肃的理论应该提出质疑，从我们所面临的问题和挑战中发展符合东方文化实际的人类学理论和比较文化学，为民族美学研究提供一个较为坚实的基础。在当代西方人文科学的根本性困境中，受马克思主义影响的一些理论家开始对比较文化学的基本原则和文化观念进行反省。他们的思考对我们是一个必要的参照。约翰·卡洛斯·罗在最近一篇文章中指出："……必须避免前期帝国主义时期的运用方式，使用所谓'文化差异'的观念。前期帝国主义这样做，为的是把殖民事业伪装成维护'自决'的利益。考虑少数民族解放的革命事业，务必不能重复关于'差异'和'文化多元论'的那些观点，这些论点只给予那种土著区域或聚集区的华而不实的自由。"① 卡洛斯·罗的这个批评不仅针对西方国家一般的外交政策和文化政策，对于在"主流意识形态"的理论框架中讨论第三世界文学的种种议论，也是一个严肃而深刻的批评。

我们这样理解问题，把民族美学的建设放到当代文化的宏观背景上来认识和研究，是不是会混淆民族美学研究与一般美学理论研究的区别，从而模糊民族美学的研究对象和理论特征呢？我认为不会的。在一般意义上说，民族美学研究和具有中国特色的现代美学研究的确具有共同的背景和相互联系的理论问题。它们的区别在于前者偏重于从文化学的角度系统研究民族美学传统的特殊性质和一般规律，后者偏重于从民族个性的角度把握当代美学的一般性理论和整体性的理论建设。前者从比较中把握特殊，后者从特殊中把握一般。从学理上说，当代中国美学研究在学科建设方面大体有这样几个理论规定。

（1）民族美学的基本问题来自当代社会生活和文化冲突，在把握现实生活关系的基础上，寻求民族美学传统与现代社会生活的具体联结点和特殊的审美视角。它虽然是一种比较研究，但它的目的与一般比较美学不同，它的理论重心不是寻求不同民族共同的美学规律，而

① 约翰·卡洛斯·罗：《剩余经济：解构意识形态与人文科学》，《最新西方文论选》，漓江出版社 1991 年版。

是在比较中确定不同民族特殊的美学规律。

（2）民族美学研究艺术符号和文化符号的传统构成以及传递方式。对于民族传统的美学研究，民族美学主要通过研究这种传统的表达媒介来接近传统本身。相对于借助文献材料研究民族美学传统和审美心理特征的文学史和美学史研究来说，以人类学研究为实证基础的民族美学研究更接近于民族美学传统的原生形态研究，也就是说，它经由研究“活”的艺术现象和审美经验来把握“活的美学传统”。在理论的基本原则方面，它更接近于马克思主义对艺术史和美学史的基本要求。

（3）民族美学研究主要研究弱小民族、少数民族和受压迫民族文化的美学特征，具有丰富的内容和充满革命意义的实质。也就是说，它着重研究被主流文化所排斥、驱逐和压迫的那些美学传统和内容。在全球化的背景上，民族美学研究“非主流美学”的传统在文化整体发展中的特殊作用。在学科建设中，民族美学研究还有一个重要的研究内容，这就是不同于汉民族的其他民族美学传统和特殊规律的研究。这方面的研究不系统，长期受忽视，说明我们的美学研究在基本观念方面的某种文化偏见。在现代人文科学广泛地解构“欧洲中心论”的理论背景下，在社会主义现代化建设的文化氛围中，我们是否有必要反思一下“汉文化中心论”呢？民族美学的兴起应该说是一个回答。黑格尔曾经说过，真理在奴隶手中。在剥削阶级意识形态占主导地位的人文科学领域，弱小者的审美视点被主流意识形态所湮没。民族美学研究的深入展开，有希望消除美学研究中的这种积弊。

如果我们对民族美学研究几个理论规定的理解是正确的，在此基础上，就可以集中讨论民族美学研究的基本对象和它的理论基础。从学理上说，民族美学的研究对象有广义和狭义之分。广义的民族美学的对象，指民族美学研究的一般问题和一般范围。狭义的民族美学研究对象是指在一定的理论框架的基础上，受特殊文化视点制约而对研究对象的侧重点和探入深度的不同选择。对于理论研究来说，特别是在民族美学研究这个民族个性、民族传统和民族风格对整个研究具有内在制约的学科里，对于民族美学的研究对象我们应该主要在狭义的意义上探讨。民族美学当然要研究不同民族在审美文化和艺术表达机制方面的共同规律和特殊规律，但是，这种研究在纳入学院化的研究机制以后，往往与民族美学研究的基本文化背景和深刻的社会内容分离出来，从而削弱甚至丧失理论的实践力量。因此，我主张在更本质、更内在、更理论化的意义上理解民族美学研究的基本对象。根据马克思主义的意识形态理论，民族美学的基本研究对象是民族矛盾的审美转换和艺术表达，研究不同民族在现实生活关系、文化冲突和人际关系等社会问题上的不同把握方式和不同的情感选择，从而进入不同民族的不同审美价值观念的理性把握层次。对于民族审美价值观念的研究，当然应该从符号学、人类学、民俗学和比较文化学的角度去作学理和文化机制方面的学术研究。但是，从意识形态理论的角度看，一定的价值观念是一定的价值关系（或者说一定的现实生活关系）的反映和表征。因此，从理论上说，通过对民谣的演变和流传、民族服装的款式和色彩结构的具体分析，通过研究民族文学中素材和叙事角度的选择和语言修辞特征，我们可以从审美符号这个窗口进入不同民族对现实生活关系的具体审美态度和价值评价。对于主流意识形态的文化遮蔽性，通过民族美学的研究，我们可以实现阿尔都塞所说的从主流意识形态中“后退一步”的理论要求，摆脱我们受制于其中的文化偏见的桎梏，较为清醒地把握现实生活关系本身。

详细收集资料和对经验材料的系统研究，无疑是民族美学研究的重要环节。然而，从民族美学研究的现状来看，目前至关重要的还是民族美学的基础理论研究。只有在这个方面有所建树和发展，我们的民族美学研究才真正从民俗学研究、文化学研究和比较文化的一般性研究中独立出来，形成较为完备的理论形态。从学理上说，民族美学的理论基础和基础理论是两个并不相同的概念，这两个概念的不同程度混淆，会因为某种简单化而影响民族美学研究的深入发展。从学科的对象和特点来看，民族美学研究的理论基础是文化哲学，文化人类学和文化符号学是其两大基石。正如我们已经分析过的，偏于研究“传统”和“民族性”的民族美学研究，极易由于割断与当代现实生活的联系而陷入理论上的误区。在当代社会生活条件下，严谨的民族美学研究应该以意识形态理论（马克思主义文化哲学）为基础，把文化人类学的研究范围扩大到当代现实生活，也就是扩大到马克思主义关于“日常生活”的系统研究方面。从理论上说，在意识形态理论的基础上，民族美学的理论研究有能力超越西方学院派文化哲学的某种偏见和狭隘的理论视点，在民族交往和美学冲突中，对民族审美传统的现代意义作出切实的理论分析。相比较而言，意识形态理论具有两个优势：其一，意识形态理论把文化研究与日常生活研究这两个原来被划分开来的研究领域统一起来，使理论真正成为“现实主义”的理论，适应民族解放和民族发展对美学的要求。其二，意识形态理论强调对立和冲突的辩证法，通过分析审美活动中的矛盾和对立，解剖主流意识形态特别是当代西方文化中所蕴含的文化偏见，从受压迫的社会力量和文化力量中发现社会进步的真正希望。我认为，这些都是民族美学研究的重要原则，是民族美学研究的理论基础，但还不是民族美学研究的基础理论。民族美学基础理论的建设，应该在深入研究学科所涉及的全部问题的基础上，概括和提炼相应的理论范畴，科学地分析这些范畴与一般美学理论范畴之间的联系。只有建立了系统完整的民族美学基础理论，民族美学研究才能摆脱目前存在的概念含糊，以及与其他学科边界不明的“边缘性状态”。

关于受压迫民族和弱小民族的特殊文化困境和机遇，墨西哥作家卡洛斯·富恩特斯在新近出版的《勇敢的新大陆》一书中这样写道：“拉美人在维护我们民族与地区的本体的同时，必须经常在与他人的相遇中，在与非我们之外的事物的挑战中考验我们的本体。一种与世隔绝的本体最终是要灭亡的。而与世隔绝的文化会很快变成民俗、怪癖或木偶戏。更糟糕的是：这种文化由于缺乏竞争比较会使我们变得软弱无力。”① 对于第三世界国家和少数民族文化圈中的理论工作者来说，这种文化压力和危机感是共同的。民族美学的兴起，是对这种挑战和考验的理论反应。对于民族虚无主义和理论软弱，我认为有必要重复马克思的一句名言：理论只要彻底，就能够说服人。也许我们有理由这样理解，理论只要彻底，就是强有力的。

（原文刊发于《民族美学研究》，广西人民出版社，1995 年）

---

① 载《文艺报》1992 年 8 月 15 日第 6 版。

民歌与当代大众文化
——全球化语境中民族文化认同的危机及其重构

一 “重新书写”民歌的南宁模式

南宁国际民歌艺术节的文化基础是中国南方少数民族文化，特别是作为农业文明文化象征形态的歌圩。歌圩是原始文化遗留下来的一种世俗化的文化形式，在原始社会祭神仪式解体和消亡后，由于歌圩的存在，民歌与祭神仪式的深层的文化联系得以保存下来。即便在当代社会，歌圩作为壮民族的文化仪式，其调解族群中的人际关系，强化民族认同，实现跨社会阶层的交流和沟通的机制仍然发挥作用。南宁国际民歌艺术节为了适应大规模文化节庆运作的要求，将原来每年农历三月三举行的传统民歌节改在秋高气爽的秋季举办，直接原因是避开春季多雨寒冷的天气。从文化生产和传播的角度看，这一改变是意味深长并且影响深远的，说明民歌已经脱离其自然和文化的基础，成为某种符号性的文化。①

南宁国际民歌艺术节在运作模式上采用都市大众文化主会场与乡野歌圩分会场捆绑式的形式来解决乡野民歌与当代大众文化相冲突的矛盾，即一方面保留“歌圩”的文化功能，保留民歌的乡野形式，发挥其民族认同机制；另一方面又凸显都市大众文化的拜物教效应和文化产业化作用。从几年来的实践情况看，作为南宁国际民歌艺术节分

---

① 王杰等：《寻找母亲的仪式——南宁国际民歌艺术节的审美人类学考察》，广西师范大学出版社2003年版。

会场的一系列“仿歌圩”活动，因为脱离了支撑着“歌圩”的文化基础，演变成为一种主要是表演性的民歌演艺活动，民歌的文化认同功能被大大削弱了，在某些特殊的情况下甚至成为民族认同危机的表征（在2004年南宁国际民歌艺术节期间，黑衣壮村民组织和表演的节目“壮家敬酒歌”在表演上获得了成功，但却使一部分演员丧失了文化自信心，表现为宁愿去广东打工也不愿学习音乐并继续演唱黑衣壮民歌）。与此同时，民间的“歌圩”仍然以它自己的方式存在，按自己的文化逻辑去发展，在时间上和空间上都与南宁国际民歌艺术节拉开了一个很大的距离，客观上成为南宁国际民歌艺术节的文化“他者”。例如2001年南宁国际民歌艺术节开幕式晚会“大地飞歌”的序歌《山歌年年唱春光》就是直接从田野民歌中挑选并改编的作品，形式上是黑衣壮的山歌，但在内容上已经加入了许多现代元素。再例如，2004年南宁国际民歌艺术节期间的“东南亚国际时装秀”的开场节目《壮家敬酒歌》，亦直接由广西那坡县城厢镇弄文屯的农民姑娘李丽娜主唱。虽然《壮家敬酒歌》也是经过现代文化改造的，但这却是一次由村民自愿参加，主动参与编导活动的演出，村民们是把演出作为塑造族群形象的重要活动来参与的。① 在南宁国际民歌艺术节的跟踪调查过程中，我们发现一个有趣的现象：南宁国际民歌艺术节在用现代大众文化模式来改造传统民歌的时候，使原本危机重重，濒临消亡的山歌和民间舞蹈被重新激活，原始形态的民歌意识被重新唤醒，以流行文化“他者”的形式与南宁国际民歌艺术节平行发展。在理论上我们可以把这种现象看作是南宁国际民歌艺术节发展起来的文化模式的一部分。即将传统民歌与当代大众文化既“共振”，又互为他者，彼此解构的文化模式，看作一种新型的大众文化模式，并称之为“南宁模式”。经过当代大众文化改造的民歌与原生态民歌两者互为“他者”，在文化全球化的语境下形成当代中国民歌艺术的文化场域。

民歌作为原始神话时代的一种文化形式，它的社会基础已被现代工业化社会的发展所冲垮，按照雷·威廉斯的分类，属于文化构成中“剩余文化”的部分。② 由于特有的文化机制和审美特性，民歌传承和

---

① 黄端：《“黑衣壮”亮相T台》，《南方周末》2004年11月11日。

② 特里·伊格尔顿：《再论基础和上层建筑》，张丽芬译，载《马克思主义美学研究》第5辑，广西师范大学出版社2001年版。

延续着原始文化的表达机制，以及个体与他人交流的直接性，在现代文化语境中成为一种重要的文化资源。也许正是因为民歌的这个性质和特点，自现代化进程以来，民歌与社会现代化发展构成了一种十分特殊的矛盾关系。在西方现代化进程的早期阶段，华兹华斯、柯勒律治等诗人就已经发现了民歌的特殊魅力，以及对现代化进程的抵抗力量，他们都自觉地在诗歌写作中加入民歌的元素，使其达到对工业化社会的“陌生化效果”。也许正是在这个意义上，马克思在《资本论》中分析资本主义生产方式与某些艺术部门相敌对时，特别提到了诗歌。[①] 在社会的现代化进程中，民歌所包含着的“乡愁的理念”可以成为孤独的人群的情感依托，以及都市中异化存在的解毒剂，在某种意义上成为现代人情感上的精神家园。自20世纪下半叶以来，我们可以看到，在音乐方面现代人从原始艺术和少数民族艺术中获得了大量的灵感和艺术创作的新元素，“野性思维”及其表达方式成为抵御现代化压力的强大文化力量。例如在美国文化中，黑人音乐与少数民族音乐的元素和旋律为现代文化提供了一个多元化发展的广阔空间。

在中国，民歌和民族音乐在现代化的进程中一直是一种十分显性的文化基因，与现代化和全球化构成复杂的冲突。在这种复杂的构成中，政治力量、经济力量、民族情感、主流文化和边缘文化的力量相互交织、彼此冲突，形成十分复杂的文化结构，这是我们在分析当代中国民族艺术这个复杂的文化文本时应该十分细心辨识和区分的。

南宁国际民歌艺术节从1999年在中国的西南边陲城市南宁创办，它的背景是中国现代化进程的深入发展，开始实施西部大开发战略，广西相应地提出了建设联结中国西南部地区与太平洋距离最短的“西南大通道”。南宁国际民歌艺术节是以为南宁造势为目标设计和创办的，因此南宁国际民歌艺术节从开始就是一种政府行为，负荷着十分重要的社会功能。在符号体系的构成和表征机制方面，南宁国际民歌艺术节把政治话语，经济发展的要求、少数民族文化的审美元素等多种要素融合为一种混合体，它的文化基础是现代都市大众文化的表达机制和现代传媒技术的强大文化的聚合。在这样一种新的文化模式中，传统民歌和少数民族民歌获得了新的生命力，具有了不同于以往的价

---

① 《马克思恩格斯全集》第26卷，第1册，人民出版社1972年版。

值与意义。经过几年的发展，南宁国际民歌艺术节已经形成将古老与现代、经典与时尚融为一体的文化风格。这种风格以混杂和拼贴为特征，实现了对民歌的“改造”或者“重新书写”。我们以南宁民歌节的标志性歌曲之一《大地飞歌》（郑南词，徐沛东曲）为例作简要的分析。

> 踏平了山路唱山歌，/撒开了渔网唱渔歌，/唱起了牧歌牛羊多，/多过了天上的群星座座。/牡丹开了唱花歌，/荔枝红了唱甜歌，/唱起那欢歌情谊长，/长过了刘三姐门前那条河。/……/唱过老歌唱新歌，/唱过情歌唱喜歌，/唱出今朝好心情，/好歌越唱大路越宽阔。

从歌词上分析，这首歌把“歌”作为主体，通过想象使现实中难以实现的愿望在激情中以抒情和优美的形式得以表达。在我看来，这首歌的基础是想象和幻想，与一般的想象和幻想不同，《大地飞歌》借用了传统民歌的仪式化力量和其中的文化逻辑，把想象性的因果关系作为具有现实力量的文化逻辑。然而与古代神话的文化逻辑有所不同，《大地飞歌》的文化逻辑是以歌唱者为中心，用优美化的形象来重新阐释现实的日常生活，因此审美的逻辑是其中的基本逻辑。而在原始文化中，神秘的自然和威力无穷的“他者”是想象和幻想的中心和目标，原始初民们通过“神话”和“野性的思维”与超验的“他者”对话。① 在《大地飞歌》中，大地因“我”而“飞歌”，呈现出来的是世俗性的欲望和世俗性的美。通过表达符号的置换和表征逻辑的改造，民歌与现代大众文化就以杂糅的形式结合起来。自1999年第一届南宁国际民歌艺术节以来，每年的民歌节开幕式晚会都演唱这首《大地飞歌》，分别呈现过《大地飞歌》的“民族版”、“摇滚版”、“青春版”，等等。在文化关系上，这些不同版本的《大地飞歌》与黑衣壮少女们演唱的原生态山歌《山歌年年唱春光》以及与广西少数民族文化符号的多重组合，在现代大众文化所营造的氛围内构成了十分生动而丰富的文化关系，少数民族原生态民歌也就镶嵌到当代大众文化

---

①　列维－斯特劳斯：《野性的思维》，商务印书馆1987年版。

的体系中去了。在这里，传统民歌与现代化的日常生活似乎是相互融合的，民歌形态的复杂性，民歌所传递的爱情、友谊、勤劳和善良等价值，以民歌新唱的形式唱出来，也就是说，用激情和幻想加现代传媒技术的形式呈现出来，从而使日常生活本身包括少数民族族群的日常生活都发生了变化，呈现出另外一种意义。由此我们得以看到，以现代大众文化为基础改造过的民歌，在其文化结构、审美特征和社会功能等方面都发生了很大的变化。值得注意的是，这种变化的原因和依据都是非审美的。

表1　原始民歌、传统民歌、后现代大众文化民歌的价值特征及其认同模式

模式要素	主体	想象	他者	文化的价值	文化认同功能
神话（仪式）	神秘而万能的主体	恐怖的形式、神圣的情感	神秘而狰狞的自然	使用价值	消解自我以实现认同（崇拜）
传统民歌（以黑衣壮山歌为例）	以宗族关系为基础的集体性主体	美的形式、自由而神圣的情感	距离之外的对象	交换价值	自我与对象认同（审美）
杂糅形态的民歌（以《大地飞歌》）为例	现代社会中孤独的个体	美的形式、世俗化的情感	个体欲望的优美化投射	剩余价值	认同危机（崇高）

二　作为文化资源的民歌文化

南宁国际民歌艺术节以现代传媒技术和都市大众文化为基础，将传统的壮民族“三月三歌圩”改造为“展示民族文化，促进经济发展”的文化产业平台，由此产生的变化无疑是巨大而深刻的，简单地站在“非物质文化遗产的保护”的角度进行批评恐怕是不妥当的，应该从审美关系发展变化的内在要求以及发展变化的规律，去分析和评价这样一个文化现象。

南宁国际民歌艺术节举办七年来已确立了某种文化品牌的地位，为我们研究和考察在现代化的进程中，欠发达地区的少数民族艺术与都市大众文化的复杂关系提供了一个个案，帮助我们分析和理解民歌这种古老的艺术形式在当代社会生活中变化和变迁的多种可能性以及意义。在南宁国际民歌艺术节举办的头两年，《刘三姐》和壮族山歌都是开幕式晚会最基本的民族音乐元素，例如在2001年南宁国际民歌艺术节开幕式晚会上，作为整场晚会的序曲，黑衣壮姑娘演唱的无伴奏合唱《山歌年年唱春光》，以其古朴、清新、富有神秘色彩的音乐风格打动了现场的观众和电视机前的观众，也成功地把黑衣壮山歌作为一种民族文化元素融入南宁国际民歌艺术节的符号系统中来。[①] 值得注意的是，从此以后，黑衣壮的服饰和音乐，经过某种形式的符号化，迅速成为南宁国际民歌艺术节的基本文化元素。黑衣壮山歌也从一种壮民族文化的“活化石”转变成少数民族区域社会发展变迁的一种文化资源，为广西的文化“古朴化”和社会经济发展注入了一股力量。

黑衣壮的山歌从古老的农耕文明进入南宁国际民歌艺术节这个国际化的文化体系，包含了政府和民间两个方面同样十分强烈的功利性要求和愿望。在政府方面，广西那坡县人民政府把黑衣壮作为该县的文化品牌来积极地推动，在黑衣壮山歌走进南宁国际民歌艺术节的过程中发挥了十分重要的作用。那坡县是中越边境的一个县，那坡是音译，指田在山坡上的地方。那坡县到2003年全县人年均收入不足2000元，是典型的经济欠发达地区。县内黑衣壮大约有5万人，散居在该县自然条件最为恶劣的石漠化严重的大石山区。这里的自然资源十分贫乏，相对封闭的环境保存着壮民族相对完整的原始信仰、文化制度、蓝靛染织技术，以及风格特殊的多声部山歌。2004年笔者曾两次到那坡县城厢镇弄文屯等村寨进行田野调查，在调查中我们注意到，随着公路的开通，电视和VCD设备的普及，以及手机信号覆盖黑衣壮族群

① 王杰、王朝元主编：《神圣而朴素的美——黑衣壮审美文化与审美制度研究》，广西师范大学出版社2005年版。

生活居住地，都市大众文化和现代生活方式也涌进了曾经十分平静的黑衣壮族群的日常生活中，由此唤醒了黑衣壮族群对现代化的强烈向往和渴望。黑衣壮山歌走进南宁国际民歌艺术节，强化了这种向往和渴望，使黑衣壮族群和那坡县政府看到一种新的可能性：通过黑衣壮文化品牌的提升，牵引和带动民族文化旅游业的发展，从而提高经济收入和社会现代化的步伐。因此，在一段时间内，黑衣壮族群积极主动地发展黑衣壮山歌文化，并努力将黑衣壮山歌推向文化市场。从我们调查的材料可以证明，在社会的现代化过程中，特别是在全球化的强大压力下，黑衣壮族群原有的文化制度及其民族认同机制受到强烈冲击而趋向弱化；黑衣壮山歌在南宁国际民歌艺术节唱响后，民族艺术的现代审美价值使黑衣壮文化的认同机制复杂化。一方面，这种变化反过来强化了黑衣壮族群原来已经逐渐消解的民族认同机制，在一定程度上推动了黑衣壮社会以“他者”的形态加入到现代化甚至全球化的格局中去；另一方面，由于黑衣壮文化的现代化和“他者化”是通过大众文化机制来实现的，因而成为混杂着大众文化成分的“杂糅”文化，对于黑衣壮族群的民族认同势必造成混乱和危机。

由于艺术的特殊性，也由于民族艺术在全球化文化版图中特殊的审美价值，黑衣壮山歌纳入现代大众文化格局中去所产生的牵引和提升的作用是巨大的。通过调查我们发现，黑衣壮族群普遍抱有很强烈的现代化要求和渴望，同时也非常执著地坚持本民族文化的传统。这两种看起来矛盾甚至相反的要求和愿望得以结合在一起，关键在于黑衣壮传统文化模式的变形及现代改造的可能性。黑衣壮村民自觉吸取了现代文化机制中对他们而言有益和有用的东西，利用“现代”文化机制来发展自己的族群文化认同。调查中我们发现，在那坡县当地民间自制的山歌光盘十分畅销。通过现代传媒这个有效工具，山歌得以更快、更好地传播。另一个例子就是2004年的南宁国际民歌艺术节上的黑衣壮山歌演出。与2001年“大地飞歌”开幕式上黑衣壮山歌是政府行为不同，2004年南宁国际民歌艺术节期间“东南亚国际时装秀”上的黑衣壮山歌表演完全是黑衣壮群众自己的行为，既没有得到政府的投资，也不是由政府组织的。也就是说，黑衣壮村民已经认识到了打造黑衣壮文化品牌对于自己族群的现代化具有重要的作用，因而他们放下手中的工作和学业，从打工工地或高校回到山寨排练，四面八方的乡亲送来黑衣壮服装和银饰，将一群黑衣壮少女送到南宁国际民歌艺术节这样一个舞台上展示自己的形象，发出自己的声音，这里面体现出来的民族自觉意识应该引起我们的重视。当然，这种希望通过山歌来改变整个族群社会历史境遇的愿望是建立在对现代化、对都市文化十分天真理解的基础上的，因而具有很强烈的悲剧性意味。从社会发展和文化变迁的角度看，这一事件所包含的信息是复杂而深刻的，它告诉我们一个明确的信息：在文化现代化和全球化的条件下，古朴的少数民族文化已经成为一种文化资源，它以奇异风格的“他者”身份被吸纳到当代审美文化的再生产过程中去，服务于政治权力和经济权力的运作，对这种文化资源的投资与运作不仅仅关系到文化丰富性的问题，而且关系到该族群文化表征机制的命运，也就是说，这种文化资源的开发是有风险的。怎样解决社会发展的这种辩证矛盾是需要认真研究的，少数民族的文化的现代改造，在少数民族文化进一步形式化和审美化的同时，也在现代社会和现代技术的条件下重塑了民族文化的认同符号和认同机制。问题的关键也许在于这种“重塑”和“改造”的价值指向。在全球化的条件下，黑衣壮文化是通过其自身文化符号的形式化并与现代传媒技术相结合而得以实现的，因此，文化形象和文化表征与其社会基础的关系，必然受到冲击，黑衣壮文化在其转变为“大众文化对象”的过程中，若其主体仍然是集体性的主体，并且将文化形象变迁作为民族认同机制的调整，其审美价值就有可能仍然指向“交换（交流）价值”。①

表 2　审美认同与文化模式关系对照图

模式要素	主体	文化形式	具象呈现	文化认同功能
大众文化生产模式Ⅰ	经济权力、政治话语和大众文化三者结合	以“剩余文化”形式呈现的现代民歌	民歌节中的《大地飞歌》	个体与流行文化认同

① 向丽：《交换与社会叙事——关于两种神话叙事及其审美交流问题研究》，《马克思主义美学研究》第 7 辑，广西师范大学出版社 2004 年版。

（续表）

模式要素	主体	文化形式	具象呈现	文化认同功能
大众文化生产模式Ⅱ	现代社会中的审美主体	以“剩余文化”形式呈现的传统民歌	黑衣壮：《山歌年年唱春光》（2001年民歌节开幕式晚会）	个体与流行文化认
变迁中的族群文化生产模式	经济不平衡发展格局中的黑衣族群	以“边缘文化”形式呈现的传统民歌	黑衣壮：《壮家敬酒歌》（2004年民歌节东南亚时装秀晚会）	个体与族群发展新形象认同

从黑衣壮山歌这个例证我们可以看到，现代化的进程以及文化全球化的压力对于少数民族族群产生的作用是多重的，其中包括瓦解民族文化的传统机制的作用，在文化没有充分自觉并且找到自己的发展方式时，破坏和解构表现得十分突出；但这种发展变化也包含着对现代技术、传媒手段的利用和改造，借用现代传媒的手段来实现族群文化的传播与认同。同时我们应该充分注意到另一种十分重要的改造和影响外在于他们的现实。在这种机制中，山歌和民族艺术不管形式上怎样纯粹，它都与现实的目的性以及来自现实的要求联系在一起，在文化表达和审美认同机制上，与浪漫主义诗歌运动以来，民歌被形式化和自律性文化机制是完全不同的。

三　认同的危机和危机中的认同

南宁国际民歌艺术节的一个成功之处在于，主办者对民歌的内容和形式都持较为宽容的态度，积极推动不同形态的民歌的共存，传统民歌、原生态民歌、民歌新唱、都市大众的新民歌等都在民歌节的舞台上展示自己，寻找并唤起知音。经过七年的发展，南宁国际民歌艺术节逐渐形成了自己的风格和模式。民歌节的舞台上用壮语和其他少数民族语言演唱民歌，在演唱者的主体方面，是族群意识自觉的一种表现，在受众方面，是一种产生强烈陌生化效果和审美风格多样化的一种手段。这种古朴而神秘的风格对于都市中的个体而言，无疑是新奇的审美对象，在欣赏到异族情调的同时，也确证并且肯定了自己的文化优越感。但是，对于类似黑衣壮的少数民族族群而言，这种用民族语言的演唱和展示却伴随着程度不一的文化创伤，“他者”的文化身份使他们在感受成功的同时，也强烈地感受到现实关系的不平等和文化他者化的沉重压力。在现实的发展中我们不无忧虑地看到，黑衣壮山歌成功地登上南宁国际民歌艺术节的舞台之后，作为一种古朴而充满神秘感的文化，黑衣壮山歌文化迅速被符号化和形式化，成为文化全球化条件下日益富于个性化的文化符号系统中的一部分，但是黑衣壮族群所企望的改变生活条件和融入现代化进程的要求却并没有实现。现实残酷地证明：山歌中的春光灿烂和现实生活之间的联系仍然是断裂的，经济的发展和社会的现代化并不是“按照美的规律”来发展和实践的。

从理论上说，广西那坡黑衣壮的山歌及其相联系的审美文化的“他者化”是全球化语境中少数民族文化的一个象征，它告诉我们，仅仅作为“他者”而呈现和展示只能是软弱的和悲剧性的。南宁国际民歌节的意义在于，通过民歌新唱或者说把民歌与现代大众文化结合起来的方式，把全球化条件下民歌这种剩余文化转化为当下性的文化表述和文化书写，通过文化符号与现实情境的不断相互作用，打开象征形象的封闭性，使情感成为流动的，并且与现实生活中当代中国复杂的生活经验结合起来。

《大地飞歌》从歌词到旋律都可以看作是对“刘三姐”文化的一种重新书写，在这一过程中，以唱山歌为基础的文化被置换到现代都市大众文化的基础之上，其旋律及其意义也都发生了相应的变化。在我看来，正是因为发生了这种置换和变化，《大地飞歌》在南宁国际民歌艺术节上演唱后，得以在全国各地迅速传唱开来。在历届的南宁国际民歌艺术节的开幕式晚会上，组委会和导演精心安排了民族版、摇滚版、世界版、青春版等不同版本、不同形态的《大地飞歌》，通过《大地飞歌》这根主线，把西北民歌、西南民歌、美声唱法的民歌、国外的民歌与当下歌坛最时尚的流行歌手唱的民歌或流行歌曲拼接在一起，形成了一个后现代主义风格的文化景观。①

在文化全球化的条件下，民歌得以跨族群传播，民歌的审美符号与其赖以发生作用的艺术生产方式被割裂开来，成为一种普遍性的文化符号。民歌作为一种审美符号，以其文化个性和独特的审美风格，成为文化全球化体系中的一部分。正是在文化全球化条件下，充满个性、差异性的民歌文化，当其丧失文化根基和文化自我的时候，也就必然以“他者”的形式完成对主流文化领导权的确认和臣服。

当文化上的差异和个性已经成为文化全球化趋势的一个组成部分的时候，仅仅从文化表征系统的角度看，民族认同和审美抵抗的可能性都消融在现代文化十分强大的帝国系统中。从理论上说，只有现实的具体经验，以及这种经验的审美转化，才能将被大众文化和主流媒体“挪用”和整合的“民族文化”重新激活，成为对当下现实生活经验的审美表达。以此为媒介的文化认同，才真正具有审美抵抗的意义，并唤醒和激发出文化自我意识的觉醒与重建。

在文化全球化的条件下，《刘三姐》的流传以及不断变异的命运是具有代表性和普遍意义的，由此产生的问题是，这种高度符号化的山歌和民歌能够承载起现代化压力下少数民族族群的日常生活体验和真实欲望的表达吗？从我们在田野调查中了解到的情况看，在广西少数民族中仍然承载着重要文化功能的“三月三歌圩”上，并没有演唱雷振邦和乔羽给予审美定型的《刘三姐》。可见，在某种意义上，当代少数民族的审美经验及审美表达与电影《刘三姐》为代表的流行性的民族审美符号之间存在着文化断裂和文化距离。南宁国际民歌艺术节的特殊作用和意义就在于，通过创造一种文化模式，把现代大众文化与传统民间文化在空间上并置和交叉，在文化的拼贴和“杂糅”中为不同文化的交流和新文化的发展提供可能。

在全球化的条件下，广西作为中国西南经济欠发达地区面临着经济和社会发展的巨大压力。随着全球性经济结构的调整，随着文化产业在国民经济产值中所占比例的不断上升，也随着文化关系对社会影响力的不断扩大，少数民族文化的审美价值和社会作用也在不断地提

① 盖·C. 斯皮瓦克：《论艾柯》，《马克思主义美学研究》第8辑，广西师范大学出版社2005年版。

高，这就使少数民族文化的保护、研究和展示逐渐成为当代社会生活中的重要事件和重要内容。在笔者看来，少数民族文化逐渐引起关注有十分复杂的原因：（一）经济和文化上居优势地位的国家和民族，把少数民族文化作为自身文化的“他者”，在对文化差异的欣赏和观看过程中，处于优势地位的国家和民族把“异质性恐惧”投射出来，加以对象化，从而获得激发文化的向心力；（二）对于中国这样的发展中国家而言，全球化的巨大压力势必激发民族主义情绪的高扬，这种文化力量需要在一定的审美符号上对象化，民歌以及民族艺术因为其文化个性以及源自农业社会的文化特殊性，再度成为文化之战中的一个中心；（三）在笔者看来非常重要的一个方面是，从少数民族族群内部而言，民歌及民族艺术由于其文化特性可以与现代文化以及现代传媒技术相结合，迅速融入全球化的体制中去，因而对民歌和民族艺术表现出蓬勃高涨的热情。也许主要是这三个方面力量的共同作用，促进了当代民族文化的发展，也包括南宁国际民歌艺术节的迅速发展。从理论上说这里面的关键因素在于社会主义初级阶段艺术生产方式所提供的制度保证。由于制度方面和审美关系方面的原因，在文化全球化的条件和压力下，看似彼此矛盾、对立的文化因素得以结合并协调起来，并且在不同的现实经验的结合中呈现出不同的意义。

在以信息化技术为基础的文化全球化的条件下，想象和幻想是沟通不同文化的阻隔，超越日常生活现实，从习惯性的文化立场中游离出来的重要机制，具有重要的人类学的价值和意义。民歌因为它的自然文化基础，始终建立在集体性的想象和幻想的基础之上，因此，当民歌在社会主义初级阶段艺术生产方式的基础上与现代信息技术、传媒手段、现代大众文化形式相结合起来的时候，就有可能把想象和幻想转换成一种新的文化形式：一种与现实的欲望和要求相联系的想象和幻想，从而成为一种现实的文化生产力。

（原文刊发于《广西民族大学学报》[哲社版]
2006年第6期）

地方性审美经验中的认同危机

在全球化的条件下，少数民族族群的生活和文化都发生了很大的变化。关于这种变化可以有很多观点和立场不同的分析和评价，因为在全球化的条件下，少数民族族群的社会变迁和文化发展是一个十分矛盾的现代性现象，不同的立场自然有不同的观点，也就有不同的观察和描述。因此，在这一个问题域的相关讨论中，人类学的理论和方法具有重要的意义。

地方性审美经验是与文化全球化现象密切联系的理论范畴。在经济全球化和文化全球化条件下，不同于西方文化模式下的审美模式、审美经验的存在方式及其变迁都成为具有重要意义的理论问题。地方性审美经验事实上提出了一个重要的理论问题：在社会和文化全球化的进程中，在艺术和审美的维度上，文化多样性有什么特殊的价值和意义？对于地方性文化和地方性审美经验而言，哪一些经验和价值具有一般性意义？哪一些经验和价值是特殊性和地方性的？这些特殊性和地方性的审美经验和文化在什么意义上具有一般性的价值和意义？本文主要从全球化条件下地方性审美经验的复杂性和矛盾性的分析入手，研究和分析全球化条件下少数民族艺术与认同问题的关系，也可以说是从审美经验的维度讨论少数民族文化遗产的保护与发展出路问题。

一　伦格飘贝：全球化条件下中国少数民族艺术的表征危机

本文把少数民族艺术看作一种特殊形态的地方性审美经验，是少数民族族群审美经验的表征，它与以下几个因素相联系：1. 少数民族；2. 生产方式处在前现代化阶段；3. 具有自己的审美表达机制和文化模式；4. 具有自己特殊的文化习性；5. 对现代化和全球化的态度，等等。值得注意的是，在全球化的条件下，这些因素都在发生着不同程度的变化，很需要在理论上加以研究和阐释。

黑衣壮是广西那坡县壮族的一个族群，“伦格飘贝”在黑衣壮的语言中是“走出大山”的意思。由于南宁国际民歌艺术节的缘故，黑衣壮的山歌两次得以“走出大山”，引起我注意的是这两次经验的许多差别。比较一下广西那坡县黑衣壮民歌两次走进南宁国际民歌艺术节的背景、动机、审美效果和对社会变迁的影响，描述地方性的少数民族艺术在一个全球化的平台上向世界的呈现方式，以及在这个呈现过程中，少数民族族群的文化动机与以后现代文化为特征的全球化的内在冲突，可以使我们对全球化条件下少数民族艺术的保护与开发问题有一个更复杂和冷静的思考。

我们先看一下广西那坡县黑衣壮山歌“飞出大山去”的“大事记”：

打造黑衣壮文化品牌大事记①

日期	活动内容	参与单位及人员	备注
2001 年 4 月 20 日	广西艺术学院教授专家到那坡开展黑衣壮音乐的采风及研讨	艺术学院徐寒梅等人	
2001 年 5 月 1 日至 4 日	广西民俗摄影协会在那坡召开年度理事会并开展创作活动	广西民俗摄影协会、那坡县人民政府、区内外摄影家 150 多名	
2001 年 8 月	组建那坡黑衣壮合唱团	县民族文工团及部分农民演员和来自各单位的人员 40 人	

① 《大事记》，来源：广西那坡县人民政府办公室提供。

（续表）

日期	活动内容	参与单位及人员	备注
2001年9月14日至17日	在南宁明圆饭店举行新闻发布会，在朝阳广场举办《神秘黑衣壮》摄影展和黑衣壮音乐展示活动	那坡县人民政府及首府各家新闻媒体	
2001年11月10日	黑衣壮合唱团首次登上南宁国际民歌艺术节	合唱团演员60名	演唱歌曲《山歌年年唱春光》
2001年12月4日	区民族文化调研组到那坡考察并对黑衣壮文化品牌打造工作开展研讨	区民族研究所、区社科院、区民族文化艺术研究院。覃乃昌、覃彩銮、潘其旭、廖明君、蓝阳春等	
2002年4月9日	召开那坡县打造黑衣壮文化品牌工作会议，策划打造方案	县直各有关单位	
2002年5月18日至23日	合唱团在首都工人体育馆参加全国群众歌咏比赛	合唱团演员41名	获一等奖
2002年6月11日	广西文学艺术家在那坡召开黑衣壮包装推介座谈会	潘琦、蓝怀昌、傅馨等	潘琦提出：高、精、深、美、土
2002年9月11日至15日	在区党委礼堂召开新闻发布会并成立广西那坡尼的呀合唱团、在柳州参加全区戏剧优秀剧目展演开幕式演出	区党委领导马庆生、潘琦等及百色市领导、首府新闻界和合唱团	

（续表）

日期	活动内容	参与单位及人员	备注
2002 年 9 月 28 日	合唱团在南宁参加八桂颂歌大型文艺演出	合唱团	
2003 年 7 月 4 日	在公园举行“黑色魅力”文艺晚会，接待“车行山水”自驾车旅游团	合唱团、民族文工团	
2003 年 9 月 28 日	那坡县黑衣壮历史文化遗产保护与利用研讨会召开	原中国自然博物馆馆长周国兴及县有关单位人员	
2003 年 11 月	在中央电视台“魅力12”栏目现场录制《壮乡美》节目	合唱团及特邀嘉宾王春艳、苏艳玲、范西姆、何毛堂、傅馨	
2003 年 12 月 15 日	召开那坡县黑衣壮族群文化研讨会	周国兴、罗红、彭洋等	
2004 年 1 月 9 日至 17 日	参加西部民歌大奖赛	闭玉仙、张柳玲、农华平等	获铜奖
2004 年 2 月 1 日	黑衣壮文化的审美价值及其社会意义研讨会召开	广西师范大学教授、博士、研究生及那坡文化界有关人士和罗红部长	
2004 年 11 月	黑衣壮合唱团参加东盟博览会暨民歌节活动	合唱团	与那坡县弄文屯黑衣壮合唱团是两个不同的单位
2005 年春节	黑衣壮合唱团首次在中央电视台春节联欢晚会亮相	那坡县黑衣壮合唱团	
2006 年 6 月 7 日至 13 日	合唱团到北京参加广西“文化周”活动	那坡县黑衣壮合唱团	

（续表）

日期	活动内容	参与单位及人员	备注
2006年7月25日至30日	赴青海参加首届青海民族文化旅游节活动	合唱团部分演员	花海争艳乡村音乐演唱会
2008年6月2日至4日	参加第十三届全国青年歌手CCTV电视大奖赛广西赛区	合唱团	原生态合唱一等奖
2008年3月16日至4月3日	在央视参加第十三届全国青年歌手CCTV大奖赛	合唱团	原生态合唱优秀奖
2008年12月2日至5日	在广东番禺市参加首届星海杯国际合唱节比赛	合唱团	原生态合唱金奖
2009年1月5日至15日	广西卫视在那坡县黑衣壮吞力屯拍摄大型实景2009年春节特别节目《金花年年唱春光》	黑衣壮群众100名，各民族金花30名，合唱团部分演员	

在这一“大事记”中，黑衣壮民歌《山歌年年唱春光》在2001年南宁国际民歌艺术节开幕式晚会“大地飞歌”上的表演和“呈现”是一个重要的民族志现象。在学者的论文、政府发言和新闻报道中大多是肯定的，被认为是黑衣壮文化品牌形成的一个重要的关节点。这里引证一下来自不同视角的分析和评价：

举办民歌艺术节给广西带来了很多好的影响：第一，民歌艺术节既荟萃了中外民歌精品，又使广西的民歌走向了世界。广西那坡山歌连续两届在民歌节上演唱，已蜚声海外，现在不少壮族题材的音乐作品都以那坡山歌作素材；第二，广西的音乐工作者逐渐被世人熟知……民歌艺术节不仅是成为广西继《刘三姐》之后的又一个文化品牌，更重要的是给各族民歌一个汇聚、交流的机会，拉近了民族和国家之间的距离，使广西走向世界，让世界了解广西。①

原来，自从“神秘的那坡”民俗摄影展在南宁展出后，其独特的民族风情引起了有关方面的注意，特别是在2001年11月举办的南宁国际民歌艺术节上，那坡县黑衣壮合唱团以一曲无伴奏合唱《山歌年年唱春光》令世人震惊，很快黑衣壮便风靡全国乃至世界。那坡县委、县政府因势利导，决定大打“黑衣壮”这一品牌，把黑衣壮作为全县文化旅游的突破口。②

在我看来，南宁国际民歌艺术节已经成为西南地区民族文化展示的一个盛会，也还成为探索和推动少数民族文化走向现代化的一种强有力的动因和机制。在当代社会发展中，文化的力量正显示越来越重要的作用。而在跨国经济合作日趋普遍、网络经济不断发展的社会条件下，具有个性的文化是当代人立足的根基，也是发展多样化文化的基础。民族文化是一个民族长期积淀凝结而成的，是这一民族个体的文化之根……民族文化的基因具有强大的延续能力和表达能力，是当代人进行文化创造的基础之一。在保护和阐发少数民族文化中具有的现代意义和价值这一方面，南宁国际民歌艺术节给我们许多有益的启示。在我看来，民歌节的意义和价值在于：它通过一系列手段和机制，成功地凸显出民族文化的现代美，通过民歌新唱等形式，激活了民族文化传统中积极强健的基因，使民歌显示出现代美。③

在以上这些分析和评价中，可以明显地看到来自黑衣壮族群的声音是缺失的，后来发生的事实证明，这种缺失是与黑衣壮族群的主体

① 傅磐：《大地飞歌：2002年南宁国际民歌艺术节之完全手册》，南宁国际民歌艺术节组委会阳光之旅杂志社2002年版，第33页。

② 廖明君：《大山里的黑衣壮那坡黑衣壮文化艺术考察》，广西人民出版社2004年版，第9页。

③ 王杰：《使民歌显示现代美》，载《广西日报》2001年11月16日。

意识尚未自觉相联系的。在2001年南宁国际民歌艺术节上，黑衣壮民歌及其相应的文化成为一个引人注意的文化现象，政府的力量、学者的力量、资本的力量先后跟进，黑衣壮民歌及其文化成了“开发”的对象。在2001至2005年四年间，黑衣壮文化一度成为广西文化研究和产业开发的一个热点。在这个过程中，黑衣壮族群的主体意识逐渐被激发起来，开始积极主动参与这样一个开发热潮，于是有了2004年黑衣壮民歌再度走进南宁国际民歌艺术节，这一次“伦格飘贝”，黑衣壮族群的主体意识大大增强了。以下是来自当时的报道和调查者的描述：

> 漆黑的体育馆中，忽然亮起了一束白光，T型台靠近舞台的左侧，站着一位“天外黑仙”：黑色的菱形头巾，黑色的紧身短上衣，黑色的宽脚裤外罩着黑色的裙裾，前边绣了一团大红花；头巾、上衣袖口、裙摆下沿镶滚有彩色丝线绣成的波浪形线条，足踏一双红绣花鞋，胸前悬着一串长长的亮白的银饰——原来是一位“黑衣壮”姑娘，来自广西那坡县城厢镇龙华村弄文屯的20岁的李丽娜。
>
> ……与李丽娜一起唱响《壮族敬酒歌》的，还有一百名黑衣壮姑娘，分成十块方阵——据说是喻示着中国“领唱”东盟十国，她们穿插在T型台下的时尚人士中间，腕上的银镯不时因碰撞而发出整齐的响声，仿佛是天然的节拍器……
>
> ……能够在国际舞台上先于世界小姐登台表演，“现在想起来还有点像是做梦。”来自桂西北大山的李丽娜说。因为家里困难，读完小学后她就到那坡县城的砖厂里搬了几年砖头。3年前，采风专家来到弄文屯，她的生活才有了改变。李丽娜还在妈妈背上的时候就对山歌耳熟能详，只不过以前歌声都是在家乡黑色的石头山上流过，现在对着那么多人不再是石头和草树，李丽娜觉得有点不好意思……①

在刚刚结束的2004年南宁国际民歌艺术节上，黑衣壮的山歌及其服饰宛如一道亮丽的风景线，横穿“风情东南亚·

① 黄端：《“黑衣壮”亮相T型台》，载《南方周末》2004年11月18日。

相聚南宁2004”、“大地飞歌——中国—东盟博览会暨南宁国际民歌艺术节开幕晚会”、“东南亚国际时装秀”“美丽的壮锦大型文艺晚会”、“绿城歌台”、“2004 南宁美食文化节”、“中华情——南宁国际民歌艺术节闭幕式”等大型文艺晚会，黑衣壮的山歌以十分突出的形式呈现在国际性艺术舞台上。在这些晚会上，我感受到一个明确的信息：黑衣壮的山歌已经成为广西民族文化的一个新的符号，成为继“刘三姐”之后广西民族文化的一个新的代表。黑衣壮古朴而神圣的美与现代社会华丽而流淌的美结合在一起的时候，其“杂糅”效果是惊人的。我现在还处于2004 年11 月3 日晚上在“东南亚国际时装秀”表演现场感受到的强烈文化震荡的余震之中。因为开幕前在场外接受《南方周末》记者的采访，我是在音乐响起之后才仓促入场的，首先看到的是，在震耳欲聋的音乐声中，弄文屯姑娘李丽娜独自站在T 型舞台的左上角，身后是IED 大屏幕的壮锦图案。大屏幕上壮锦的艳丽和巨大，映衬着黑衣壮姑娘的朴素和柔弱，音乐骤然停止时，李丽娜唱起了对我来说较为熟悉的《敬酒歌》。这歌声本应该把我带回到距离南宁十分遥远的大石山村寨，但现场闪耀着的彩色激光束阻断了想象的翅膀。正当我忙着将这个古朴与时尚结合的场景拍下来的时候，四下响起了黑衣壮少女们歌唱的应答。有一队黑衣壮少女就在我身边，她们突然站起，身着黑衣壮的服装唱起古朴的山歌，手中摇着印尼、越南、老挝等国的国旗，笑容可掬，十分可爱，手上银手镯的声响与歌声形成一种奇妙的交响，我相信，在这里呈现出来的美是活生生的和富于朝气的。不知不觉中李丽娜已退下舞台，国际名模身着泰国、印尼、韩国、新加坡、越南、中国时装设计师设计的新时尚衣裙，款款走上T 型台。与黑衣壮少女们灿烂的笑脸不同，这些模特佳丽们衣着时尚却面无表情，可以把美丽的服饰呈现给观众，但似乎远离人间，不食人间烟火……

在晚会结束回程的路上，我看到手机上显示有两个未接电话，打过去才知是我去弄文屯调查时住户东家大嫂打来的，她说在现场直播电视里看到我在镜头里转来转去，就给我打

> 电话。这时我真切地感受到现代技术，以及南宁国际民歌艺术节已经非常神奇地把古朴和原始的文化与时尚的现代文化结合起来。这种结合创造了美，但它所产生的文化震荡对大山里的黑衣壮族群会产生怎样的影响呢？演出到现在已经10天了，我一直在想，以道德严谨、禁忌繁多而著称的黑衣壮少女们，在这场国际名模表演的时装秀演出中感受和体验到什么东西？这些东西对大山里的黑衣壮姑娘会产生什么样的影响呢？这种影响在黑衣壮族群的社会和文化发展中又会起什么作用呢？这，的确是一个值得研究的问题。
>
> 我们期望通过我们的调查和研究大致准确地描绘出黑衣壮审美文化的特殊性，并对民族艺术在全球化语境中对于社会和文化发展的意义，或者说，对黑衣壮文化在全球化条件下的发展变化问题做出初步的研究和思考。我很希望通过我们的研究，一方面对黑衣壮山歌和服饰在现代社会为什么引起人们强烈的兴趣作出理论上的说明和阐释，另一方面，也希望我们的研究能唤起更多有责任心的学者，关注和研究在全球化语境下，在文化帝国主义的强势压力下，黑衣壮这样的少数民族文化的保护问题以及现代转型的问题。①

由于某种社会和政治的原因，广西那坡县城厢镇弄文屯黑衣壮在2001年11月的“伦格飘贝”后就不再出现在政府打造黑衣壮文化品牌的日程表中，因此这一部分黑衣壮民众通过民间渠道，试图通过学术界的介入使自己的文化努力重新得到承认和重视，于是有了2004年11月通过民间的努力黑衣壮山歌再上南宁国际民歌艺术节的艰苦努力。以下是我整理的一个广西师范大学师生介入黑衣壮审美文化研究的大事记。必须说明的是，作为这一系列活动的组织者，在很长一段时间里我并不明白弄文屯黑衣壮族群在协助我们研究黑衣壮文化方面的深层动机，也不了解黑衣壮民歌的保护与开发包含着很深的社会动机和经济利益造成的矛盾和冲突。

---

① 王杰、王朝元主编：《神圣而朴素的美——黑衣壮审美文化与审美制度研究》“前言”，广西师范大学出版社2005年版。

广西师范大学审美人类学研究课题组研究黑衣壮审美文化大事记

时间	地点	主要内容	参与人员	备注
2003年1月	那坡弄文、马独、吞力等村寨	考察黑衣壮文化	研究生贺晓武、向丽、覃守达、刘宁等	
2003年10月	桂林，广西师大中文系	黑衣壮山歌演出，黑衣壮文化座谈会	弄文屯黑衣壮村民一行7人、广西师大中文系师生	
2004年1月26日—2月2日	那坡弄文屯、吞力屯、马独屯等村寨	全面考察黑衣壮文化	广西师大中文系、艺术系、广西文艺理论家协会有关专家	
2004年2月1日	那坡县政府	黑衣壮文化保护与开发研讨会	同上。百色市宣传部长、那坡县委四大班子、有关部门领导	
2004年4月6日	桂林，广西师大	黑衣壮文化研究、开发与招商研讨会	广西招商局、广西师大中文系、艺术系、科研处	
2004年5月15日—5月20日	那坡县弄文屯	考察黑衣壮"扫邪节"和"风流节"等	广西师大中文系、艺术系师生、山东大学博士生	
2004年5月	广西南宁	黑衣壮文化公司注册成立	刘长球任董事长、覃守达任总经理	刘长球注资30万元

（续表）

时间	地点	主要内容	参与人员	备注
2004 年 6 月		范秀娟申报的国家社科基金项目“从山野到都市：黑衣壮山歌文化研究”获得批准立项	山东大学与广西师范大学合作培养的博士生	
2004 年 11 月 3 日—11 月 7 日	广西南宁	弄文屯黑衣壮再次登上南宁国际民歌艺术节	李丽娜、韦文等 60 余人，广西民族学院学生 50 余人	参加国际时装秀等多项演出
2005 年 3 月	广西桂林	《黑衣壮神话研究》	覃守达著，广西师范大学出版社	主要以弄文屯调研为基础
2005 年 5 月	广西桂林	《神圣而朴素的美——黑衣壮审美文化与审美制度研究》	王杰、王朝元主编，广西师范大学出版社出版	主要以弄文屯调研为基础
2008 年 1 月	北京	《道出真我——黑衣壮的人观与认同表征》	海力波著，社会科学文献出版社出版	以弄文屯田野调查为基础

李丽娜是广西那坡县弄文屯的黑衣壮歌手，在那坡县组建“尼的呀黑衣壮合唱团”时被招聘到合唱团，成为主唱歌手，参加了那坡县“尼的呀黑衣壮合唱团”的大部分演出，2004 年 11 月 3 日担任“东南亚时装秀”开场领唱。但是在这次演出活动结束后，李丽娜拒绝了广西师范大学漓江学院艺术系保送录取的资格，到广东以打工为生，不再参加黑衣壮民歌的表演活动。与李丽娜一同被招聘为那坡县“尼的呀黑衣壮合唱团”的男歌手韦文，是合唱团的男主唱歌手，也是弄文屯的村民。在 2004 年南宁国际民歌艺术节上的表演活动结束后，他回

到那坡县以开摩托车载客为生，现在回到弄文屯担任村委会副主任，仍然在想方设法寻找黑衣壮山歌“走出大山”的途径和办法。

将两个“大事记”作一比较，我们可以发现许多事件背后的情况和原因。首先，在打造黑衣壮文化品牌的过程中，弄文屯黑衣壮村民的发展要求被有意地遮蔽和压抑了，这其中的原因显然不在文化本身，很可能是经济利益造成的。其次，学术研究作为一种文化力量在目前的条件下对黑衣壮审美文化的开发和保护没有多少影响。从理论上说，如果要使学术研究对黑衣壮山歌文化这样的少数民族艺术的保护、传承、现代变迁产生积极有效的影响，需要采用介入式的研究模式，研究者直接参与到黑衣壮族群的现代化过程中去，从中深入研究有关问题，指导黑衣壮族群选择正确的发展途径和发展方式，但到目前为止还缺乏这种类型的知识分子参与。旁观型的客观调查和简单的批判性立场，都不能真正解决黑衣壮族群在现代化发展过程中所面临的问题。一个明显的事实是，在目前的黑衣壮族群（以弄文屯为例）的文化模式中，还没有产生出自己的现代意义的知识分子，“师公”仍然起着精神领袖的作用，但以他们的文化立场和知识水平显然不能胜任全球化条件下少数民族艺术的保护与发展所提出的一系列复杂而深刻的社会问题和文化问题。第三，由于黑衣壮族群对全球化条件下少数民族文化的发展问题缺乏深入的思考和理性的自觉，因而他们改变自己命运的激情往往是盲目的，这一点从弄文屯黑衣壮的现实努力可以看出。他们先是寄希望于学术话语的力量，后来又寄希望于商人的经济力量，但都归于失败，最终导致某种精神创伤和文化认同危机。

二　全球化语境下地方性审美经验的矛盾结构

“地方性审美经验”是我在研究少数民族审美文化时尝试提出的理论概念，用于概括和指称全球化语境下非西方主流文化在审美维度上的存在方式和存在形态。这一概念初步的定义概括为：人类学意义上的具有地方性文化特点的感知世界的方式，包括处理人与自然关系的方式，以及不同性别、不同年龄、不同阶层的人们的文化认同和文化区分的感性文化层面，还包括由于这种不同的感知方式和处理外部世界的方式而形成的不同的审美意义。具体性和特殊性是“地方性审美经验”的主要特征。文化、习性、文化传统、语言、习俗、认知模式、象征符号等，均为“地方性审美经验”的基本要素。

作为中国西南地区少数民族审美文化的一种形式，民歌是“地方性审美经验”的重要形态。在社会的现代化过程中，特别是在全球化的背景和条件下，民歌作为一种“地方性审美经验”本身发生了许多重要的变化。对于像广西那坡县黑衣壮这样的少数民族族群而言，一个值得当代学者注意的现象就是，由于多种社会力量和文化力量的博弈，“地方性审美经验”被撕裂。在经验的层面上，这种撕裂首先是一种深度的文化创伤，直接结果是造成少数民族族群的认同危机①；其次，这种撕裂也可能是一种文化的改造和习性的改进，对文化的发展具有重要的意义。但是，如果忽视这种改造和改进的内在动因和文化主体的意愿、需要，将其简单地与文化产业的开发结合起来，将会使本来十分脆弱的少数民族文化受到灾难性的重创。在我看来，广西黑衣壮民歌文化的“开发”就是一个典型的个案。

在全球化的背景和条件下，黑衣壮民歌以及黑衣壮族群的审美经验在理论上有两种十分不同的价值。首先，作为一种稀缺的文化资源，黑衣壮山歌无疑具有较高的商业价值和政治功利价值。黑衣壮审美文化从被发现到被打造成“文化品牌”再到这个文化品牌的迅速枯竭，这样一个发展过程使我们充分意识到，简单地从文化资源和市场价值的角度去发展少数民族艺术，由于主体动机的缺失，或者由于文化符号的简单化使用，其结果往往会造成“地方性审美经验”的内在断裂，以及少数民族族群的真实要求和愿望受到创伤性遮蔽。其次，作为一种“剩余文化”，黑衣壮少数民族山歌文化与前现代生产方式相联系，在全球化的语境和条件下，可以用不同的方式来开发和使用，但是其意义和效果是不相同的。从在南宁国际民歌艺术节上的呈现看，黑衣壮山歌作为一种非物质文化遗产，简单地保护和开发都是有问题的。对于黑衣壮族群而言，走向现代化是一个合理的要求，因而与这种生产方式和生活方式相联系的文化习性有必要在现代化

---

①　海力波：《道出真我——黑衣壮的人观与认同表征》，社会科学文献出版社2008年版。

的维度上加以改造，从而得以延续，也使主体得到发展和进步。主体的自觉和主体习性的改造是重建“地方性审美经验完整性”的关键性环节。

在全球化的语境中，对于经济和社会发展相对落后地区的少数民族族群而言，审美现代性是一个充满了尖锐冲突的观念。习性的改造、自由治理机制的形成以及审美自由的现实展开，构成了一个审美现代性动态的复杂结构①，在形态上形成了三个相对自律的文化场域：艺术、法律及政治和日常生活。习性和习俗与日常生活相联系。比较而言，中国的审美现代性所包含的问题要更为复杂，因为中国的现代发展一直是处于全球化语境下，形成了以西方文化为他者的矛盾结构。从蔡元培关于教育方针的论述开始，一直到当代学术界关于非物质文化遗产的保护与开发的讨论，审美现代性的理论内涵大多以康德理论为基础，与审美自由具有内在的联系，并且把审美和艺术世界与日常生活世界、政府管理和政治权利分离开来。但是，当代的少数民族艺术的保护和开发，政府的动机和市场的驱动却与审美文化表征、呈现以及发展关系密切，而且往往成为支配性动因。其结果是少数民族族群的主体性很容易被悬置。没有主体的文化也就丧失了这种文化的神韵和真正的魅力。

黑衣壮民歌是南宁国际民歌节打造的文化品牌之一，因为在南宁民歌艺术节上唱山歌的黑衣壮歌手有一些是大山里的姑娘和小伙子，他们与南宁国际民歌艺术节的关系可以作为现代文化与原生态古老文化相结合的一个案例。从我们对广西那坡县城厢镇弄文屯的田野调查了解到的情况看，2001 年至2004 年南宁国际民歌艺术节本身对提高黑衣壮山歌文化的知名度，打造广西民歌品牌方面的确产生了十分明显的效果，但是，这一活动对黑衣壮族群的习性改造和文化发展并没有产生相应的效果。由此，我的一个初步推论是：习性的改造和文化的变化是与地方性经验紧密联系在一起的，或者说是地方性经验的一部分，用政府力量和商业开发的注入式改造模式并不能产生合理的效果。习性的改造是与社会进步相联系的历史过程。

---

① 特里·伊格尔顿：《审美意识形态》，广西师范大学出版社 2001 年版。另外参见托尼·本尼特《文化、历史与习性》，载《马克思主义美学研究》第 12 卷第 2 期，中央编译出版社 2009 年版。

黑衣壮的山歌从十分古老的农耕文明进入南宁国际民歌艺术节这个国际化的文化场域，包含了政府和民间两个方面同样十分强烈的功利性要求和愿望。在政府方面，广西那坡县人民政府把黑衣壮作为该县的文化品牌来积极地加以打造，在黑衣壮山歌走进南宁国际民歌艺术节的过程中发挥了十分重要的作用。2004 年，我曾两次到那坡县城厢镇弄文屯等村寨进行田野调查。随着公路的开通，电视和 VCD 设备的普及，以及手机信号覆盖黑衣壮族群生活居住地，都市大众文化和现代生活方式也涌进了曾经平静的黑衣壮族群的日常生活中，由此唤醒了黑衣壮族群对现代化的强烈向往和渴望。黑衣壮山歌走进南宁国际民歌艺术节，强化了这种向往和渴望，使黑衣壮族群和那坡县政府看到一种新的可能性：通过黑衣壮山歌文化品牌的提升，牵引和带动民族文化旅游业的发展，从而提高经济收入和社会现代化的步伐。因此，在一段时间内，黑衣壮族群积极主动地发展黑衣壮山歌文化，并努力将黑衣壮山歌推向文化市场。

从我们调查的材料看，在社会的现代化过程中，黑衣壮族群原有的文化制度及其民族认同机制受到强烈冲击而趋向瓦解。黑衣壮山歌在南宁国际民歌艺术节上唱响后，民族艺术的现代审美价值使黑衣壮的文化认同机制复杂化了，一方面，黑衣壮族群以“他者”的形态加入到现代化甚至全球化的格局中；另一方面，由于黑衣壮文化的现代化和“他者化”主要是通过全球化输入的大众文化机制来实现的，因而黑衣壮自身的文化成为混杂着大众文化成分的“杂糅”文化，对于黑衣壮族群的民族认同势必造成混乱和危机。

我们通过调查发现，黑衣壮族群普遍抱有很强烈的现代化要求和渴望。一个典型的例子就是 2004 年的南宁国际民歌艺术节上的黑衣壮山歌演出。与 2001 年“大地飞歌”开幕式上黑衣壮山歌演唱是政府行为不同，2004 年南宁国际民歌艺术节期间“东南亚国际时装秀”上的黑衣壮山歌表演完全是黑衣壮群众自己的行为，既没有得到政府的资助，也不是由政府组织的。也就是说，黑衣壮村民意识到打造黑衣壮文化品牌对于自己族群的现代化具有重要的作用，因而他们放下手中的工作和学业，从打工工地或高校回到山寨排练，四面八方的乡亲送来黑衣壮服装和银饰，将一群黑衣壮少女送到南宁国际民歌艺术节这样一个舞台上展示自己的形象，发出自己的声音。可以说，由于艺术的特殊性，也由于民族艺术在全球化文化版图中特殊的文化价值，黑衣壮村民自觉吸取了现代文化机制中对他们而言有益和有用的东西，黑衣壮山歌纳入现代大众文化格局中所产生的牵引和提升的作用是巨大的。当然，这种希望通过山歌来改变整个族群社会历史境遇的愿望是建立在对现代化、对流行文化十分天真的理解的基础上的，因而具有强烈的悲剧意味。这种因为少数民族艺术成为大众文化的审美幻象而激发起来的激情和社会实践的悲剧性，是当代中国少数民族艺术保护和发展提出来的重要问题。

从社会发展和文化变迁的角度看，这一个案所包含的信息是复杂而深刻的，它起码告诉我们：在文化现代化和全球化的条件下，古朴的少数民族文化已经成为一种稀缺的文化资源，它以奇异风格的“他者”身份被吸纳到当代审美文化的再生产过程中，服务于政治权力和经济权力的运作，对这种文化资源的投资与运作不仅仅关系到文化多样性和丰富性的问题，而且关系到该族群文化的表征与认同，甚至关系到族群社会发展的命运，也就是说，这种文化资源的商业开发和政治开发是有风险的。怎样解决社会发展的这种辩证矛盾，需要当代学者的认真研究。

从调查和研究显示的情况看，我们应该纠正简单化地重视少数民族艺术的现代审美价值的研究和开发偏向，把少数民族艺术的文化资源的保护及开发与文化的改造结合起来，也就是说，把审美价值与实用价值、使用价值结合起来，把社会的进步和文化的变迁看作一个重要的前提条件。少数民族文化习性的现代改造，在少数民族文化进一步形式化和符号化的同时，也在现代社会和现代技术条件下重塑了民族文化的认同符号和认同机制。

从黑衣壮山歌两次在南宁国际民歌艺术节上呈现的相关事件的跟踪调查这个例证，我们可以看到，现代化的进程以及文化全球化的压力对于少数民族族群产生的作用是多重的，其中包括改造民族文化习性的作用。在文化没有充分自觉并且找到自己的发展方式时，文化习性的改造与审美现代性的关系是一种复杂的矛盾关系，应该抱着慎重的态度研究其中的问题，找到适当的解决方案和途径。

三　审美维度的思考：一种可能的解决方式

由于中国现代化过程的特殊性，乡村和城市的现代化过程存在着巨大的不平衡，在城市迅速现代化的过程中，乡村的现代化以一种复杂的矛盾形态发展着。在南宁通过国际民歌艺术节而迅速改变城市的形象，提升城市的知名度和经济实力的同时，民歌对于少数民族族群的社会发展和文化变迁产生的作用显然复杂得多，存在着一些矛盾的现象。对于全球化时代的少数民族艺术的保护与发展而言，从不同的角度去考虑问题，结论恐怕会有所不同。

我认为，对于全球化时代少数民族艺术的有关问题，应该与少数民族族群的现代化过程联系起来研究和考察，从美学的维度看，也就是关于审美现代性问题的研究和思考。在全球化条件下，少数民族族群的审美现代性问题包含着更多的社会矛盾和文化矛盾，对艺术问题和审美问题的研究和思考是对这种社会矛盾和文化矛盾的一种思考和研究。在现代化矛盾中因为认同危机而焦虑的少数民族族群，可以因为审美的特殊性在某个特殊的时空中获得审美经验的完整性，这就为解决少数民族族群的现代性困境提供了一种可能的方式。这不是浪漫主义的幻想，当然这种理论可能性也向美学提出了很高的理论要求。没有深入而严谨的现实问题研究，少数民族艺术的保护与开发很容易陷入这样或那样的误区之中。以下两个问题我认为是现实所提出来的，应该引起重视，应该进一步研究和思考。

1. 由于历史和现实等多方面的原因，中国的现代化不同于西方的现代化模式。在文化方面，美学问题一直是中国现代化过程中的一个重要问题。在社会的现代化过程中，对科学技术进步的重视，特别是对应用科学技术的重视，在中国文化结构变迁中产生了一系列的影响，这种影响在习性的改造和审美习俗的变化方面还有待进一步的研究，但是有一点是肯定的：没有技术的进步和生产方式的改革，仅仅在审美层面改进和解决社会进步所面临的问题，是会落空和失败的。在少数民族艺术的保护与开发的问题上，审美习俗的改造、文化习性的提升以及自由治理惯习的建立，是十分重要的方面。在中国当代社会结构中，对于少数民族族群的艺术而言，包括审美习俗的改进以及自由治理关系的建立显然仍然缺乏系统的研究，还需要进行更多例证的田野调查以及理论上的阐释。

2. 因为中国文化与西方文化的若干差异，特别是中国的宗教文化不同于西方的基督教文化，因此“美育代宗教”的审美现代性方案在中国社会的现代化过程中具有重要的意义。中国审美现代性的复杂性和矛盾性可以在现代悲剧的结构中呈现出来。在审美超越的意义上，也许只有在悲剧文化的意义上“美育代宗教”的目的才能真正实现，从悲剧性结构的角度来看，在全球化条件下中国少数民族艺术的传承和发展是一个典型的模式。一个具体的例证就是广西那坡黑衣壮山歌“伦格飘贝”过程的悲剧性。我认为，中国现代化过程中悲剧理论的沉寂折射出中国审美现代性问题的复杂性和特殊性。理论应该回应现实所提出的问题，美学理论应该对中国审美现代性的特殊性做出学理上的论证，并且对文化的未来做出思考。

与其他人类学研究者对全球化语境下少数民族艺术的发展和变迁的研究有所不同，审美人类学研究特别重视全球化语境下地方性审美经验受到冲击的情况。在我们看来，审美经验的完整性受到破坏，少数民族艺术在现实文化格局中的价值分裂或者价值错位，是少数民族艺术复杂多样的现实命运的主要原因。当作为文化遗产的少数民族艺术的文化价值和使用价值严重分裂时，地方性审美经验必然被撕裂并对少数民族族群的文化认同造成危机，从而导致社会生活层面的伤害。因此，对作为文化遗产的少数民族艺术的商业开发和政策性使用，必须以当地族群审美经验的完整性为前提。在本论文中我们以黑衣壮山歌在南宁国际民歌艺术节上的两次呈现的差异为例，初步涉及了这种悲剧性结构的复杂性，希望在今后的研究中进一步说明这种悲剧性结构的学理根据及其现实意义。

（原文刊发于《文艺研究》2010 年第 9 期）

略论民族艺术在当代文明冲突下的作用

在经济全球化的强大压力下，文化全球化也已经成为我们现实生活中不争的事实。对于当代中国的文化现状和文化发展而言，全球化问题的讨论，首先是文化领导权的问题。其次是新文化建设的基础和模式问题，最后，还有一个理论与实践的关系问题，只有成为无数普通劳动者、普通文化消费者的文化实践，理论的力量才是强有力的和有效的。本文试图从艺术这种最大众化的文化形式的分析入手，从民族艺术在中西方文明冲突中的作用这一具体视角，用马克思主义的意识形态理论对以上问题作出初步的分析。

一　从南宁国际民歌艺术节看民族艺术的内在矛盾

民歌是前工业化时代人民群众的文化创造，是最为大众化也最具本土化特征的艺术形式，在经济和文化全球化的条件下，民歌这种古朴而且稳定性较强的艺术形式也发生了许多变化，其中的意义变迁是值得哲学和美学研究认真对待的。在全球化的影响和压力下，民族艺术发生着什么样的变化，怎样分析和评价这种变化？这种变化对新文化建设有什么意义？这不仅是一个美学问题，同时也是一个哲学问题。我想先讨论一个身边的例子：南宁国际民歌艺术节。

广西的民歌节原来是一个以交流和展示民歌，特别是少数民族民歌为主要目的的民间性艺术活动，由各县轮流主办，在其发展和演变过程中，国际化和全球化的色彩逐渐增加。在 20 世纪 80 年代和 90 年代，西方对中国南方民歌的兴趣主要是学术兴趣，民歌节作为少数民族文化传承的典型机制受到西方学术界的重视。1986 年农历三月初三，我曾参加在广西侗族自治县举办的国际民歌节，当时的演出和参赛者全都是来自各县的民歌手，民歌节的主会场在一块收割了水稻的农田上，歌手的服饰和民歌节的组织形式都是与传统的歌圩活动相一致的，在民歌节的开幕式上，除了唱民歌外，还有带宗教色彩的抢花炮和场面宏大的芦笙舞。到了傍晚，漫山遍野是自发的对歌情爱活动，让人感受到民歌的深厚文化基础和社会底层劳动者强健的生命力。自 1999 年起，广西的民歌节改由南宁政府主办，举办的时间也从每年春季的三月初三改到了凉爽而干燥的 11 月中旬。南宁市人民政府把南宁国际民歌艺术节作为打造城市新形象的一个举措，投入了大量的资金，请来国内著名的导演、国内外一流歌唱家，灯光和音响也从香港运来。南宁国际民歌艺术节按照明星化和流行文化的形式重新演绎和阐释了国内外的众多民歌，开幕式由中央电视台现场直播，使民歌演唱这种传统的文化形式具有了全新的意义，或说具有了现代意义。南宁市人民政府显然不是在纯粹艺术活动和民俗学活动意义上投入巨资来举办南宁国际民歌艺术节的，其直接的动机还是政治上和经济上的考虑。值得注意的是，民歌这种朴实而原始的文化形式，在激光射灯、焰火、浓烈的民族化服饰和现代化舞美设计的烘托下，脱离了民歌原生态的文化语境，成为对于少数民族群众来说高度“陌生化”了的“他者”，因而其意义和作用也发生了某种形式的变化。民歌或山歌从民间娱乐的文化形式转变成社会发展的一种力量，从与现代化进程相抵触的力量转变为促进现代化进程的一种力量。另一方面，对于西方学者和旅游者来说，这种具有浓烈异国情调的艺术最大程度满足了他们对异在他者的渴望，在激活其想象力的同时，暗含着对其自身民族和文化优越感的肯定。在我看来，南宁国际民歌艺术节的举办，把张艺谋、陈凯歌电影所提及的“东方情调”的审美意义问题再次提出来了。“东方情调”的审美意义事实上是不确定的，在不同的语境条件下，“东方情调”风格的艺术作品呈现出不同的意义，因此，理解“东方情调”艺术作品或者说民族艺术审美意义的关键，还在于对这类作品生产方式、存在特征以及内在矛盾的研究和分析。

南宁国际民歌艺术节的特点，是把前现代社会基础上产生的民歌直接置于文化全球化的机制中，在这样的机制和条件下，以前工业化社会为基础的民歌呈现出的意义是很值得分析的。南宁国际民歌艺术节采纳和挪用西方现代大众艺术的机制和手段是十分明显的。2001 年南宁国际民歌艺术节开幕式晚会上，专程从美国来的“空气供应站”（Air Supply）乐队演唱了奥斯卡电影《人鬼情未了》主题曲《不变的旋律》和《没有爱在身边》，引起了歌迷们的热烈欢迎。在演出后，空气供应站歌手这样评论了南宁国际民歌艺术节的开幕式：“参加这次民歌节就像参加‘格莱美’，中国式的‘格莱美’！这么大型的晚会办得这么好，不管是在中国还是在美国举行，都会受到同样的欢迎。”在组织形式和技术手段的运用方面，南宁国际民歌艺术节的确做到了国内一流并且与西方类似的艺术节接轨，也因此带动了经济和旅游业发展的正面效益。然而，在文化和审美效果方面，事实上，情况要复杂得多。一方面，我们看到，在现代大众文化的形式和背景下，民歌和少数民族的文化得以用新的形式表达，从而呈现出新的意义，在一定程度上推动了少数民族文化的更新和发展；另一方面，我们也看到，南宁国际民歌艺术节以及类似的文化活动，破坏和冲击了民歌以及少数民族文化的原生态基础。现代大众文化形式和技术媒介裹携着西方后殖民主义文化的泡沫和泥沙，对接受者的价值规范和文化信仰都产生了极大的冲击和挤压，以技术中心论、经济中心论和明星崇拜为基础的审美文化对当代中国社会和文化建设所产生的不良影响不容忽视。

在我看来，经过三年的发展，南宁国际民歌艺术节已经成为西南地区民族文化展示的一个盛会，也正成为探索和推动少数民族文化走向现代化的一种强有力的动因和机制。在当代社会发展中，文化的力量正在显示其越来越重要的作用。而在跨国经济合作日趋普遍、网络经济不断发展的社会条件下，具有个性的文化是当代人立足的根基，也是发展多样化文化的基础。民族文化是一个民族长期积淀凝结而成的，是一个民族的文化之根。没有文化之根的个体，也许可以成为一个技术工作者，但是决不会在文化的传承与发展上有所贡献，不会成为优秀的作家、艺术家、建筑设计大师，以及优秀的企业家。民族文化的基因具有强大的延续能力和表达能力，是当代人进行文化创造的基础之一。在保护和阐发少数民族文化中具有现代意义和现代美这一方面，南宁国际民歌艺术节给我们许多有益的启示。在我看来，南宁国际民歌艺术节的价值和意义在于：它通过一系列手段和机制，成功地凸现出民族文化的现代美：通过民歌新唱等形式，激活了民族文化传统中积极强健的基因，使民歌显现出现代美。从田野调查的情况我们看到，在南宁国际民歌节的舞台上，民歌和少数民族文化等前工业社会的文化形式与现代流行音乐和大众文化之间有一种复杂的互动关系，现代音乐和现代大众文化与民歌等传统文化既有矛盾和对立的一面，也有互补和共鸣的一面。这种作用还通过各种媒体的作用传播到少数民族的日常生活活动中。在民间的歌圩和歌场中，伴随着收音机、音响等现代技术的出现，迪斯科和摇滚音乐的节奏等现代流行音乐的形式进入民歌的传唱中，使民歌的内容和形式都出现了新的发展和变化。而且因为民歌与旅游的密切关系，全球化的进程在一定程度上刺激了青少年一代传唱和学唱民歌的热情，事实上也有利于传统文化的保护和传承。

另一方面，我们也看到，文化形式包括传媒以及现代音像技术并不是纯粹的形式，而是包含着价值观念和政治代码的形式，这种价值观念和政治密码事实上是意识形态的一种体现，即一种权力关系的体现。“审美制度”和艺术生产方式等概念也许有助于研究和说明审美和艺术背后的“power”。在现实的社会中，人与自然、人与人之间并不是直接发生联系的，而是在一定的社会关系、一定制度的基础上发生联系和互相作用的。对于审美活动而言也是如此。这种共同的东西也许就是“power”，它也支配着审美和艺术，也正因为如此，审美本身也存在着内在矛盾和冲突。审美和艺术的异化现象最直接的体现就是在当代大众文化中存在着强烈的肉体化、肉欲化的单向度发展趋势。它恰恰说明了一个悲剧，那就是人的工作、人的精神活动与他的感性活动和肉体存在相分离甚至对立，也就是人的感性活动与理性活动相脱节，这恰恰是审美现代性的表现。在马克思看来，伴随着资本主义商品化大生产，出现了现代性的弊端，那就是精神与物质的分离，这种分离有其合理性，可以在一定历史阶段使物质生产和精神生产都更有活力，但最终会造成社会与人性的分裂。大众文化虽然给人们带来了数量上无比丰富的感性享受，但却并非真正的审美满足，比如，在流行音乐中，大多有极端化的爱情情节，这种极端化的、不现实的对人类情感和激情的表现甚至可以达到一种宗教狂热的程度。

我认为，艺术后面的“ power”是一种以情感话语为形式的意识形态，事实上是包含着价值立场和评价倾向的。西方现代流行艺术本身及其机制包含着西方某种价值观和意识形态倾向，因此，在与中国少数民族民歌这样的艺术形式相结合时，必然产生价值观和意识形态倾向的冲突。这种冲突大体上可以归结为两种表现形式，一种是外在的，一种是内在的，所谓外在的是指艺术与其他社会意识形态的冲突，所谓内在的则是指艺术内部情感话语的对立和冲突。前者我们可以举张艺谋的获奖电影《大红灯笼高高挂》为例，后者我们可以以在2001年南宁国际民歌艺术节开幕式上由壮族歌手演唱的那坡县黑衣壮族山歌《山歌年年唱春光》为例。《山歌年年唱春光》是一首由广西那坡县原生态的山歌加工整理成的歌曲，由那坡县壮族歌手用壮语演唱。在南宁民歌节的开幕式上，以无伴奏合唱形式表演，其中的领唱者黄春燕是广西歌舞团的专业演员，是一名在那坡长大的黑衣壮后代。这首歌以层次丰富、旋律优美和浓重的大石山气息打动了时髦的歌迷和广大听众。歌手们身着自己织布制成的民族服装，用黑衣壮的方言演唱，使歌声充满了神奇的魅力，从音乐学的角度讲，《山歌年年唱春光》并不符合现有的音乐规程，但却表现出新奇的美。这首歌的纯粹地方性使它不可模仿也不可能流行，在文化全球化的背景下，它的唯一性和丰富的审美魅力使它产生了广泛的影响，这支小合唱队在南宁民歌节获得成功后被邀请到中央电视台和美国演出。从美学的角度看，《山歌年年唱春光》表达了在极端恶劣和严酷的自然条件下，黑衣壮人民健康奋发的心态和对现实不公正现象的大胆抗争。这种不借助灯光、焰火，不借助伴奏和伴舞的演唱，有效地解构了南宁民歌节开幕式上的后现代主义奢华，成为一种内在而又是最有力的文化反抗和文化表达。民歌，特别是少数民族的民歌，作为社会底层人民对强大的压迫性力量的反抗和超越的文化形式，在南方少数民族地区十分盛行，用唱山歌的形式骂人是一种常见的表达方式。对不合理现象的愤怒可以因为歌唱这样一种非现实性因素而转换，成为一种曲折表达反抗情绪的形式。在中国南方，刘三姐唱山歌骂地主的模式其实具有普遍的意义。如果说对于工业化社会的个体而言，梦和幻想是表达对现实的反抗和超越的一种形式的话，那么在中国西南地区，民歌演唱也是如此。在民间的歌圩和歌场上，在南宁国际民歌艺术节的表演舞台上，民歌的全球化魅力和现代化机制的本土化运用事实上是融合在一起的，它的矛盾性也是它充满活力的根源。

二 民族艺术的生产方式

关于马克思主义文艺生产论，国内学术界曾经进行过广泛的讨论，在当时的条件下把马克思主义文艺生产论表述为以下几个方面的内容：一、文艺生产作为精神生产同物质生产的关系，其中包含着物质生产与精神生产（包括艺术生产）之间的作用与反作用，文艺生产等某些精神生产领域的发展与物质生产的发展之间的不平衡关系、精神生产与物质之间的关系应历史地、具体地而不能抽象地去把握等内容；二、文艺生产在精神生产领域内部同其他精神生产领域的相互关系，包括既相互独立又相互影响，既有相同的规律又有各自不同的规律，等等；三、文艺生产作为一种特殊的精神生产所具有的特殊的本质规定，对此，马克思主义经典著作家们着重强调了艺术想象和幻想对自然和社会生活进行加工、运用美的规律来创造、富有激情等独具的特征。① 现在看来，这种表述仍然停留在较为表层的归纳阶段，没有在学理的层面上抓住根本的问题并展开系统的分析。

艺术生产方式的概念事实上就是日常生活和主流意识形态转变为审美意识形态的文化机制。如果说在政治经济学领域，生产方式是生产力和生产关系的统一，那么可以说，在意识形态领域，文艺生产方式是艺术表现能力与审美关系的统一。在艺术的表现能力这个范畴中，有一个技术的问题和媒介的问题，这是艺术形象和文学修辞的基础。艺术与意识形态的区别，就在于艺术表现能力和艺术表达媒介对审美关系的两种不同的处理方式：陌生化或者类同化。前者以艺术生产力与审美关系的矛盾关系为基础，后者则倾向于弥合这样一种矛盾。在艺术生产方式的概念系统中，审美关系与审美的意识形态在概念内涵方面基本上是一致的。从理论上说，审美意识形态概念不应该等同于艺术的概念。艺术是用审美的方式对意识形态进行质疑，或拉开一定距离审视，而审美意识形态则是用审美的形式和话语表达主流意识形

① 陆梅林等：《马克思主义文艺学大辞典》，河南人民出版社 1994 年版。

态或非主流意识形态的要求，或者说，是现实生活关系在审美维度上的存在形式，在这个意义上说，审美意识形态就是现实的审美关系。在艺术生产方式中，现实的审美关系具有十分重要的作用，一方面，它规定着审美意义的价值指向和价值尺度，另一方面，它又是把艺术媒介、主体的内在要求，以及来自现实生活的要求，或者说新的价值等诸因素统一的框架。没有审美，一切审美活动都无从谈起。因此，把艺术与意识形态简单对立起来的观点是错误的。马克思曾经说过资本主义生产方式与某些艺术生产部门相敌对，在我看来，马克思的意思一方面是指资本主义生产方式与古典社会的艺术生产方式相敌对；另一方面，则指资本主义社会中物质资料的生产方式与精神生产方式，特别是文学艺术的生产方式相敌对。马克思并没有简单地作出结论说艺术与意识形态相敌对。艺术与意识形态，特别是艺术与审美意识形态的复杂关系，是当代马克思主义美学研究的一个重要课题。

在社会主义条件下，艺术与意识形态的关系，包括艺术与审美关系的辩证关系，无疑已经发生了重要变化，这是理论研究应该作出解答的。关于社会主义的文化，特别是社会主义的文学艺术，维护和促进社会主义经济基础的发展是它最基本的要求。在文学艺术方面，经过浪漫主义文学运动和现代派文学阶段，文学形象和现实生活体验之间的联系断裂了，形成了保守主义和激进主义二元对立的格局，文学的世界也分裂为古典的、符号化了的过去与激进的、情感化的当下体验之间的对立。如果说伽达默尔、列维－斯特劳斯、海德格尔等美学家已经明确意识到艺术形象与现代生活体验直接联系起来的重要性和必要性的话，那么我们可以说，社会主义艺术生产方式不仅提出了这种要求，而且实践了这种要求。通过审美转换这个范畴，中国马克思主义美学把形式和现实内容、符号与现实生活体验结合起来了。审美转换不仅只有从现实内容升华或提升到艺术形式这样一种通常的方式，而且还包括从艺术象征、艺术形式怎样与现实的、生动的审美体验建立起有机联系这样一种方式。对于当代中国民族艺术的生产和再生产而言，传统民族艺术的符号系统和文化表达机制与西方现代文化的符号系统和文化表达机制的碰撞和摩擦过程中实际上正在产生出一种新的文化，这种文化能够使在全球化条件下发展中国家少数民族人民的日常生活体验得到一种表达。多种文化符号系统和艺术形式彼此冲突与交融，其意义最终还是决定于这些文化符号和艺术形式怎样与现实生活经验相联系。因此，对于当代中国民族艺术的生产和再生产而言，日常生活的概念以及具体的审美经验具有十分重要的意义。从南宁国际民歌艺术节的实际情况来看，在全球化的影响和文化表达机制的作用下，少数民族的传统文化形式和艺术形式要与当代现实生活经验相结合，成功地表达当代中国少数民族的生存困境和文化要求实际上是一个十分困难的任务，对文化组织机构以及艺术创作和表演人员都提出了很高的要求，这种要求，实际上也就是在全球化语境下民族艺术的生产方式的基本要求，其理论内涵主要包括三个方面，其一，要有一种把西方现代化艺术生产方式、少数民族传统艺术形式与当代生活经验结合在一起的日常生活形式，例如南宁国际民歌艺术节。日常生活是艺术生产资料、生产力、生产关系协调和统一的基础。其次，在全球化的语境和条件下，西方现代文化的不同层面与中国当代文化、少数民族文化形成多层面多维度的矛盾关系，在这种关系中，矛盾的主导方面和主导倾向决定于艺术生产者的价值立场和文化倾向。从目前的艺术生产实践看，真正把握住当代社会生活中少数民族个体的现实境遇和对未来要求的艺术作品并不多见。其中的重要因素在于需要寻找到一个超越文化霸权和民族主义立场的文化支点，这种支点显然不可能直接来自现实的各种文化形式，而必须建立在新文化形式创造的基础上。我认为，黑衣壮的演员在南宁国际民歌艺术节上演唱的歌曲《山歌年年唱春光》可以看作是这种新文化创造的一个例证。在这种新文化形式中，文明的冲突成为新文化创造的动力和契机。最后，文化生产者在现实强大压力下激发出来的巨大创造力和激情是创造新的文化形式或者说新的审美意识形态的动力，这种激情只有与现代文化媒介、现代艺术生产方式相一致的时候，才能发挥出积极的效力和影响，简单的民族主义情绪并不能实现对现实艺术生产方式的超越。

三　审美意识形态：重新思考基础与上层建筑

在理论上，有关审美意识形态的复杂性和特殊性问题，事实上已成为当代马克思主义美学理论的中心问题。经过布拉格学派、法兰克福学派、阿尔都塞学派以及英国马克思主义美学学派的发展，经过众多学者和思想家从不同角度对问题的思考，审美意识形态的多层次性及其与现实生活的多重关系等理论问题都得到了较为充分的论证和说明。然而，西方马克思主义美学各流派对审美意识形态问题的研究，主要侧重于审美意识形态与占统治地位的支配性意识形态的共谋关系，强调了审美意识形态与资本主义生产关系的内在一致性。它虽然也深入研究了审美启蒙意识在异化的社会生活条件下产生的条件和可能性等十分重要的问题，从美学角度批判了现代性与资本主义的文化制度，但在严格的意义上，对审美意识形态的积极作用及其中所包含的创造未来的可能性还研究不够。在这方面，中国马克思主义美学是有所贡献的。

社会主义文学生产方式的出现，是20世纪马克思主义美学和文艺理论史上具有重要意义的现象。社会主义文学生产方式决定着与此相应的审美意识形态的性质和特征。弗·詹姆逊在《时间的种子》一书中以苏联文学现象为例征，说明社会主义文学生产方式的特征在于对未来性的把握和表现。相比之下，在中国新民主主义革命时期，秧歌、二人转、民歌等下里巴人的艺术形式，呈现出一种直接表达情感的审美体验模式。在这些艺术形式中，当下的艺术体验就直接体现了人与人之间的一种新型关系。这种新型关系经过艺术提炼，成为人们现实生活关系更理想、更强烈的表达，成为未来生活的“原型”。在这里，艺术与生活的关系不再是分裂和对立的，艺术和审美体验成了未来生活的“预演”，审美和艺术的核心机制不是将个体从日常生活中“震惊”和“断裂”出来的“陌生化”，而是把情感和朦胧的理想放大、显影的“典型化”。从学理上说，这种“典型化”与亚里士多德式“典型化”存在着区别，这种区别就在于，后者是以历史的或然性为基础的，而前者却是以历史必然性为基础的。在社会主义文学生产方式的基础上，现实美以及对现实美的体验从可能变成了现实。

中国的美学问题在两个方面都具有重要的理论意义：首先，当代中国的社会结构和意识形态结构非常特殊，不仅多种生产方式相互碰撞或彼此重叠，而且在意识形态方面似乎汇集了所有艺术生产方式和形象话语，构成了一个巨大的反应堆和试验场。在现代传播媒介的帮助下，西方艺术舞台上刚刚出现的艺术创新，用不了多久就有可能融入到中国的艺术生产过程中去。而其他的艺术话语因为仍然具有现实基础而保持着生命力。这种多话语共存以及不同形象体系彼此叠合的状态，极大地刺激了中国文学艺术的创造力，也向美学理论提出了寻求内在统一性的要求。其次，中国艺术表达机制的特殊性，在多重话语叠合与碰撞的状态中显示了它的特殊优势，即以碎片表征整体、以虚静表征生活的本质、以余音绕梁的缠绵托起历史的沉重和生命的悲剧性。从理论上说，中国文化传统中以交感为特征的审美模式、以韵为内核的艺术表达机制，有可能改变沉陷在肉体化感知模式中的现代西方文化的价值导向。

对于文学艺术来说，表征社会主义生产方式的要求，表征先进文化的前进方向，积极促进人的全面发展，既是社会的现实要求，也是“美的规律”的要求。因为在全球化的社会、文化条件下，对“未来”的感受和思考已成为一个全球性的问题。在把审美与现实生活对立起来的西方现代文化中，审美的乌托邦不具有现实的必然性，现实的审美文化又不具有伦理的合理性。而相比之下，社会主义初级阶段的中国文学艺术因其来自于现实的要求，正如毛泽东在《在延安文艺座谈会上的讲话》中所说，是对现实生活的“更高，更强烈，更有集中性；更典型，更丰富，更理想，因此，更带普遍性”的表达，是一种来自于现实又高于现实的表达，因而是一种可以实现的未来。由于社会主义文学生产方式的这种特点，对于这类文学艺术现象的审美接受便具有更大的激情，而且可以转化为改造社会、创造未来的现实行动。

在这种条件下，审美意识形态的作用和意义问题就需要进一步研究和思考了。路易·阿尔都塞曾经用“多元决定”和“半自律性”等概念分析和论述意识形态的作用，分析了上层建筑与经济基础的复杂的辩证关系。阿尔都塞认为，在经济基础与艺术等意识形态现象之间，存在一个十分广阔也十分复杂的领域，当代马克思主义的任务是对这种复杂机制作出深入的研究和说明。特里·伊格尔顿在《审美意识形态》和《再论基础和上层建筑》等著作和论文中则讨论了文化与人性的关系，他以身体作为文化创造的物质基础，分析了审美和伦理的人类学基础。他指出，只有超越直接功利需要创造的文化才是真正意义上的文化。中国的马克思主义美学由于同时反对帝国主义、封建主义和国内的官僚资本主义的特殊情形所迫，十分重视和强调审美意识形态在社会发展和新文化建设中的积极作用，毛泽东文艺思想和美学思想就是一个突出的例证。

在全球化的条件下，对于第三世界国家和人民来说，经济发展和文化方面不仅存在着巨大的差距问题，事实还是一个压迫和被压迫的关系问题，这种多重压力的情况在经济落后的少数民族地区更为突出和尖锐。近年来我和课题组的同志们对广西少数民族文化发展和审美活动的状况做了初步的田野调查，我们发现，对于中国南方少数民族而言，现实的巨大压力不是简单转化为生存的焦虑，少数民族地区的人民并没有陷入简单的二元对立性思维方式中，反对社会的发展和经济的进步，相反他们渴望尽快实现现代化。随着旅游产业的开发和发展，少数民族文化在融入全球化的过程中恰恰因为其本土化属性和唯一性的特点而具有了重要的意义。南宁国际民歌艺术节和云南丽江的社会和文化发展就是突出的例证。这其中有许多值得在理论上认真总结和概括的东西。根据我们初步的研究，我们认为，在全球化的条件和背景下，不同文化之间明显存在着冲突的一面，同时也存在着相互依赖的共生性一面。从美学的角度看，在文明的冲突和全球化的巨大压力下，民族艺术的特殊作用主要有以下几个方面：

首先，少数民族艺术以农耕文明为基础，这是一种艺术与现实生活经验密切联系的文化模式，审美价值还未从政治价值、经济价值中分裂出来，其艺术符号和象征体系的基础与艺术生产过程和使用过程都是有机联系的，其价值意义和审美意义也是复杂的和多义的。虽然社会的现代化进程，包括文化的现代化进程是历史发展的必然趋势，在全球化的条件下，民族艺术的文化基础中消极和落后的因素会受到冲击和破坏，但是，前工业化社会的文化模式中不乏对于后现代困境中的当代文化具有重要启发的文化模式，例如中国南方多种少数民族文化和谐共存的模式，再例如广西壮族用对歌的调侃来消解文化或政治方面的压迫性力量的文化机制，就是富于启发性和建设性的。因此，在全球化的条件下，少数民族艺术不是一个简单的“他者”，而是一种重要的文化资源和社会资源，是新文化建设不可忽视的一个方面。具有重要实用价值的民族艺术，把艺术作为抵御现实压力、改造社会包括改造主体自身的一种方式和手段，而且由于少数民族地区一般经济相对落后，生产和科学技术的水平不高，因此与经济全球化并不构成简单的对立和冲突的关系。在文明冲突的条件下，民族艺术可以起到新文化建设时“母胎”一样的作用。

其次，民族艺术作为一种个性鲜明的艺术形式，同时又是大众化的文化形式，在保护文化的多样性方面具有不可替代的重要作用。艺术是文化中一种十分特殊的形式，艺术的多样性和特殊性不是简单受经济基础的决定和支配，艺术的形式有其人类学的基础，具有较强的稳定性，在全球化的条件下，外来的经济、文化等各方面的压力，事实上会刺激民族艺术朝着更加个性鲜明的方向发展，因此，在社会的发展过程中，民族艺术可以起到实现民族文化的生产和再生产的作用。民族文化的生产和再生产是通过民族个体来实现的，在全球化的语境和条件下，民族个体既要避免陷入狭隘民族主义的困境，又要尽可能弱化全球化压力所带来的社会伤害和文化伤害，其行为模式是具有选择性的。在我看来，民族艺术由于艺术自身的特殊性，有可能作为一种价值中立的非功利文化形式发展和传播，通过民族艺术的隐秘机制来实现民族个体的文化认同和文化创造事实上是有效的。民族艺术作为一种文化形式其意义是两重性的：一方面，艺术语言是人类交流的基本语言，它具有比语言文字、法律、宗教更为内在和普遍的传达能力，在这个意义上，民族艺术语言是全球化的，民族艺术创造的富于个性美的艺术是全人类的共同财富；另一方面，民族艺术又是某一民族专有的文化财富，其中的文化信息是其他民族个体难以完全感受和掌握的。因此，在全球化的条件下，民族艺术得以在一种新的基础上发展。

最后，民族艺术是一种大众化的文化形式，与特定区域人民大众的日常生活经验具有天然的联系，这种文化模式对于抵御全球化的强大压力和消极影响具有十分重要的作用。艺术是所有意识形态形式中最敏感的形式，艺术的幻想性和情感性使艺术具有超越现实的能力，成为将现在与未来联系起来的一个中介。在社会主义艺术生产方式的基础上，民族艺术作为具有广泛的群众基础的意识形式，在某种意义上是少数民族群众生存斗争的一种方式和武器。民族艺术这种大众文化无论在社会基础、美学性质、表达机制方面，还是其社会效果和社会意义方面都不同于以都市文化和现代传媒技术为基础的现代大众文化。应该承认，到目前为止对于民族艺术这种大众文化形式的美学研究是很不充分的。在全球化的条件下，西方大众文化机制与民族艺术的碰撞，既有矛盾和对立的一面，也有互补和相互结合的可能性。如果我们站在平民化而不是贵族化的立场上看问题，西方的大众文化是一种包含着未来文化可能性的新的文化形式，它以现代技术为条件，以普通劳动者的日常生活经验为基础，对精英文化和主流意识形态具较强的解构能力。民族艺术与西方现代大众文化机制的结合，在不同的生产方式基础上是有所不同甚至可能是截然相反的。在我看来，在社会主义艺术生产方式的条件下，民族艺术有可能发挥审美意识形态在社会转型和发展中的积极作用，成为少数民族地区经济、社会、文化发展的一种牵引性的力量，成为社会发展的先导或者说是一种预演，如果事实证明确实如此的话，我们希望通过自己的研究为广西的社会发展，特别是少数民族的发展贡献一份力量。

（原文刊发于《山东大学学报》[哲社版] 2003 年第 6 期）

民族审美经验的研究方法及其理论意义

廖明君（以下简称“廖”）：王杰教授，学术界注意到近年来您在积极推动从美学和人类学的角度对少数民族艺术的研究，广西师范大学出版社出版了“审美人类学丛书”，其中您主编的《寻找母亲的仪式——南宁国际民歌艺术节的审美人类学考察》以及《神圣而朴素的美——黑衣壮审美文化与审美制度研究》让人感到新鲜，你们这种用审美人类学的方法研究民族艺术的做法引起了我的兴趣。审美人类学是一门什么样的学科，美学研究为什么要进行人类学转向，这种研究理念和方法对于民族艺术的研究有什么价值和意义，你的研究工作下一步有什么设想和计划？希望您能谈谈。

王杰（以下简称“王”）：我与同事们对少数民族艺术的关注最初产生于广西师范大学国家文科基地中国语言文学点学科建设的需要。也就是说，在1997年左右，在国家文科基地建设的过程中，我们努力将西南地区丰富的少数民族文化的资源优势转化和提升为学科建设的资源，以便形成广西师范大学中文系作为国家文科基地的学科优势和学科特色。经过几年的发展，这种工作从一种外在和被动的要求，已经转化为内在而自觉的努力。在田野调查和学科建设中，我们的思想和研究方向都发生了很大的变化。到现在为止，应该说审美人类学还只是中文学科、美学学科和人类学学科一个初步的交叉形态，需要研究和解决的问题很多，但是令人欣喜的是这种学科交叉的生命力及其理念的魅力已经初步显示出来了。

简单地说，我所理解的审美人类学主要是以民族审美经验和艺术活动为研究对象，用人类学的方法和理念，改造传统美学，使其成为现代形态的人文科学，目的在于恢复美学对当代现实的解释力，激活对现实矛盾思考和批判的能力。当然对于当代中国美学的责任和使命，我们只是从我们自己的条件和立场出发，努力从少数民族艺术和审美经验的角度进入问题。

廖：我注意到您使用“恢复”、“解释力”、“激活”、“思考和批判的能力”等判断，这是不是意味着您认为当代中国美学在对当代现实的思考和解释方面存在着某种不足和薄弱？

王：是的。美学这个学科在中国有一个很好的传统，就是始终没有彻底学院化。它通过批判性地思考大众所熟悉的“公共媒介”来获得自己的话语权，当然中国也有形式研究的美学，但始终成为不了主流。这大约与儒家文化有关，在近几十年，则与马克思主义传统有关。艺术和审美经验是个大众化的话题，也是个体验经验与意识形态的结合部，在这里形成了认同、反抗、异化和陌生化等构成的复杂的“多元决定”关系。因此，艺术和审美经验一直是思考、解释、批判现实的矛盾性以及不合理性的最佳角度和进入方式。然而，在国内美学界，近十余年来，面对现实重大理论问题的意识相对薄弱了，不像我们三四十年代和七八十年代美学大讨论那样富于现实关怀的激情。通过这几年的研究和思考，我认为民族艺术，特别是少数民族的艺术和审美经验是当代美学理论研究与现实的生活和社会发展建立起某种理论关系的对象和媒介。

廖：你能否用您主编的关于南宁国际民歌艺术节的这本研究文集来具体说明这种理论关系呢？而且，我对您使用的书名“寻找母亲的仪式”有点困惑不解，因为，在人类学的理论术语中，还没有指认过这样一种“仪式”。

王：“寻找母亲的仪式”是我使用的一个比喻性的概念。我们知道，仪式是人类学十分重视的社会现象，它的原生形态存在于原始神话时代和未开化社会的社会和文化生活中，其基本功能是强制性的认同，包括身份的认同和文化的认同。在现代社会，原始文化仪式以各种变体的形式广泛存在于各种社会组织和文化形式中，在美学方面，罗兰·巴特的《神话学》、伊芙特·皮洛的《世俗神话》、布迪瓦的艺术场域理论都有所涉及。在西方马克思主义美学传统中，瓦·本杰明、阿多诺、路易·阿尔都塞都曾分析过仪式与审美活动的关系。阿多诺十分深刻地把审美仪式主观化和内在化的过程与社会的现代化过程联系起来，分析了审美活动的意识形态效果。在撰写《审美幻象研究——现代美学导论》时我注意到在一部分中国现代的文学作品中，存在着母亲象征性缺失的现象，我感到这是具有文化意味的。在全球化的语境和条件下，这种意味逐渐明显化。母亲的形象是与情感、想象、文化之根联系在一起的。寻找母亲的仪式就是当代大众用想象性投射的方式建构并且认同于一个公共的情感家园。在全球化的巨大压力下，民歌丰厚的文化内蕴使它成为孤独个体的象征性母亲。民歌节通过大众化的审美仪式，为缺乏安全感和满怀文化渴望的大众提供了一个表达的对象和方式。南宁国际民歌艺术节的主题歌名为《大地飞歌》，这里的“大地”就是母亲形象的一种隐喻性的表达。

廖：南宁国际民歌艺术节到今年已经是第七个年头了，从去年开始，南宁国际民歌艺术节与中国—东盟博览会同时举行，成为一个引人注目的现象。在这里，“文化搭台，经济唱戏”的策略得到了很好地实现，现在南宁这个城市已开始融入世界经济体系中去。在南宁崛起和走向世界的过程中，应该说南宁国际民歌艺术节起到了十分重要的作用。但是在学术界，特别是在民族艺术研究领域，对南宁国际民歌艺术节的批评一直不绝于耳，请问您是怎样看待和评价这种现象的？

王：我主要从事美学的教学和研究。对我来说，关于民族艺术的研究仅仅是这几年的事情，应该说，在这个方面我没有多少发言权。但是我想说，在全球化的条件下，民族艺术和民族文学的概念发生了很大的变化，相对于“世界文学”和“世界艺术”的发展，相对于文化全球化和文化帝国主义的形成和发展，整个中国的文学艺术都已经民族化了，詹姆逊等西方学者用“民族寓言”来表征和概括中国的现当代文学艺术，强调了“民族寓言”的政治作用。我赞同詹姆逊等西方学者关于“民族寓言”以及中国现当代文学艺术社会功能的分析和评价，在此基础上，我更关心的是在全球化的条件下和中国社会现代化的进程中，民族艺术的复杂性和多义性，而这种复杂性和多义性的基础正是民族的审美经验。在审美经验中，除了对审美对象，对现实社会存在和社会矛盾的感受和体验以外，文化记忆和个人经历的记忆也起着十分重要的作用。民歌作为一种较为特殊的文化形式，与民族的历史、民族的深层记忆保持着一种天然的内在的联系。民歌能够在谈情说爱的过程中，复制和传达了这一个民族和族群感知世界和解释世界的方法和原则。在文化全球化的压力下，民歌既为大众喜闻乐唱又在不经意中唤起人们对文化身份的辨析和焦虑。

我认为，审美经验并不是一个明晰的和自觉的社会现象，具有很强的主观性和情感性，与混沌而不确定的欲望直接联系。审美经验价值指向的确定最根本的还在于现实的制约，包括主体的立场、现实关系的复杂矛盾，以及历史和族群的深层记忆。事实上，同一个审美对象，可以产生出不同的审美场域、不同的欲望投射，也就是说产生出不同的审美经验。例如南宁国际民歌艺术节的开幕式晚会，从审美对象的构成来说就是十分复杂和矛盾的，有国内不同民族、不同时代的民歌，有国外的民歌和民族舞蹈，有原生态的山歌，有经过流行歌手演绎的各种“民歌新唱”，还有后现代风格的伴舞，再加上现代光电手段的处理和“加工”等，由此构成的“民歌”的确不是民俗学和人类学意义上的民歌了。但是，如果我们承认民歌是一种以民族歌曲为媒介的审美意识形态，那么我们可以说乡村中古朴的山歌和南宁国际民歌艺术节舞台上的“民歌新唱”都是审美意识形态。社会的发展变迁不仅导致民歌的形式和内容都有所变化，而且社会条件、文化语境包括仪式的方式和功能等方面都发生了很大的变化，因此，不能用同一种标准和研究方法去对待它们。把这个问题解决了，在我看来，根本的分歧和对立就不存在了。

廖：近几十年，马克思主义对意识形态问题的研究重心正在从政治意识形态转向审美意识形态，其中的原因在于审美话语对人们现实生活和价值判断的影响越来越大。随着文化产业的兴起并且在 GDP 中所占份额的迅速提升，审美问题，以及审美话语中的矛盾和冲突就具有了越来越重要的社会意义。对于中国西部的区域文化而言，在全球化的趋势和压力下，对民族艺术审美价值的重新解读的确越来越重要了，您以及同人们开展的审美人类学研究在这方面是怎样考虑的？

王：审美人类学作为美学现代形态的一种转型和建设，主要有这样几个考虑：首先，美学作为一门传统人文科学，长于思辨和批判性的理论思考，但是对于审美经验的具体研究而言，则相对薄弱或者长期忽视。而对于美学的研究而言，离开对具体语境中审美经验的深入研究，审美活动的丰富性和价值意义是无法真正确定的。此外，没有对具体审美经验的研究和分析，美学是不可能与现实建立联系，更不用说发挥自己的作用了。在对南宁国际民歌艺术节的田野调查和对广西那坡县城厢镇弄文屯黑衣壮民歌文化的田野调查过程中，我深刻地感受到这一点。其次，是对民族审美经验的理论解释。对于当代中国美学研究而言，这是一个十分迫切的课题。毫无疑问，中国已经进入全球化的进程中。现实的情况是，由于传媒技术的特殊性以及迅速发展，文化全球化的速度可能会走得更快。在中越边境的那坡县黑衣壮族群居住地的调查中，我吃惊地看到，与用黄泥巴糊墙的干栏住房并存的是接收卫星电视讯号的巨大锅状天线。可见在经济全球化远远没有触及的大石山区，文化全球化的过程已经迅速展开了，由此带来大量的社会问题、文化问题和心理问题。去年南宁国际民歌艺术节期间，“东南亚国际时装秀”的表演由黑衣壮山歌《壮族敬酒歌》拉开序幕。在十分后现代的演出现场，当我忙着给来自山寨的黑衣壮姑娘们拍照时，千里之外山寨里的电话就打到了我的手机上。村民们在直播电视中看到我在镜头中走来走去，直接打电话给我。你可以想见，在陈旧的干栏式木楼的火塘边，村民们一边看自己的女儿在国际性舞台上与全中国顶尖名模同台演出，一边在昏暗的灯光下砍猪菜或喝酒，耳边不时传来的是一板之隔的楼下牛吃草发出的铃声。这些村民的审美经验自然不同于民歌节各表演现场的追星族和来南宁从事商贸活动各类人员的审美经验。严重的问题是，我们的美学研究和艺术研究者并不了解这些人，特别是黑衣壮村民们的所感所思，仅仅从自己的审美经验出发去分析和解释这种审美现象和艺术活动，其中的理论误差必然是很大的了。最后，理论建设和理论创新的可能性。西方学者已经指出，文化的全球化事实上也就是文化的殖民化。事实上，在文化全球化的过程中，对强势文化压力的反抗和挪用也在悄然兴起，并有星火燎原之势，理论的责任是及时地跟进并作出理论上的概括。因为中国西部少数民族的审美经验到目前为止仍然处在西方学者和国内主流学术的视野以外，其理论上的盲点为新的理论创新和理论建设提供了可能，对此我们应该有所自觉、有所努力。在我看来，中国西部民族审美经验包含的矛盾和所起的作用是目前所有国内外的美学和艺术理论不能完全解释的，而现实的发展又十分迫切地需要正确的理论去说明和指导。在我看来，南宁国际民歌艺术节的艰难起步，已经引起了广西经济和社会文化的新一轮发展，那坡县黑衣壮山歌文化的发现和初步阐释，也引起了黑衣壮族群在现代化发展过程中某种方向性的改变和调整。审美文化，或者说审美意识形态正在成为中国西部社会发展的重要牵动力。对这些问题的深入研究将丰富和推动美学基本理论的发展。

廖： 您说的这些是有道理的，但实践起来恐怕不容易。请谈谈你们的做法。在我看来民族审美经验的研究因为主观性太强而不容易进行人类学的调查和理论上的分析。西方学术界关于审美经验的研究常常引入精神分析的方法而不是人类学的方法，对此您是怎样考虑的呢？

王： 我认为，用人类学的方法对民族审美经验进行研究不仅是可行的，而且是必要的。在西方学术界，用心理学的方法研究审美经验有很长的历史，孕育出十分重要的美学理论，例如格式塔美学、精神分析美学等，在用人类学的理论和方法研究审美经验方面也做了不少工作，例如，美国学者埃伦·迪萨纳亚克的《审美的人》和范·丹姆的《语境中的美——走向审美人类学》等，在西方马克思主义美学传统中，乔治·卢卡契的《审美特性》和雷蒙德·威廉斯的《漫长的革命》都有所涉及和阐发。我们想做的仅仅是，在国内外学者已有研究成果的基础上，引进田野调查的方法，对民族地区急剧变化着的审美经验进行一定程度的实证调查研究，在田野调查中发现问题和研究问题。我们课题组已连续六年对南宁国际民歌艺术节进行田野调查，对那坡县城厢镇弄文屯审美文化的田野调查从2002年元旦到现在，不定期有人下去，课题组部分同人与村民们建立了良好的关系，逐步积累了一些资料，相应的研究正逐渐开展起来。海力波老师的博士论文就主要以对弄文屯的田野调查为基础，范秀娟老师的论文也是直接研究黑衣壮的审美文化和审美经验。我希望经过几年的努力，在南宁国际民歌艺术节和黑衣壮审美文化两个个案的研究上能做到调查比较系统完整，分析较为深入，在此基础上作出关于民族审美经验和民族艺术的审美人类学阐释。

我认为，西方的精神分析理论和方法在审美经验和大众艺术现象的深度解释方面是十分成功的，但是几乎没有考虑不同民族、不同族群的审美经验的差异性，而在文化全球化的条件下，这种差异性具有十分重要的理论意义和现实意义。我想，这就是审美人类学存在的空间。令人高兴的是广西师范大学和广西教育学院最近先后成立了“审美人类学研究中心”，“审美人类学丛书”第一批5本也已经出版。我相信只要方法正确，又有一批志同道合者共同努力，审美人类学的研究会取得实质性的进展的。

廖：恩格斯曾经说过，社会的需要会比十所大学更能推进科学技术的发展。在人文社会科学的研究方面，情况也应该是如此。当代社会发展已经证明，社会的需要会推动一流大学和一流学科的产生，同时，一流大学和一流学科的发展又会极大地推动某一地区、某一领域社会和文化的发展。审美人类学的发展除了现实动因的刺激之外，还有没有自己的动因和推动力呢？

王：学科的健康发展需要许许多多的条件，机构、人员和经费只是最基本的。去年我看到一个报道，“文化研究”的发源地英国的伯明翰大学在不久前关闭了在五六十年代曾经十分著名的“伯明翰大学当代文化研究中心”，但是我们看到，在美国、英国、澳大利亚一些著名大学类似的研究中心早已发展起来，推动着文化研究的不断发展。对于一个好的学科发展状态而言，优秀的制度保障是非常重要的，有一流的学术平台才可能形成一流的学术团队并做出高水平的研究成果，这也是我转到南京大学继续审美人类学研究的原因。

在我看来，“大地飞歌”，既是生活厚重而又充满激情的一种表征，也是情感和精神升华的一个象征，它的基础是在泥泞的大地上的艰苦跋涉和劳作。令人欣慰的是，当歌声飞扬起来的时候，泥泞的大地也就具有了诗意。艺术家的责任是表达和强化这种“诗意”，理论家的责任是解释并且守护这种“诗意”。

（王杰主编、海力波副主编《寻找母亲的仪式——南宁国际民歌艺术节的审美人类学考察》，广西师范大学出版社2004年版；王杰、王朝元主编《神圣而朴素的美——黑衣壮审美文化与审美制度研究》，广西师范大学出版社2005年版）

（原文刊发于《民族艺术》2005年第3期）

第二辑

现代审美问题：跨界·转向·实践

美学与跨学科研究：论新人文学科与当代美学研究

一 重新思考现代性

自2008年美国发生次贷危机以来，资本主义生产方式的合理性，或者说学术界通常称之为“现代性”问题的合理性再次受到人们的普遍关注和学术界的深刻怀疑。奥巴马政府为解决次贷危机引发的社会问题所作的努力到目前为止，成效甚微。在某种程度上说明了危机的深刻性。人性的根据，人性的基本要求与现代性的关系，人性异化的原因以及解决异化的可能以及途径等问题再次成为人文学科关注的中心。

在中国，伦理危机和价值危机同样深刻而严重。举一个我亲身经历的例子。去年上半年一个周末的晚上，我乘虹桥枢纽4路车回家，途中上来六七位学生模样的青年男女，他们一路在车上大声议论不久前因过劳而病死的白领青年，当时媒体正广泛讨论这一现象，在谈到他们心目中理想的工作时，几位女青年不约而同地大声喊出“被包养!”在人群密集的公共场合，青年女性（我判断她们是在校研究生）群体坦然地如此宣称，可见当代中国价值危机是何等严重！在我们把成功等同于金钱和货币的数字时，在我们把弱小者的痛苦和不幸仅仅看作是她们自己不努力的结果时，以“现代性”为基础的价值观基本上完全倾斜了。

现代性的危机无疑是全球性的。在目前的语境下，重温马克思在

19世纪中叶写作的《1844年经济学哲学手稿》（以下称《巴黎手稿》）看来并不是不合时宜的。在《巴黎手稿》中，马克思写道：

> 货币是一种外在的，并非从作为人的和作为社会的人类社会产生的，能够把观念变成现实而把现实变成纯观念的普遍手段和能力，它把人和自然界的现实的本质力量变成纯抽象的观念，并因此而变成不完善性和充满痛苦的幻象；另一方面，同样地把现实的不完善性和幻象，个人的实际上无力的、只在个人想象中存在的本质力量，变成现实的本质力量的能力。因此，仅仅按照这个规定，货币就已经是个性的普遍颠倒，它把个性变成它们的对立物，赋予个性以与它们的特性相矛盾的特性。
>
> 其次，对于个人和那些以独立本质自居的，社会的和其他的联系，货币也是作为这种起颠倒作用的力量出现的。它把坚贞变成背叛，把爱变成恨，把恨变成爱，把德行变成恶行，把恶行变成德行，把奴隶变成主人，把主人变成奴隶，把愚蠢变成明智，把明智变成愚蠢。
>
> 因为货币作为现存和起作用的价值概念把一切事物都混淆了，替换了，所以它是一切事物的普遍的混淆和替换，从而是颠倒的世界，是一切自然的品质和人的品质的混淆和替换。①

美学当然不可能解决现代性的问题。但是，作为一种文化现象，审美经验和审美活动事实上一直是对功利主义价值观和对人性片面理解的有力抵抗。审美活动和审美经验作为一种感性的活动和经验，一方面与人类个体经验的完整性相联系；另一方面，又因为与人性、与人性中与动物性不同的那种本质性因素的积极作用，审美活动和审美经验始终具有超越现实的不合理性这样一个十分重要的方面。在审美活动和审美经验中朦胧地感受到的自由是审美活动抵御异化的基础，也是审美活动和审美经验与人性相联系的证据。问题在于，我们怎样认识和说明审美活动和审美经验中存在的“自由感”。我认为，以审美人类学方法与精神分析方法结合也许是推进当代美学研究的一个有

---

① 《马克思恩格斯文集》第1卷，人民出版社2009年版，第247页。

效的方法和可能的途径。在《巴黎手稿》中，马克思曾经把“美的规律”与人的本质属性联系在一起，在以往的研究中，我们止步于证明人的本质属性是“自由”，而“自由”与审美活动以及审美经验有十分内在的联系。但是这种联系是怎样发生的？为什么人类活动的“内在尺度”和“外在尺度”在现代化的社会生活中会必然性地分裂，甚至对立？在什么样的条件下，这两种尺度可以重新达到统一和协调呢？这是当代人文学科应该研究和解决的问题。

关于美的规律，马克思在《巴黎手稿》中写道：

> 通过实践创造对象世界，改造无机界，人证明自己是有意识的类存在物，就是说是这样一种存在物，它把类看作是自己的本质，或者说把自身看作类存在物。诚然，动物也生产。动物为自己营造巢穴或住所，如蜜蜂、海狸、蚂蚁等。但是动物只生产它自己或它的幼仔所直接需要的东西，动物的生产是片面的，而人的生产是全面的；动物只是在直接的肉体需要的支配下生产，而人甚至不受肉体需要的影响也进行生产，并且只有不受这种需要的影响才进行真正的生产；动物只生产自身，而人再生产整个自然界；动物的产品直接属于它的肉体，而人则自由地面对自己的产品。动物只是按照它所属的那个种的尺度和需要来构造，而人却懂得按照任何一个种的尺度来进行生产，并且懂得处处都把固有的尺度运用于对象；因此，人也按照美的规律来构造。
>
> 因此，正是在改造对象世界的过程中，人才真正地证明自己是类存在物。这种生产是人的能动的类生活。通过这种生产，自然界才表现为他的作品和他的现实。因此，劳动的对象是人的类生活的对象化：人不仅像在意识中那样在精神上使自己二重化，而且能动地、现实地使自己二重化，从而在它所创造的世界中直观自身。因此，异化劳动从人那里夺去了他的生产的对象，也就从人那里夺去了他的类生活，即他的现实的类对象，把人对动物所具有的优点变成缺点，因为人的无机的身体即自然界被夺走了。①

① 《马克思恩格斯文集》第1卷，人民出版社2009年版，第162—163页。

结合马克思关于“美的规律”的思想来思考“现代性问题”，除了对“异化现象”的批判和质疑之外，对人的二重性以及对现代社会生活的重新研究和思考，恐怕也具有格外重要的意义。马克思《巴黎手稿》在人的本性问题上对费尔巴哈的发展是很重要的，把人性问题和人的本质问题放到具体的社会关系中和人的历史发展过程中去分析和把握。在这个意义上，马克思认为劳动的异化把人对动物所具有的优点变成缺点，在资本主义生产方式的条件下，人不可能按照“美的规律”进行生产和所有正常的实践活动。我以为，马克思关于“美的规律”的思想对于我们研究和理解人性具有重要的意义。马克思认为，从理想的意义上来说，人类是懂得并且能够按照“美的规律”来进行生产和社会活动的。“美的规律”的基础是人的伦理原则，这是人类在漫长的进化过程中形成的内在的心理机制和心理能力。在审美活动中，通过感受和体验“审美形式”，人通过“有音乐感的耳朵，能感受形式美的眼睛，总之，那些能成为人的享受的感受，即确证自己是人的本质力量的感觉”①，也就是说，即便在异化的社会生活条件下，在审美活动和审美经验中，人按照“美的规律”实现对象化，人性可以得到表达和确证。

值得特别注意的是，马克思与康德式的浪漫主义美学家不同，马克思始终没有把社会发展的价值目标转向“过去”，没有简单地赋予“过去”以理想的乌托邦性质。马克思在《巴黎手稿》中以及其后的一系列理论著作中，始终把资本主义生产方式带来的巨大进步看作人类走向更合理社会的必要条件和基础。没有这个基础，包括人的特殊能力“懂得按任何一个种的尺度来进行生产，并且懂得处处把固有的尺度运用于对象”② 是不可能充分发展起来的。在具体的历史情境中，人必然悲剧性地“二重化”。资本主义的特殊性在于它把这种二重化推向极致，它使人和人的生产活动都走向了自己的反面。如果“美的规律”是符合人性和人类本质特性的，那么共产主义社会就必然是合理的和必定会实现的。

因此，我认为，马克思在《巴黎手稿》中通过以“美的规律”为

---

① 《马克思恩格斯文集》第1卷，人民出版社2009年版，第191页。

② 同上书，第163页。

核心概念的有关理论，从人类学的意义上批判了资本主义制度、资本主义生产方式的不合理性，也是在人类学的意义上论证了资本主义生产方式必然被一种更合理更符合人性的生产方式所取代。在可能的合理社会中，人与自然的关系是按照“美的规律”来构造或者说来具体实现的。因此，美不仅仅是理想，美是未来的提前实现。

二　我们应该怎样思考未来

这个问题也许应该表述为：在全球化的条件下，在金融危机和恐怖袭击的阴影中，审美是否能够表征出未来？如果能够，怎样表征未来？在资本主义生产方式上升时期，瓦尔特·本雅明曾经深入研究审美或者艺术表征出未来的特殊方式：星座化。这是一种通过转向过去，转向前工业化社会的生活方式和文化形态的方式来否定现实并且重新建立过去、现实与未来之间联系的方式。波德莱尔的诗和卡夫卡的小说是这种表征方式的典型。在我们这个时代，特别是在当代中国，简单的向后转并不一定产生星座化的效果，而很容易与民族主义情绪产生共振，从而阻塞了通向未来的可能性。在对儒家文化的简单化理解中，在大量古装影视作品中，我们看到的是精神上和审美能力方面的退化。在后现代的文化景观中，简单地向后转，包括神话化和民间化，事实上都仍然穿透不了意识形态的幻象，仍然不是真正的审美对象。例如，曾经拍出《黄土地》《霸王别姬》《边走边唱》等优秀电影的著名导演陈凯歌，在拍摄《赵氏孤儿》这个历史题材时却遭受到了惨重的失败。虽然陈凯歌努力用现代的悲剧观念重新演绎《赵氏孤儿》这个历史题材，但是十分遗憾并没有达到“星座化”的效果。

在现代思想家中，马克思对于现代性以及科学技术的态度是最为辩证的，马克思从人的对象化机制的二重性和历史辩证法的角度，在批判资本主义生产方式和技术中心主义不合理的同时，亦清醒地看到科学技术对于社会进步以及未来社会可能性之间的内在联系。在当代社会，随着新媒体的发展和科学技术的不断进步，一种新的“星座化”的方式以及新的思考和把握未来的方式成为可能。在近年的电影《阿凡达》《盗梦空间》《源代码》等电影中，我们感受到这样一种新的审美效果。这是令人高兴的。

例如不久前刚上映的美国电影《源代码》。这是一部科幻电影，在科学发现的基础上，叙述了一个关于当代人生存在多种可能性世界的寓言故事。在影片的最后，在爱和伟大人性力量的作用下，不可能的奇迹发生了：主人翁获得了新生和幸福的爱情。在影片中，主人翁是一个在阿富汗战场上牺牲的美国空军飞行员，他牺牲后仍然短暂存活的脑电波被科学地利用，被用来阻止对美国本土的恐怖袭击。在多次穿梭于现实空间与未来可能的空间的过程中，他不仅帮助阻止了一场恐怖袭击，而且重新创造了自己新的生命并获得了幸福的爱情。从常识角度讲，这是一个不可思议的故事，但影片告诉我们，这一切都是非常可能的，因为它是以现代自然科学的发现为基础的，随着科学技术的发展，以往认为完全不可能的世界向我们打开了，一种新的，有希望的未来成为可能。在这里，科学与人性不再是对立的，科学成为人性获得实现的基础。在《巴黎手稿》中我们可以读到这样一段话，马克思指出了科学在现代化进程中的二重性，以及它对于人类自由和解放的重要意义：

> ……然而，自然科学却通过工业日益在实践上进入人的生活，改造人的生活，并为人的解放做准备，尽管它不得不直接地使非人化充分发展。工业是自然界对人，因而也是自然科学对人的现实的历史关系。因此，如果把工业看成人的本质力量的公开的展示，那么自然界的人的本质，或者人的自然的本质，也就可以理解了；因此，自然科学将抛弃它的抽象物质的方向，或者更确切地说，是抛弃唯心主义方向，从而成为人的科学的基础，正像它现在已经——尽管以异化的形式——成了真正人的生活的基础一样；说生活还有别的什么基础，科学还有别的什么基础——这根本就是谎言。①

以科学为基础的审美对象事实上是以现代性的方式来超越现代性的不合理性。这里面的关键因素，一个是自然科学对现实生活的不断

---

① 《马克思恩格斯文集》第1卷，人民出版社2009年版，第193页。

发现，其次，非常重要的是人性的善良、美好以及利他主义的性质。

不久前我读了陈继明发表在《人民文学》杂志2011年第9期上的中篇小说《北京和尚》。小说真实地描写了当代中国社会现象：寺庙这样的宗教净土也被严重地商品化，宗教神权与社会各种权力所组成的“世俗佛教”的景象。在这样一个“和谐社会”中，北京和尚可乘与民间俗世美女红芳演绎一段可圈可点的爱情故事。故事告诉我们，即使在似乎令人绝望的现实环境中，真正的善良、关爱、心心相通，以及为了他人的愉快而担当重负的利他主义可以某种美好动人的方式存在着。在最世俗化的情景中，按“美的规律”来构造生活，或者说因为美而塑造了一种全新的生活都是可能的，而且是美好的。在我看来，可乘的心路历程以及他的人生道路，都证明了人性的善良、美好以及利他主义的性质。与《北京和尚》大体相同的是贾樟柯的电影《三峡好人》。这两个作品都通过一些生活在当代中国社会底层的人们，在艰难中、在世俗的偏见中，出自内心深处的选择所体现出来的人性的光辉。

关于审美活动和审美经验中的人性因素，以及人性中的美好和善良，哲学家们曾经用不同的方式给予证明，事实上，更为重要的是自然科学的证明。当代自然科学的发展至少从三个方面可以证明人性与动物性的区别，以及人性与美好、善良、同情心和对他人的爱的内在关系。这些学科是：

1. 心理学
2. 生物进化论
3. “人类学”，包括文化人类学和审美人类学

这些学科的研究成果为我们思考和把握未来提供了重要的实证科学的基础。

以审美人类学为例，这是我近几年认真从事的一个研究方向。审美人类学将当代人类学的研究方法和研究成果引入到美学研究中来，在我看来，一个重要的作用是用许多实证的材料和案例证明了“美的规律”的存在，以及它的当代存在形式。我希望在上海交通大学人文学院积极推进审美人类学和文化人类学的研究和学科建设，以期开拓当代马克思主义美学的研究空间。

三　从当代美学研究看新人文学科的几个特点

在知识经济时代和互联网时代，在文化冲突不断，伦理危机和生态危机日益严重的当今社会，美学研究，或者说整个人文学科研究最为关键的问题是怎样把握现实关系，把握住拉康理论所说的“真实界”，这是人文学科的难题，也是当代美学研究的难题。当代美学研究只有走出康德美学的理论范式，才有可能把握住现实生活关系，从而具有与现实对话的能力。关于这种新的人文学科的研究范式，马克思在《路易·波拿马的雾月十八日》中曾有过一段很精彩的论述：

> 19世纪的社会革命不能从过去，而只能从未来汲取自己的诗情。它在破除一切对过去的迷信以前，是不能开始实现自己的任务的。从前的革命需要回忆过去的历史事件，为的是向自己隐瞒自己的内容。19世纪的革命一定要让死人去埋葬他们的死人，为的是自己能弄清自己的内容。从前是辞藻胜于内容，现在是内容胜于辞藻。①

这种面向未来的美学和人文学科研究，也就是我所理解的新人文学科研究范式大体上应该具有以下几个特征：

1. 新人文学科研究和当代美学研究应该以跨学科研究方法为基本方法，在美学和人文学科问题研究中引入实证科学乃至自然科学的方法，诸如数量统计与分析、田野调查、精神分析方法和自然科学研究的新方法，把人文学科的问题与自然科学和社会科学的方法尽可能结合起来，从而探讨审美、伦理、信仰等重大文化问题的自然科学和社会科学基础。

2. 新人文学科研究和当代美学研究应该具有强烈的问题意识和当代意识，对社会转型过程中提出的一系列重大社会问题和文化问题做出及时的深入研究，从学理的层面研究现实的危机以及走出危机的可

---

① 《马克思恩格斯文集》第2卷，人民出版社2009年版，第473页。

能性及其途径。在现代性危机造成的理论困境中，重新根据现实的内在要求提出问题并上升到学理化的表达是当代人文学科的一个基本任务。在我看来，怎样通过审美的方式和理论批判的方式把握“真实”是当代人文学科的基本问题之一。

3. 对自然科学的新进展以及“科学文化”研究的高度重视。在传统人文学科研究中，人文学科对自然科学研究方法和研究成果是排斥的，这与自然科学在很长一段时间内主要以物质世界的宏观规律为研究对象，因而与人的问题、人性的问题有一个很大的距离有关，也与传统人文学科的理性主义传统有关。人文学科是以人为研究对象的学科，离开了对与人有关的问题研究，人文学科将丧失其基本意义。在当代自然科学发展中，随着技术的进步，人类对人的存在及其情感和心理问题有了越来越多的深入的实证研究。这是新人文学科和当代美学的重要基础。

4. 重新开展对人性问题的研究和探讨。由于意识形态方面的原因，也由于研究水平和研究能力上的局限，人性问题曾经被认为是不可证实也不可证伪的伪问题。随着进化论研究的进展，随着脑科学和生命科学的发展，也包括人类学研究的发展，人性的理论研究重新成为人文学科的重大问题，正引起自然学科、社会科学和人文学科研究者的共同关注。新人文学科研究和当代美学研究应该及时调整研究策略，更新研究方法，以便具有能力在当代学术语境中展开对人性问题的积极研究，从而对现代性困境提出新的解决方案和策略。

我们正生活在一个特殊的时代，在人类具有足够的能力毁灭地球的条件下，在社会财富的分配不公平已经超过了人类的承受能力和实际需要的条件下，在关于人类未来的愿景再一次黯淡下来的历史时期，新的人文研究任重道远，意义非凡！

（原文刊发于《马克思主义美学研究》2012 年第 2 期）

中国马克思主义美学的基本问题与理论模式

在中国的现代化过程中，马克思主义美学一直扮演着十分重要的角色，这主要是由中国社会的现实关系所决定的。在以农耕自然经济为主体的社会结构向现代化发展的过程中，现代化的诉求既是社会的理想和乌托邦，又作为侵略和压迫的“他者”而呈现出残酷的一面。马克思主义既是作为改造半殖民地半封建社会的强大力量，又是作为对现代性和资本主义制度和资产阶级文化的抵抗与批判力量被引进和介绍到中国来。在政治上，马克思主义与中国革命实践相结合，在实践中走出了一条中国模式的社会主义革命和建设的道路。在美学上，由于马克思主义美学的特殊性，也由于马克思主义美学与社会革命的复杂关系，特别是由于中国文化问题的复杂矛盾性，马克思主义美学的中国化进程呈现出更多的矛盾和困难。上层建筑与经济基础的关系在中国社会的现代化过程中呈现出多层次叠合性的复杂现象。因此，中国的马克思主义美学一方面呈现出种种“早熟的”征象，跨越了“审美的”和“形式的”自律性美学阶段，从一开始就强调表征和阐释人民大众审美经验的“文化研究”，毛泽东的《在延安文艺座谈会上的讲话》是这种特征的明显标志；另一方面，中国马克思主义美学在理论的系统化和学理化阐释方面，又表现出某种不成熟，近年来关于“审美意识形态”的论争就是这种现象的一种表现。

在中国的现代化进程中，马克思主义美学的重要性和关键地位，在某种程度上也是由文学艺术的特殊性所决定的。文学艺术作为情感和想象的产物，既来自于现实又不同于现实。文学艺术与现实的多重复杂关系，特别是文学艺术作为现实的某种乌托邦形象或者说对“未来”的某种表征，使它成为不同类型社会激情的试验场。在中国的现代化进程中，不同的社会运动和社会变革都在文学艺术上最先表达并且在理论上转化为不同美学原则的论争，这的确是一个值得认真研究的现象。在理论上，我们应该对马克思主义美学中国化进程中提出的基本问题，其中的文化基础和解决这一理论问题的不同方法做出适当的分析和论证，只有当这种研究达到严谨而系统的时候，我们关于中国马克思主义美学正确性和创造性成就的评价才是可能和有效的。在全球化的今天，不同国家的马克思主义美学呈现出不同的理论模式和理论形态，我们不应该简单地用一种理论去评价另一种理论，而应该实事求是地研究在不同的现实条件、不同的文化传统、不同的语境中形成的不同形态的马克思主义美学理论，在充分尊重“差异”的情况下，坚持并且发展马克思主义美学的传统。

一　马克思主义美学中国化的基本问题

特里・伊格尔顿和德雷・米尔恩1996年出版了《马克思主义文学理论读本》，在该书的导论中，伊格尔顿根据马克思主义美学和文学理论在欧洲和美国的发展情况，将马克思主义美学和文学理论划分为人类学的模式、政治学模式、意识形态论模式以及经济学模式。人类学模式的马克思主义文论以普列汉诺夫为代表，政治学模式的马克思主义文论以乔治・卢卡契为代表，意识形态论模式的马克思主义文论以路易・阿尔都塞为代表，经济学模式的马克思主义文论以雷蒙德・威廉斯以及英国的文化研究为代表。① 伊格尔顿在这里对马克思主义文论模式的划分不同于他在20世纪70年代的小册子《马克思主义文学批评》中的划分。伊格尔顿认为，不同模式的马克思主义文学理论是马克思主义在不同的历史条件下回答不同的现实问题所形成的。令人遗憾的是，中国马克思主义文学理论和美学的理论模式没有进入伊格

---

① Terry Eagleton & Drew Milne (eds.), *Marxist Literary Theory: A Reader*, Oxford, UK: Blackwell Publishers Ltd., 1996.

尔顿和米尔恩的视野。其中的原因也许是，在伊格尔顿看来，中国的马克思主义文学理论和美学只是借鉴或重复不同模式的马克思主义美学理论，还没有形成自己的理论模式，我认为这是一种较为狭隘和偏颇的看法。在本文中，我将对中国马克思主义美学基本问题及其理论模式做出初步的分析和论述。①

关于中国马克思主义美学的基本问题，也就是马克思主义美学中国化问题，或者说马克思主义美学在中国的现实语境中所面对的问题，这是我们研究和阐释中国马克思主义美学的基础。李泽厚曾将中国马克思主义美学问题概括为“救亡与启蒙双重变奏”以及救亡在最终意义上压倒启蒙的观点。② 这种看法将中国马克思主义美学放到具体的现实语境中去，有其一定的合理性。中国马克思主义美学的确是中国现代化过程以及社会主义革命过程的一部分，它的审美合理性是与政治正确性密切联系着的。鲁迅和“左联”在译介马克思主义美学的有关材料时就已经十分明确地表达了这样的观点。早在 20 世纪 20 年代末鲁迅就已经提出“为革命起见，要有‘革命人’，革命文学倒无须急急，革命人做出来的东西，才是革命文学”③。后来到了 40 年代，毛泽东在《在延安文艺座谈会上的讲话》中将这一观点经典化和系统化。文学艺术的倾向性甚至政治立场的正确性是中国新民主主义革命进程中马克思主义者对文学艺术的要求，这个要求有其历史的合理性和必要性，但是在学理上，却不是对中国马克思主义美学问题的准确表达。

冯宪光等学者在研究中提出中国马克思主义美学是一种人民美学，是一种以表达广大受压迫者的情感和愿望为基本目标的美学。④ 这种理论概括和把握了中国马克思主义美学的一个重要特征，这是重要的和合理的，但是在理论上，这种概括并没有把中国马克思主义美学所面对的问题的特殊性，以及对这种问题的理论解答的基本模式理论地呈现出来。事实上中国马克思主义美学在近一个世纪的理论发展中，

---

① 文学理论是美学理论在文学方面的具体化，从学理上讨论问题应在美学层面上弄清问题。因此本文以下的讨论主要集中在美学层面，而不是文学理论层面。

② 参见李泽厚《中国现代思想史论》，东方出版社 1987 年版。

③ 《鲁迅全集》第 3 卷，人民文学出版社 1981 年版，第 418 页。

④ 参见冯宪光《马克思主义文艺学的当代问题》，中国社会科学出版社 2005 年版。

在将马克思主义美学原则与中国的文学艺术实践相结合的过程中，在实践中发展出了不同于欧洲马克思主义美学的美学思想和美学理论，这种理论在不同的历史条件下呈现出不同的形态，但它们都有某种共同的理论基础，这就是怎样将中国的民间文化模式、中国人的审美经验模式与马克思主义美学的理论原则结合起来，从而真实地表征出中国现代化进程中与社会主义目标相联系的情感和审美经验这一相对困难的理论要求。

文化领导权的建立和巩固是马克思主义美学中国化所面对的关键问题，理论上十分困难的是，马克思主义美学本身在马克思主义理论体系中相对滞后，理论形态的马克思主义美学主要是在20世纪马克思主义的理论发展中发展起来的，因此，中国的马克思主义美学并不是马克思主义美学理论的中国化，而是马克思主义基本理论与中国的审美经验和艺术实践相结合的产物，这种状况一开始就决定了中国马克思主义美学走了一条不同于西方马克思主义美学的发展道路，也决定了这条道路的艰难曲折。

中国马克思主义美学是20世纪二三十年代经日本和苏联传入中国的，由于当时国际共产主义运动的实际，中国马克思主义在早期阶段就受到“拉普”派和斯大林模式的马克思主义美学的影响，这种理论模式强调美学问题的阶级属性和意识形态斗争，突出文化的断裂或者说“批判性继承”。在“左联”时期的美学和文学理论著述中，这种理论特征是十分显著的。但是，与欧洲马克思主义美学在长期发展过程中与工人阶级运动以及社会主义事业相脱离的情况不同，中国的马克思主义美学从一开始就始终与社会革命以及社会主义运动密切联系在一起，革命实践调整了马克思主义美学在理论上的某种不足。正是现实的需要使中国的马克思主义美学迅速找到了自己的理论问题并且开始了自己的理论阐释。这个重要的转折点也是理论上的起点就是毛泽东的重要著作《在延安文艺座谈会上的讲话》。毛泽东等中国共产党领导人早在1930年代就已明确意识到文化领导权对于无产阶级革命事业的重要性，并且通过撰写一系列文章，创办鲁迅艺术学院，召开延安文艺座谈会，开展文艺队伍的整风运动，组织群众性的文艺活动等来努力争取无产阶级在文化领域的领导权，这显然是未受到葛兰西的文化领导权理论的影响。早在1938年2月，毛泽东等中国共产党领导人在发起创立鲁迅艺术学院时即明确看到“艺术——戏剧、音乐、美术、文学是宣传、鼓动与组织群众最有力的武器”①。《鲁迅艺术学院成立宣言》也指出了鲁艺的成立，“是为了服务于抗战，服务于这艰苦的长期的民族解放战争”,“使艺术这武器在抗战中发挥它最大的效能”。② 1939 年中共中央又进一步明确了鲁艺的教育方针是“以马列主义的理论与立场，在中国新文艺运动的历史基础上，建立中华民族新时代的文艺理论与实际，训练适合今天抗战需要的大批艺术干部，团结与培养新时代的艺术人才，使鲁艺成为中国文艺政策的堡垒与核心”③。鲁艺的创办吸引了一大批优秀的艺术和文学人才到延安工作，创作出了《黄河大合唱》《白毛女》《太阳照在桑干河上》《小二黑结婚》等优秀的文艺作品，极大地鼓舞了革命队伍的士气，推动了革命事业的发展。在当时，不少人就是看了文艺宣传队的演出或阅读了这些作品而毅然报名参军，走到革命队伍中来的。

1942 年春天前后，延安的文学艺术队伍和文学艺术机构都已经达到了相当的规模，来自于大都市的文学艺术家和在山沟里成长起来的文学艺术家在文艺的一系列问题上产生了严重的分歧，不同的艺术观点形成了矛盾和冲突。在艺术与社会的关系，文学艺术为什么人服务，文学艺术的主要功能是什么，怎样评价一部文艺作品的好坏等一系列重要问题上，不同艺术倾向的作家和理论家有着不同的看法和意见。一些文学家和理论家坚持艺术审美原则和文学艺术的乌托邦性质，赞成强调马克思主义的批判性立场，高度评价批判性的艺术家所创作的作品，这种现象不仅引起了文艺界内部的争论，甚至影响了前方作战将士的情绪。毛泽东等中央领导人经过一段时间的调查和讨论，于 1942 年 4 月至 5 月召开了文艺工作的座谈会，毛泽东的报告就是著名的《在延安文艺座谈会上的讲话》。通过发表《在延安文艺座谈会上的讲话》以及随后开展的延安“整风运动”，新民主主义革命在文化领域

---

① 文化部党史资料征集工作委员会编：《延安鲁艺回忆录》，光明日报出版社 1992 年版，第 1 页，第 3 页。

② 同上。

③ 李维汉：《鲁艺的教育方针与怎样实施教育方针》(1939 年 4 月 10 日，延安革命纪念馆文献资料)，转引自《延安文艺丛书 · 文艺史料卷》，湖南文艺出版社 1987 年版，第 786 页。

的领导权得以确立，在很大程度上也加速了抗日战争与新民主主义革命胜利的进程。我认为，毛泽东《在延安文艺座谈会上的讲话》以理论的形式提出了中国马克思主义美学的基本问题，这就是：半殖民地半封建的中国要成功地实现社会主义的革命，走跨越“卡夫丁峡谷”①的另一条现代化过程的道路，文艺领域的领导权是非常重要的，这种领导权的实现不是通过技术的进步导致审美模式的变化来实现，而是通过对艺术家情感和内心世界的改造和进步来实现的，也就是说，主要是通过价值观和意志的转变来实现的。在历史进步要求的整体格局中，这种要求和转变有其合理性和必然性，但是从文学艺术自身的规律来说，这种要求和转变明显地又具有某种简单化的倾向，例如把主体的复杂性这个现代性的核心问题简单化为与工人大众相结合的问题。

从学理上分析和归纳，毛泽东《在延安文艺座谈会上的讲话》主要提出了以下几个方面的问题：

1. 在社会主义革命事业中，文学艺术是十分重要的一部分，只有确保党在文学艺术领域的领导权，新民主主义和社会主义现代化事业才能取得胜利。领导权主要通过转变艺术家的情感立场和文学艺术的生产方式来实现。在这里，前提是党的文艺政策和社会发展的“历史必然要求”是吻合的。

2. 文艺作品的社会作用主要是激励和鼓舞现实的革命斗争和革命队伍，“团结人民，打击敌人”是其直接的效果。

3. 对艺术作品的评价，审美的标准要服从于社会的标准和政治的标准，实践的要求和社会进步的要求是评价文学艺术的最终标准。

4. 民族形式和大众化形式是文学艺术作品的主要形式，艺术作品的形式与人民大众的“情感结构”② 相吻合是艺术作品成功的基础。

这显然是一种不同于法兰克福学派、英国文化研究、阿尔都塞学派美学理论，也不同于斯大林模式社会主义现实主义的马克思主义美

---

① 关于跨越资本主义制度所伴随的巨大痛苦和不合理性的可能性问题，是晚年马克思思考和研究的一个重要问题，马克思在回答俄国《祖国纪事》编辑部的提问时曾提出过自己的初步思考（参见《马克思恩格斯全集》第 19 卷，人民出版社 1963 年版，第 126—131 页）。

② “情感结构”是雷蒙德·威廉斯提出的概念，指随着社会进步而变化着的人们的情感和想象的模式和机制（Cf Raymond Williams，*Marxism and Literature*，Oxford：Oxford UniversityPress，1977）。

学模式，这里面所包含的文化基因是十分复杂的，我们这里只能从意识形态理论的角度做一个简要的分析。

二 审美意识形态理论的中国模式

在我看来，毛泽东《在延安文艺座谈会上的讲话》提出了一种中国模式的审美意识形态理论，它把文学艺术作为社会的对立面和批评性力量的存在方式转变为社会变迁和社会变革服务的上层建筑力量。然而，由于“审美”以及“意识形态”这两个概念在马克思主义理论系统中都是十分丰富和复杂的概念，因而“审美意识形态”在马克思主义美学理论中的含义也成为众说纷纭的理论概念了。雷蒙德·威廉斯在《马克思主义与文学》中写道：

> “意识形态”这一概念并不是马克思主义首创的，也不限于马克思主义专用。但它显然是马克思主义关于文化——特别是文学和思想观念——的整个理论思想的一个重要概念。而难点在于，我们不得不对马克思主义著作中有关这一概念的三种常见的说法加以区分。概括地说来，这三种说法是：
>
> (1)“意识形态”是指一定的阶级或集团所特有的信仰体系；
>
> (2)“意识形态”是指一种虚假的信仰体系，即由虚假的观念或虚假的意识所构成的体系，这种体系同真实的或科学的知识相对立；
>
> (3)“意识形态”是指生产各种意义和观念的普遍的过程。①

如果说，布拉格学派和法兰克福学派主要是在（1）和（2）相结合的意义上理解“意识形态”的概念以及艺术和意识形态的关系，主要从“反对资本主义”和批判资产阶级意识形态的意义上理解和阐释艺术的存在及其社会作用，英国的“文化研究学派”的马克思主义美学主要是在第（3）种观点意义上理解和研究问题，那么也许可以说中

---

① Raymond Williams, *Marxism and Literature*, p. 55.

国的马克思主义美学主要是从（1）和（3）两种观点的结合上研究和说明文学艺术与社会生活的复杂关系。在中国马克思主义美学的理论视野中，“反对资本主义”的力量主要转化为对受压迫和边缘化群体情感和愿望的合理性做出辩护。相比较而言，同样是对人民大众审美要求和愿望的理论阐释，英国的文化研究主要是在市场经济充分发育的条件下，对由技术所带来的新的审美和情感空间的理论辩护，而中国的马克思主义美学则在激烈的民族解放斗争和对“冷战”的反抗中为人民大众的情感和愿望做出理论上的论证和说明。在学理上，如果说卢卡契的意识形态理论是建立在哲学人类学和反映论的基础上，法兰克福学派的马克思主义美学是建立在伦理学和社会学的基础上，阿尔都塞学派的美学理论建立在哲学本体论的基础上，而英国的马克思主义美学和文化研究学派是建立在传媒研究和经济学基础上，那么，中国马克思主义美学则更多地应该以人类学和社会学的研究成果和理论方法为基础。对于中国马克思主义美学而言，其中必然涉及一个十分重要而复杂的问题，这就是在全球化条件下，后发展中国家和地区怎样走向社会主义的问题。对此，马克思本人在晚年曾有所思考，这就是著名的跨越“卡夫丁峡谷”的可能性问题，在当代学术视野中，也就是全球化条件下发展中国家和弱小国家的发展道路问题。

在马克思主义理论传统中，意识形态理论有一个漫长的概念和理论发展过程，其中卢卡契和阿尔都塞的研究都是十分重要的，如果我们无视他们的研究成果仅仅对马克思恩格斯著作中的概念进行文本分析，关于意识形态的研究以及关于审美意识形态的研究事实上是难以深入的，也很难做出创造性的理论建设。

卢卡契是在哲学人类学的意义上阐释意识形态理论的，他根据马克思主义的历史唯物主义原则以及《1844年经济学哲学手稿》中的异化理论，着重阐释了资本主义社会意识形态的扭曲机制及其虚幻化的效果。卢卡契所提出的日常生活的普遍异化的概念，以及在这种异化了的日常生活中启蒙意识或者说无产阶级意识产生的途径和方式的思想成为西方马克思主义美学的基本主题。在我看来，阿尔都塞的意识形态理论是欧洲新马克思主义关于意识形态研究的重要基础。阿尔都塞指出，意识形态是经济基础、文化传统以及自身机制等因素所“多元决定”的复杂现象，意识形态不仅仅是一套观念体系，而是渗透和浸润社会生活一切方面的实践性力量和机制，意识形态的作用是维系社会的运作以及保障主体的再生产。在阶级社会中意识形态既是统治阶级维护其阶级利益的工具，也是受剥削和压迫的人们反抗和斗争的工具。在现代社会，只有科学和艺术可以从始终存在、弥漫在社会生活一切方面的意识形态立场中游离出来，获得主体的更新和自由。因此，在阿尔都塞看来，在学理上具有科学性的“理论”和因为审美经验而具有特殊性的“艺术”在现代意识形态的“战争”中具有格外重要的意义。① 阿尔都塞的意识形态理论经过马歇雷、伊格尔顿、詹姆逊、福柯、本尼特等学者的研究和阐释，从不同的方面和维度大大推进了马克思主义美学的建设和发展。值得注意的是，阿尔都塞意识形态理论的重要概念“多元决定”与毛泽东的《矛盾论》有关，而马歇雷的著名论文《论作为一种意识形态形式的文学》中的核心观念则来自于毛泽东《在延安文艺座谈会上的讲话》。②

毛泽东《在延安文艺座谈会上的讲话》把艺术和审美领域的意识形态转型这一个马克思主义美学的重要问题理论的提出来了，但是毛泽东并没有从艺术的规律和特殊性的角度论证这个问题，因而，在一定程度上带有简单化的色彩。毛泽东指出：

> 我们讨论问题，应当从实际出发，不是从定义出发。
>
> 现在的事实是什么呢？事实就是：中国的已经进行了五年的抗日战争；全世界的反法西斯战争；中国大地主大资产阶级在抗日战争中的动摇和对人民的高压政策；“五四”以来的革命文艺运动——这个运动在二十三年中对于革命的伟大贡献以及它的许多缺点；八路军新四军的抗日根据地，在这些根据地里面大批文艺工作者和八路军新四军以及工人农民的结合；根据地的文艺工作者和国民党统治区的文艺工作者的环境和任务的区别；目前在延安和各抗日根据地的文艺工作中已经发生的争论问题。——这些就是实际存在的不可否认的事实，我们就要在这些事实的基础

---

① 参见路易·阿尔都塞《保卫马克思》(顾良译，商务印书馆 2006 年版)、《列宁和哲学》(杜章智译，台北远流出版公司 1990 年版)。

② 参见弗朗西斯·马尔赫恩编《当代马克思主义文学批评》，刘象愚等译，北京大学出版社 2002 年版，第 39—61 页。

上考虑我们的问题。

那么，什么是我们的问题的中心呢？我认为，我们的问题基本上是一个为群众的问题和一个如何为群众的问题。不解决这两个问题，或这两个问题解决得不适当，就会使得我们的文艺工作者和自己的环境、任务不协调，就使得我们的文艺工作者从外部到内部碰到一连串的问题。①

对毛泽东《在延安文艺座谈会上的讲话》显然不能在康德美学和黑格尔美学的理论范式中去理解，如果我们从康德美学的角度去阐释毛泽东在《讲话》中提出的问题，其理论论证必然是错误的。从意识形态理论的角度讲，《讲话》是在完全不同于康德式美学和自律性的形式主义美学问题框架中提出问题和思考问题的。对于毛泽东的美学思想而言，在康德美学范式中处于核心地位的关于艺术家至高无上的神圣地位，通过想象和“纯粹美”所达到的精神自由，以及由此形成的对不合理的现实的批判力量等等观念，都应该放到不同的问题框架中去理解和阐释。毛泽东的《讲话》提出的“问题框架”是以现实世界的合理性、必然性以及现实美是真正的美为基础和前提的，因此，现实的世界和想象的世界并不存在着实质性的区别，更不会是对立的和彼此反对的。在《讲话》中，文学艺术是一种以情感和艺术形象为媒介的意识形态，或者说审美的意识形态，在社会现实关系转型的过程中可以发挥巨大的积极作用。在《讲话》中，毛泽东十分明确地提出了文化领导权的问题，为了获得新民主主义革命的文化领导权，需要文学艺术家和文艺理论工作者在情感结构和情感立场等方面实行某种转变。在西方近现代美学范式中，这种美学观是难以理解的。在西方近现代社会的现代化过程中，美学与艺术是现代化机制的一部分，以自律性和审美特权的形式获得并且保持着文化上的领导权。②《讲话》的学理基础在于超越或者说跨越将艺术自律化和神圣化这样一个审美意识形态阶段，或者说超越资本主义经济至上的原则和审美超功利原则的二元结构的社会关系结构③，这种超越一方面是建立在现实

---

① 《毛泽东文艺论集》，中央文献出版社 2002 年版，第 55—56 页。

② 特里·伊格尔顿：《审美意识形态》，王杰等译，广西师范大学出版社 2001 年版。

③ 丹尼尔·贝尔：《资本主义文化矛盾》，赵一凡等译，三联书店 1992 年版。

的社会主义文学生产方式的基础之上，另一方面则是建立在不同类型的文明及其社会发展具有不同的途径和模式的人类学研究的基础之上。在抗日战争最艰苦的阶段，以毛泽东为代表的中国共产党人从现实的经验中概括出文学艺术的意识形态功能必须实现某种根本的转型才能适应现实的革命要求的理论观点，在理论上是符合马克思主义的历史唯物主义原则的，但是也把文学艺术的丰富功能以及文学艺术与社会的多种多样关系的可能性取消了，为此在审美的维度方面历史付出了沉重的代价。

詹姆逊曾经深入地研究过马克思主义关于文学生产方式的理论，他指出，在马克思看来，在任何一种生产方式中都同时并存着过去诸种生产方式，现实中占支配地位的生产方式与过去的生产方式以及未来的生产方式的某种特殊叠合，这种复合体与具体的现实语境可以形成不同的解释关系或者说价值关系，由此可以产生出不同于现实、超越现实的某种批判性力量。雷蒙德·威廉斯在分析文化的复杂性时也指出可以将文化区分为占统治地位的主流文化，代表着未来的新生的文化，以及已经逝去但以某种形式存在和延续的“残存的文化”。在《讲话》中，毛泽东强调了新生文化的价值和作用，对新生文化与“残存的文化”结合的可能性和必要性也做了很好的分析，在运用文化的武器来反对资本主义的不合理性方面，创造性地发挥了马克思主义美学思想。

在中国社会的现代化过程的早期阶段，对资本主义制度的抵抗和批判主要不是借助科学和生产力发展方面的力量，主要是借助民族文化中的某种力量来批判和抵抗现代资本主义制度的不合理性以及帝国主义的侵略和压迫。这种抵抗模式的合理性一方面来自于政治上的正确性，另一方面则来自于某种形式的边缘文化或者说“残存的文化”中所包含的不同于现代性体系的对人的存在合理性的承认和肯定。毛泽东在《讲话》中所要求的文学艺术家实现情感立场的转变，一方面是根据现实的革命事业合理性的要求，另一方面则是通过对民间文化的发掘，重新找到将底层人民的情感和愿望表达出来的媒介和途径。《黄河大合唱》《白毛女》、延安时期的木刻艺术、周立波的小说等都是将受压迫最深重的底层人们的情感和愿望表达出来的成功范例。中国三四十年代解放区文艺的实践证明，边缘文化特别是与生活在社会最底层的人民群众的情感和愿望相联系的民间文化，在与现代社会运动和文化运动相结合的过程中能够释放出强大的力量。

马克思晚年在回答俄国《祖国纪事》编辑部的问题时曾经设想过，对于生产方式没有充分资本主义化的民族而言，如果条件具备，有可能跨越资本主义生产方式所带来的巨大痛苦和不合理性。马克思认为，在现代资本主义所带来的生产力的基础上，将现代管理制度与某种前资本主义文明的文化模式相结合，有可能在现代化的意义上跨越资本主义制度的“卡夫丁峡谷”而建设和发展起社会主义的社会。① 马克思的设想在某种意义上为中国的新民主主义革命所实践，毛泽东的《在延安文艺座谈会上的讲话》就是一个例证。从美学理论的角度讲，从“左联”时期的理论工作到毛泽东的《讲话》，跨越了审美现代性将审美价值与社会生活其他诸种价值割裂开来的康德美学范式。在中国的语境和社会生活中，审美意识形态是新民主主义革命和社会主义建设事业的积极力量。因此，在中国马克思主义美学的理论范式中，美学问题具有十分重要的地位和意义。值得注意的是，马克思晚年在对人类学和俄国问题深入研究的基础上，对能否跨越“卡夫丁峡谷”持十分慎重的态度。比较而言，毛泽东在《讲话》中对审美意识形态的理论转型和实践改造都持更为积极主动的态度，从历史的角度看，《讲话》在学理上有某种不够周密的地方，但所提出的问题却是深刻而正确的，这就是说，在中国的现代化过程中，审美经验的伦理基础不是个体性的自由情感，而是社会性和大众性的阶级情感、共同的生活经验和日常生活中共享的文化形式，最广大人民群众的情感成为区分艺术作品好坏的标准。对于中国马克思主义美学而言，理论的任务不是论证现代社会中异化的个体情感的真确性与自由境界的曲折联系，美学的中心概念不是异化及陌生化，而是认同和典型化。情感化的个别性的艺术形象为什么能表征和体现千千万万人民大众的内在情感和伦理要求？社会底层人们的情感为什么能传达出“历史的必然要求”？美学理论若不能在学理上最终论证这些问题，也就不可能说明和论证人民群众文化领导权的合法性及其基础。正是为了解答和论证这些基本美学问题，中国马克思主义美学发展出了蔡仪的“典型论

① 《马克思恩格斯全集》第19卷，人民出版社1963年版，第126—131页。

美学”，李泽厚的“积淀论美学”，朱光潜和蒋孔阳关于“共同美”的美学理论，周来祥的“和谐论美学”，刘纲纪的“实践论美学”、钱中文、童庆炳、王元骧等人的“审美意识形态论美学”等不同的理论形态，它们从不同的角度回应和阐释了人民美学的理论问题。

三 中国马克思主义美学的当代形态

中国马克思主义美学至今已经走过了将近一个世纪的历史，经历了新民主主义革命时期、新中国成立初期、文化大革命时期和改革开放以来四个大的发展阶段，在这个过程中，国内各种社会和文化矛盾，国内和国际各种社会和文化矛盾交织在一起，加上不同美学家在研究方法、理论兴趣等方面的因素，使中国马克思主义美学呈现出不同的形态，自然也打上了时代的烙印以及某种理论上的局限性。我们这里暂时不讨论这些问题，我所关心的是，中国马克思主义美学的基本问题在历史的发展过程中有没有形成某种相对稳定的理论结构以及自己的理论传统？

从马克思主义美学发展的整个历史过程看，马克思主义美学的基本问题可以表述为审美意识形态问题，它的哲学基础是历史唯物主义理论，核心问题是艺术和审美领域的文化领导权问题，文化领导权的基础在于审美启蒙，启蒙的动力来自于人民大众现实生活中的审美经验。由于生活的复杂性和文化的复杂性，事实上人民大众的审美经验及其表达模式都具有十分不同的形式。对于马克思主义美学而言，基础与上层建筑的关系以及意识形态与审美的关系是其理论基础。在资本主义生产方式的基础上，由于文学艺术等上层建筑与经济基础的相敌对关系，艺术和审美以相对自律性表达对异化和分裂的资本主义现实关系进行批判和超越。在马克思主义美学的视野中，艺术的“陌生化”原则不仅获得了对资本主义现实关系不合理性的评判，也是对作为意识形态国家机器的上层建筑机制的抵抗和批判。正如伊格尔顿所分析指出的，现代化的过程也是一个价值分裂的过程，人的身体在现代化过程中逐渐分裂为作为劳动的身体、作为欲望的身体和作为意志的身体，相应地，在人文科学领域，认识价值、审美价值和伦理价值呈现相互断裂甚至对立。① 在美学和艺术方面，这种断裂的结果是艺术和审美的形式越来越符号化和空洞化，从而丧失表征现实生活关系的能力。在后现代主义文化图景中，审美符号和自律性艺术形式正越来越丧失其批判性，成为某种保守性的意识形态，这也就是在西方马克思主义美学视野中的审美意识形态。与法兰克福学派和萨特式的马克思主义美学不同，阿尔都塞学派的马克思主义美学研究和英国以"文化研究"为特色的马克思主义美学在近三十多年的理论研究中，逐渐分析和证明，对意识形态现象的评价与对市场经济和现代管理机制一样，不能简单和抽象地加以判断。事实上，意识形态特别是审美意识形态是一种十分复杂的文化机制，因为审美意识形态与现实审美经验的密切联系，也因为审美意识形态在不同的文化传统和文化机制中可以呈现出十分丰富复杂的意义，因而对审美意识形态的言说和解释也应该放到具体的现实生活关系中去把握。任何把审美意识形态与具体的现实生活关系割裂开来的方法和理论，事实上都偏离了马克思主义。

在中国，马克思主义美学对审美意识形态的研究和把握与西方马克思主义以及欧洲的新马克思主义都有所不同，这种不同具体表现在：

1. 自毛泽东《讲话》以来，中国马克思主义美学视野中的审美意识形态的现实基础是社会主义的生产关系，人民群众的情感及其表达是审美意识形态的主体。

2. 中国的文化传统在审美与伦理、审美与认识价值等方面的有机联系仍然存在。这种文化的整体性不仅存在于文化符号和艺术符号之中，也存在于人们情感和心理世界的"情感结构"之中，因此具有一种辩证的表达能力，即，一方面能够抵抗和批判资本主义生产方式以及意识形态现象的不合理性，另一方面又能够表征出"历史的必然要求"。

3. 人民群众作为现实中创造文化和运用文化的主体，一方面处于全球化巨大压力的最底层，多层次累积的现实暴力和文化暴力使他们的现实经验孕育着、表达着最强烈的抵抗情绪和最大胆的"拿来"和

---

① 参见特里·伊格尔顿《审美意识形态》，第 8 章，广西师范大学出版社 2001 年版。

“挪用”的智慧；另一方面，以某种血缘关系为纽带的族群和宗族关系，使“大众”的概念呈现出复杂的多层次性。

正是因为中国马克思主义美学在现实基础、提出的理论问题都与西方马克思主义美学和欧洲马克思主义美学存在某种差异，也因为在中国的具体语境中，审美意识形态概念在内涵上不同于欧洲马克思主义美学的理解，因此中国马克思主义美学具有与欧洲马克思主义美学所不同的理论形态。

在中国近一个世纪的理论发展中，中国马克思主义美学经过了不同的发展阶段，在对现实所提出的美学问题的研究和阐释过程中，创造性地形成了各具特色的理论模式，丰富和发展了马克思主义美学。由于研究方法和研究重点的不同，中国马克思主义美学在自己的理论发展中产生了实践论美学、和谐论美学、文艺美学和人类学美学等具有中国特色的马克思主义美学的理论模式和理论学派。回顾中国马克思主义美学的发展历程，精英知识分子的立场与广大人民群众的观点和立场的矛盾，大众文化的民族形式与普遍性审美形式的矛盾，政治上的正确性与审美合理性的矛盾等众多矛盾相互交织，在科学方法论和自然哲学不具有普遍性的中国近现代文化格局中，审美符号的矛盾性和美学理论的矛盾性成为中国社会现代化过程中社会矛盾和社会关系的文化表征和理论表征。在中国的现代化过程中，在我们今天的现实生活中，美学始终处在社会生活旋涡的核心，承载着复杂的社会意义，这也是“五四”运动以来美学在中国始终是一门显学的原因。马克思主义美学因其特别擅长于分析和说明艺术形式中的社会冲突和社会意义，而成为中国近现代美学中居绝对优势的主流形态。

由于与现实矛盾和社会冲突的较为直接的联系，中国马克思主义美学在对个体情感的复杂性，人的情感世界和精神世界的无限丰富性和唯一性，以及个体审美自由的合理性和必要性等方面，缺乏足够的重视，也正是在这个意义上，随着改革开放和社会主义市场经济的发展，关于文学艺术审美特征及其规律的研究得到了空前的发展和繁荣。但我认为，在中国社会初步解决现代性矛盾的根本困境之后，中国马克思主义美学提出的理论问题仍然存在，只是在理论的侧重点上有所变化，但基本问题并没有改变。今天，中国的马克思主义美学不仅要倾听并阐释底层人民大众的情感和审美经验，将之转换成“反对资本主义”、“反对文化全球化”的文化力量，而且要成为弱小者充满尊严地生活的守护者和代言者，成为激活民族民间文化“活化石”的实验者。也许在这个意义上，中国马克思主义美学还要继续做大量艰苦的理论工作，在理论观点和理论模式方面，我们仍然要坚持“百花齐放，百家争鸣”的方针。由于审美意识形态概念在马克思主义美学中的核心地位，还由于审美意识形态在马克思主义美学发展的不同历史阶段以及不同的国家具有不尽相同的含义，也由于中国的现代化建设以构成和发展具有中国特色的社会主义和谐文化为主要目标，特别是全球化和新媒介发展所带来的种种挑战，使今天中国的马克思主义美学研究者面临严峻的考验。只要我们认真地研究现实提出的问题，创造性地解决现实中的种种难题，在方法论上将研究问题科学化，在学理上将研究结论系统化，中国的马克思主义美学就能形成当代的形态并在国际学术界赢得尊重。

（原文刊发于《文艺研究》2008 年第 1 期）

伦理学：马克思主义美学理论的新起点

在新的时代和新的世纪，怎样建设和发展当代形态的马克思主义文学理论和美学是许多学者都关心和思考的问题。在总结改革开放30年来中国文学理论和美学的发展与贡献，思考中国的马克思主义文学理论和美学的进一步发展的时候，我们突然有一种很强烈的危机意识，这是一种从现实的理论讨论中产生出来的，关于中国马克思主义美学和文学理论的危机意识。30年来“拨乱反正、正本清源”地研究和阐释马克思主义美学和文艺理论之后，在新的历史条件下，怎样创造性地建设和发展马克思主义美学和文学理论，我们的确需要认真地反思和深入地研究。

改革开放30年来，我们经历了许许多多的理论讨论和争鸣，在关于审美与人道主义、关于“美的规律”与主体的意义，关于社会主义时代的悲剧意识和文学创作，关于现代派评价的认识和讨论，关于审美与意识形态的复杂关系的研究和讨论等方面，中国的马克思主义美学和文学理论一直是改革开放的思想先锋和理论的前行者。事实上，1978年以来，中国思想界和理论界的许多重要讨论都与马克思主义美学和文学理论的研究和阐释密切相关。在那个思想文化大变革的时代，“美学热”的兴起和文学观念的大讨论，在人们解放思想的运动中，起到了关键性的作用。在回顾这一段历史的时候，我们可以深刻地体会到“情感结构”① 的变化，以及“情感结构”在社会结构及社会意识变化过程中的某种先导性和先锋性的作用。可以说，在过去的30年

① “情感结构”是英国马克思主义文学批评家雷蒙德·威廉斯所使用的概念，指与社会结构相联系的审美经验的具体结构和形式，情感结构是随着社会结构的发展变化而发展变化的。——作者注。

中，文艺观念和美学观念上的革命在很大程度上成为中国社会改革的火车头。这个观点首先符合改革开放30年来的历史事实；其次，十分重要的是，它符合马克思主义的历史唯物主义理论，意识形态在社会的转型期可以发挥巨大的甚至关键性的作用。

回顾中国美学和文学理论30年来的建设和发展，在我看来，具有原创性的理论研究成果主要是在马克思主义美学传统的框架内取得的，其中较为突出的是“实践美学”的发展和“审美意识形态”理论的相关成果。实践美学的重大理论贡献在于：它在历史唯物主义的基础上，论证了自由——当然，首先是审美自由的社会基础和物质基础，论证了在人的实践活动基础之上，新的情感结构从现实的物质性压抑中解放出来的可能性。关于这一点，刘纲纪在回顾往事时是这样分析和评价的：

> 马克思虽然也是从康德所开辟，德国古典美学共同遵循的，从人的自由与自然（必然）的统一中去找美，但他又把对人的自由的本质以及人的自由如何与自然相统一的理解，放到了它所建立的以物质生产劳动为出发点的实践的、历史的唯物主义基础之上了。马克思认为劳动、实践创造了美，是从他对人类劳动不同于动物活动的本质特征的分析中得出来的。如果人类的劳动和动物的活动一样是本能的、无意识的、非审美的活动，那么在人类生活中就决不会有什么美。这正是马克思从根本上超越了从康德到黑格尔的德国古典美学，并在美学史上引起了一场大革命的原因所在。①

在中国改革开放的历史进程中，“实践美学”是起到了积极的建设性作用的，虽然在面对具体的文学艺术现象和自然美等问题时，实践美学存在缺乏足够的解释能力等弱点，但它仍然是中国马克思主义美学在改革开放以来的重要理论建树，对“实践美学”的评价应该放到历史的发展过程和美学理论自身的发展过程中去给予实事求是的定位和评价。

---

① 刘纲纪：《我的马克思主义美学观》，《湖北大学学报》2008年第1期。

审美意识形态理论的建设和发展实际上也是在思想文化变革的历史语境中提出来的，它的理论关键点仍然是“审美自由”。在近来关于“审美意识形态”理论的论争中，一些文章认为在康德式的理论框架中讨论和论证审美自由并不符合马克思主义基本观点。应当说，这一见解看到了当代中国语境下审美意识形态理论建构与阐释的某种不足。但是，从世界马克思主义美学与意识形态理论发展的角度看，审美意识形态理论可以、也应当得到更加充分深入的理论阐释。我认为，在中国改革开放的具体语境中，审美意识形态理论的建构和阐释，应当是以马克思主义的意识形态理论为其基本的哲学基础，康德关于审美自由的思想应该是服从于其整个理论结构的，只有这样，这一概念才属于马克思主义的文学理论和美学的范畴。另一方面，从 20 世纪国外马克思主义的发展来看，在马克思主义意识形态的理论框架中对康德以来的形式主义美学理论的积极成果加以吸纳和理论重构，事实上是从卢卡契到特里·伊格尔顿的西方马克思主义美学和文学理论研究的基本路径。我们完全可以说，没有对于形式主义美学问题的马克思主义思考和重新阐释，就没有 20 世纪国外马克思主义美学和文学理论十分辉煌而重要的理论贡献。在马克思主义美学与形式主义美学的复杂争论与对话关系中，我们如果只看到其中的对立和区别，没有看到对话和相互影响，以及马克思主义美学和文学理论在吸纳形式主义美学的积极成果的基础上建构和发展自己的理论这样一个理论脉络的话，那么我们就很可能把积极的和真正重要的东西给否定掉了。因此，中国语境下审美意识形态理论的建构，需要我们投入更多的精力和理论热情、接纳更多有益的理论资源，坚持在历史唯物主义的方法论基础上继续对其进行深入的理论阐释。

总体上看，1978 年以来，中国的美学和文学理论的基本问题是在“美学与政治”的关系这个总的框架中提出问题和展开研究的。这是因为，自由（审美）与政治（包括广义的政治）的关系是这 30 年中国社会发展和进步的基本主题。社会主义市场经济体系的建立和发展也是这样一个理论主题的具体展开和实践发展。这个主题和理论结构所释放出来的巨大理论能量成为改革开放 30 年来中国美学和文学理论产生广泛而重要影响的内在原因。但是，从理论上进一步发展的学理要求和现实实践提出的理论要求来看，“审美与政治”的理论模式不能满足当今社会的理论要求，从现实中围绕“实践美学”和“审美意识形态”的一系列争论中，就可以明显地看到这一点。在新时期以来的文艺观念变革之后，在中国特色社会主义实践的问题与框架内，马克思主义美学和文学理论应该有进一步的发展。今天，在我们认真总结改革开放30年来中国美学和文学理论的成绩和贡献的时候，事实上我们已经踩在了新的世纪和新的理论发展的起点上。如果的确存在一个这样的理论新起点，在我看来，就是结合新的实践条件和审美经验的新形式，对“美学与政治”模式的问题框架以及在这个框架内的理论研究的认真总结。在马克思主义的理论视野中，“美学与政治”的关系是在意识形态理论的基础上提出问题和思考问题的，而意识形态理论是马克思主义历史唯物主义的一部分。从历史唯物主义的角度看，近30年无论是中国还是欧洲和美国，社会生活和审美经验都发生了重要变化，许多新的现象是马克思当年所没有预见到的，这是我们的理论研究应该深入研究和阐释的。如果我们总结和反思30年来中国美学和文学理论有什么遗憾和不足的话，在我看来，对基本理论问题研究的忽视是一个明显的现象，例如对“基础”与“上层建筑”关系的重新研究和阐释。“基础”与“上层建筑”的关系问题是20世纪下半叶英国马克思主义文论和美学研究的一个主题，雷蒙德·威廉斯、E. P. 汤普森、特里·伊格尔顿都有持久而深入的研究，但是，近30年来，我们除了朱光潜1979年发表《关于上层建筑与意识形态的关系》并引起了持续时间不长的讨论之外，我们的美学和文学理论研究者似乎对马克思主义的基本理论与现代审美经验的关系缺乏足够的兴趣，这其中的原因值得认真反思，其中的教训值得认真吸取。在我看来，因为这种对基本理论问题研究和重新阐释的忽视，我们付出了沉重的代价，近年来关于“审美意识形态”的争论就是一个例子。这场论争在不是很复杂的理论问题上发生了重大的争议，虽然目前还没有重要的理论建树，但无疑提出了新的问题，会产生深远的影响。

在1998年发表的重要论文《再论经济基础与上层建筑》中，伊格尔顿在历史唯物主义的理论框架中再次提出并且表述了他的观点：“理解颇受嘲笑的基础/上层建筑概念至少有这样一个理由：基础/上层建筑概念以一种哥白尼式的打破旧传统的主张至少成功地、强有力地使文化脱离了其唯心主义的至高无上的地位。这一点对把文化这一概念过分夸大的后现代主义时代特别有益。文化总是一个要么广泛要么狭小的概念，要么是空泛的人类学概念要么是小心眼的美学概念。不能说这个术语毫无价值，或许列宁对‘文化’一词的运用最富有启发性。他在评论布尔什维克革命时说，在专制主义俄国，正是文化的相对匮乏（这是在平民社会公共机构的极端装饰品的意义上的文化）使得革命能够成功，但是也正是文化的匮乏（这是在知识、技术、教育、文化和其他领域的意义上的变化）使得革命难以持续。这种说法的辩证的灵活性令人大为钦佩。对于历史唯物主义来说，文化也还不是绝对重要的东西。现在男人和女人并没有只依靠文化活着，但是社会主义的任务就是要努力地创造各种物质条件，使人们从匮乏、长期劳作和压迫中解脱出来，使他们比现代能在更大程度上靠文化而生活。因此，从长远的观点来看，所有的一切是为文化而不是经济，为了达到最后的目的，我们应该颠覆我们的政治实践中那些优先考虑的东西，同时在脑子里不停地想着它们。”①

伊格尔顿十分重视文化中那个超出现实的政治实践需要的部分，认为这是文化中真正重要的东西。马克思主义的任务就是用“基础/上层建筑”的理论模式来分析这种文化中的“剩余”部分，在这里，机械唯物主义和唯心主义研究思路都是无效的。在近期的研究中，伊格尔顿认为用人类学的方法研究伦理价值是开展这种历史唯物主义式的研究的一种可能的途径。伦理问题是人性中最为内在和最微妙的部分，在理论上很难进行分析和把握，康德就把它看作是一种先验的能力。伊格尔顿在2003年出版的研究悲剧观念的著作中，从悲剧观念在现代文化中的意义入手，深入分析了以悲剧经验所体现出来的现代性的复杂矛盾，从而深入分析了人性和伦理在现代社会的存在形式：悲剧的特殊魅力在于，正是在失败和挫折的经验中，自由、责任、希望才是真实的而具有活力的。而在成功至上和享乐至上的文化结构中，自由和希望已经耗尽了它的能量，转化成为一些空洞无力的文化符号。伊格尔顿写道：

资本主义现代性的确是一种堕落，不过像所有最有趣的堕落

---

① 《马克思主义美学研究》第8辑，广西师范大学出版社2005年版，第461—462页。

> 一样，它是向上的而非向下的堕落，是人能量的一种释放也是对它的一种约束。在当代理论中，只有马克思主义强调现代性乃是人类幸福的一个革命性进步，而且它还以同等的激情坚持认为，现代性是一场漫长的屠杀和剥夺的噩梦。似乎没有任何其他思潮能够让这两种描述处于张力之中：既要面对贵族式的怀旧情绪，又要面对极度的进步主义或后现代的健忘症。可是，把握着现代性之答案的，正是它们之间的这种必要关系。①

在发展马克思主义美学和文学批评以及直面当代社会现实问题这两个方面的意义上，在我看来，伊格尔顿近年来的研究无疑具有重要意义，它标志着在全球化条件下，在现代性仍然具有十分强大力量和支配性影响的情况下，特别是，在后现代主义和消费主义文化把审美活动纳入到消费文化和享乐文化以致从文化的内部解构了审美活动的解放性力量的现实条件下，严肃认真地思考了当代审美经验与社会主义目标的可能联系这样一个马克思主义美学的重大问题。我认为伊格尔顿近期的理论研究能够给我们以深刻的理论启发。②关于马克思主义美学特别是中国马克思主义美学的进一步发展问题，我认为有三方面是应该引起我们认真思考的：

1. 在经济全球化和后现代文化条件下，伦理问题以似乎最唯心主义的形式提出了最现实的理论问题：人与人之间怎样才能相互信任？社会主义目标怎样在现实中实现？伦理的要求，以及走出现代性困境的愿望与审美经验是一种什么样的联系，怎样理论地阐释这种联系？伊格尔顿在十分困难的条件下，从英国当代社会生活的条件出发作出了自己的思考和阐释，他的研究证明了马克思主义美学对当代社会危机的解释能力。对于中国马克思主义美学和文学理论而言，我们有自己的理论资源和优势，应该对这些当代重大的理论问题作出积极的解答。

---

① 特里·伊格尔顿：《甜蜜的暴力——悲剧的观念》，方杰等译，南京大学出版社2007年版，第255页。

② 关于特里·伊格尔顿近年来的研究领域和研究成果，可参阅《我不是一个后马克思主义者，我是一个马克思主义者——特里·伊格尔顿访谈录》，《文艺研究》2008年第12期。

2. 经济和文化全球化使现代性片面发展，这种现代性的当代发展已经使情况发生了某种性质上的变化，现代性成为对人类幸福存在的一种反对性力量，近期世界范围内的金融风暴和经济危机已经证明了这一点。马克思主义美学应该从人类学和伦理学的角度，对现代性的深刻悖论及其非人性化性质给予阐释和批判，从而建构和发展与社会主义目标相联系的核心伦理观念。在美学和文学研究维度，现代悲剧现象的研究具有重要的理论价值。生态危机、性别压抑以及恐怖主义的阴影都成为影响当代社会的基本因素，事实证明，简单地发展生产力并不能有效地解决这些问题。现实问题要求我们从人性和人类种族的特殊性的角度去研究和思考解决问题的可能方案并作出理论的阐释。

3. 对于中国马克思主义美学和文学理论研究来说，要下大力气，开展马克思主义美学的基础理论研究，只有在哲学层面上展开深入而持久的基础理论研究，我们才可能回答当代中国社会和审美现象所提出来的一系列重大问题。如果我们以后现代主义的文化逻辑来对待马克思主义美学和文学研究，理论研究就可能成为市场和金钱的婢女，这是我们应该努力避免的。

高尔基很早就说过美学是关于未来的伦理学，康德也说过，伦理学是没有现实基础的人文科学。在后现代主义时代，一切坚固的东西都烟消云散了，但伦理这块石头却顽强地凸现出来，因为这是人的根本，也是文化的根本。工具理性和形式美学都不能证明伦理、人性与社会主义目标的联系，因为前者是非伦理的，而后者则抵制现代化。从学理上看，马克思主义美学和文学理论如果用辩证的态度研究和思考当代社会所提出来的重大问题，就能够真正解释当今世界并且影响未来。

（原文刊发于《文艺理论与批评》2009年第2期）

关于精神分析美学的评价问题

精神分析运动是20世纪人文科学的重要现象，对美学理论而言，其意义和作用并不亚于哲学发展中的“语言学转向”。从学理上说，精神分析理论是非理性思潮的继承和发展，但是在基本理念、研究方法及概念系统等方面却又十分不同。我们认为，精神分析学派的美学思潮是一种用实证主义方法和理论研究解答美学现代性问题的学术思潮，因其思路和方法的特殊性而成为人文科学领域影响巨大的一个学术思潮。近年来虽然国内学术界对精神分析美学的研究较多，但是对不少问题的解释仍然有不同的意见，本文试就精神分析美学的评价问题提出自己的意见，以就教于学术界的同行们。

一　精神分析美学问题的提出

弗洛伊德在谈到精神分析的发现和贡献时曾说过：“在我之前诗人们已经说出了一切。”的确，弗洛伊德关于无意识的分析经常以伟大的经典文学作品作为例证。精神分析理论关于情感和心理世界复杂矛盾的系统分析，关于个体心理内驱力的深入剖析，在某种意义上带来了人文科学领域的“哥白尼式的革命”，在美学和文学批评理论的建设方面也产生了广泛的影响。对这种影响的分析的评价，是中国美学建设和发展绕不开的一项工作。

从现代人文科学的角度看，弗洛伊德心理学最重要的意义，就在于对菲勒斯崇拜的深刻批判。弗洛伊德认为，“性幻觉”是文化压抑的一种基本形式，对它的批判与对“性”的社会内容的研究存在着某种一致性。弗洛姆曾经指出，弗洛伊德的这种理论与马克思对商品拜物教的批判，在精神实质上是一致的。① 弗洛伊德一生最大的理论抱负，是在性观念、性伦理以及精神健康的文化观念之外，为“解放人类的肉体”这一目标寻找一个客观而坚实的理论立足点。然而令人遗憾的是，弗洛伊德精神分析理论的文化批判意义，特别是在美学和文化批评方面的意义，一直没有得到充分的解释，反而在某种意义上被现代社会的“消费文明”所同化，成为某种虚假满足的“科学根据”。这就造成了精神分析研究和评价中的复杂现象，我们在研究时，应注意把精神分析理论与庸俗化、商业化的弗洛伊德主义分开。商业化和庸俗化的弗洛伊德主义是一个资本主义意识形态现象。

精神分析理论一直在两个方面同时发展着：一个是对现代社会病态的人格和性崇拜现象的深刻批判，在这一方面，精神分析理论的发展与国外马克思主义的一些流派例如法兰克福学派、阿尔都塞学派存在着互相影响的关系。另一方面，精神分析理论关于欲望和欲望表达的理论及其研究方法，对人的欲望与人格的关系，欲望与日常生活行为的关系，欲望表达形式的多样性和复杂性都作了深入系统的研究和说明。这种关于欲望的系统研究，在切断和掩盖了其提出问题的背景和基础前提的条件下，很容易转化为强调欲望的本体性、自律性的哲学和文化理论，从而扭曲了人的存在意义的问题，成为服务于资本主义社会的一种意识形态。在后一方面，精神分析理论所起的消极作用十分巨大，成为许多思想家评论和批判的对象，也成为精神分析理论中不断响起“回到弗洛伊德”呼声的一个社会和文化方面的原因。

精神分析思潮及其美学理论在 20 世纪的发展大体上可分为三个阶段。第一阶段是弗洛伊德自身学术发展的经典阶段，包括弗洛伊德的学生阿德勒和荣格对弗洛伊德学说的阐发和发展，这一阶段精神分析理论在学术上有许多建树，但在美学理论方面其关注的重点是古典艺术现象及其美学问题。精神分析美学思潮发展的第二阶段是二战结束到 1980 年代，这是精神分析理论迅速扩展到西方学术和文化的各个方面，引起强烈兴趣和众多争论的时期。这一时期，精神分析理论不再局限于弗洛伊德的概念和方法，而是按其学理提供的可能，从不同的

① 参见弗洛姆《在幻想锁链的彼岸》，湖南人民出版社 1986 年版。

方面发展和拓宽了精神分析理论的内涵，使精神分析理论出现多元发展的格局。对美学和艺术创作也发生了更为重要的影响，其中最重要的是对现代派艺术的兴起提供了理论上的支持。这一时期较为重要的理论家有法兰克福学派的马尔库塞、弗洛姆等人，结构论精神分析的代表拉康，英国精神分析"客体学派"代表克莱茵，维也纳后精神分析学派代表弗兰克等。在这一阶段，精神分析理论得到了极大的普及和发展，精神分析学派与美学理论的关系十分密切。第三个阶段，是从 1980 年代至今的理论发展阶段。由于社会关系的一系列变化，1980 年代以来的西方学术思潮发生了一系列明显的变化，这种变化也反映到精神分析理论的内部，出现了研究方法和研究重心的一系列转移。这一时期精神分析理论的主要代表有法国的德洛兹、罗兰·巴尔特、利科、米·福柯，美籍印度的斯皮瓦克，美国的霍兰德等人。这一阶段精神分析理论的许多论题是从美学和艺术批评方面提出来的。精神分析思潮在一定程度上走出了以病态人格为研究重心的阴影，并且与文化研究产生了不同程度的联系。

从马克思主义的角度看，弗洛伊德的观点和理论是一种对现代性、现代文化的批判性认识。虽然弗洛伊德的理论看起来十分复杂艰深，但是在把弗洛伊德的著作作一个全面梳理之后，我们可以看出在复杂的理论和方法中，有三个范畴是最为重要的，这就是无意识的概念、无意识的运行机制或表达机制（梦的机制），以及俄狄浦斯情结（"自恋性人格"），这三个范畴成为理解和评价精神分析美学的关键。

无意识最初是作为一个心理学的概念提出来的，通过弗洛伊德本人，荣格、拉康等人的著作逐渐成为现代西方哲学的一个重要概念。在 20 世纪初期，无意识领域的发现既是对人类盲目乐观自信心理的一种打击，也是向现代社会打开了一条认识人类自身以及认识世界的途径。精神分析把人类的精神世界理解为一个由诸种相矛盾的因素构成的复杂世界，大体上可区分出本我、自我和超我三个方面。其中超我是社会和文化对个体的要求在心理上的投影，在马克思的理论话语中，超我的概念接近于意识形态概念和意识形态的"凝视"。

努力用自然科学的方法和观念来研究人的深层意识，努力探索类似于自然本质的人的本质，也就是说，努力用实证的方法去研究和说明人的本质及形成不同人格的原因，是精神分析的突出特点。这种思想方法在早期阶段不免机械甚至可笑，但是经过一百多年的发展，精神分析理论已经逐步超越和摆脱了这种机械性而成为理解和分析人、人的活动、文化的特征、美和艺术的根源等重要问题的重要方法，在一定程度上使人文科学中涉及精神现象的一系列根本而复杂的问题，成为可以具体地进行定量和定性分析的对象。这无疑是20世纪人文科学的重要发展。

无意识的运行和表达的机制，存在于梦和艺术以及与艺术有关的其他社会生活领域。在《作家与白日梦》《笑与无意识的关系》以及论述达·芬奇和陀思妥耶夫斯基的一系列论文中，弗洛伊德论证了艺术是无意识获得表达的一个重要的现实生活领域的观点。与梦境相似的地方在于艺术和笑都是理性、意识和文化控制较为薄弱的领域，无意识也得以通过凝聚、置换、转移、二次加工等方式表达出来，使个体在现实生活中被压抑的欲望通过乔装打扮的形象或叙事得以表现出来。弗洛伊德认为，美和艺术不是非功利的、没有欲望的，事实上存在着十分明显的内容和目的。美和艺术是无意识在日常生活中的一种特殊的表达形式，其实质就是用特殊的形式表达出无意识的要求和愿望。对于弗洛伊德的美学思想与传统美学的区别，特里·伊格尔顿这样评论道：

> 传统的美学思想通过欲望的主体来想象对于先验法则的摄取。弗洛伊德的学说是这个范式深刻的复杂化：因为两个本来相同的术语如今成了分裂的、模糊的、不稳定的、共生的。这不再是个有关在感性上烙上仁慈的法则的印记的问题，而是有关把不可能自相矛盾的力量强加于现已空洞和分裂的肉体之上的问题。我们知道，表面上很严厉的法则其实并不严厉；但我们还必须认识到，看起来好像比法则的无个性特征的判决更个性化，更直接得多的欲望，实际上是一种非个人的力量。①

弗洛伊德和精神分析美学发现，个体的欲望和想象并不是绝对自律和自由的，事实上，是社会的要求、文化的要求以曲折的形式在主

---

① 特里·伊格尔顿：《美学意识形态》，广西师范大学出版社1997年版，第272页。

体身上的表现。因此，对主体欲望的分析也就有可能成为对社会和社会关系的分析。主体进一步发展的要求和欲望不是来自于先验的形式，而是来自于主体内部的矛盾以及主体与外在世界（他者）的关系。

弗洛伊德认为俄狄浦斯情结这个重要概念对于所有的人和不同类型的文化都具有普遍性。弗洛伊德指出，俄狄浦斯情结是许多艺术作品得以产生的心理动力和心理原因，通过对作家传记材料的研究，往往能从其童年经历中找到形成俄狄浦斯情结的原因。循着这一思路，精神分析理论开创了作家心理研究这个美学研究的新领域，对于解构17世纪以来浪漫主义美学的天才论，对于分析作品创作与作家生活经历，特别是作家童年生活的经历的关系，说明作家的现实生活与作品的关系，都提供了极有价值的贡献。这种把艺术问题的思考与实证的科学方法结合起来研究方式，的确开启了不同于古典时期和启蒙时代把艺术主要作为一种至高无上的精神现象来研究的思维方式，为美学的研究开辟了一条以对人的身体的研究为基础（主要是欲望），以讨论人的想象（幻想）与现实的关系为中心，以美和艺术的心理医疗作用为现实效果的美学思路。

二　精神分析美学的基本主题

从弗洛伊德到结构主义和后结构主义的精神分析理论，精神分析作为一种以心理学方法为基础的学术思潮，一个明显的特点是在其发展过程中其重心逐渐从生理学和机械论中超越出来，而越来越偏向哲学、文化理论和美学，这种发展趋指向的学理基础就是精神分析理论与现代性问题的内在联系。关于弗洛伊德的理论与美学问题的关系，特里·伊格尔顿曾作过如下论述：

> 在某种意义上，弗洛伊德的思想完全是“审美的”，它所涉及的全是感觉生活的戏剧。①

---

① 特里·伊格尔顿：《美学意识形态》，广西师范大学出版社第1997年版，第263页。

弗洛伊德相反，审美的态度可以补偿存在的痛苦，但不可能保护我们不受这些痛苦的伤害；如果说美学被想象成充实和平衡得以实现的力量的财富，那么，自纳森·斯威夫特以来，极少思想家怀疑过这种理想。①

由于不同理论家的解释和批判，弗洛伊德的理论已经面目全非。在美学上亦是如此。我们认为弗洛伊德在美学上的贡献主要有以下几点：（1）研究人的情感与人的现实存在的关系，主要是情感与人的身体，与人的身体在现实生活中的存在状况的关系，从心理学的角度扭转了美学领域长期占统治地位的唯心主义倾向；（2）研究了无意识、审美、伦理道德三者之间的辩证关系，从心理学的角度指出了审美活动的社会意义；（3）开创了对作家、艺术家以及艺术作品的深层解读研究，为分析艺术作品的神秘魅力提供了一套具体而实证的方法；（4）开启了对大众心理和大众艺术理解的系统研究，对说明为什么爱情、武打（暴力）成为大众艺术的基本主题提供了学理方面的研究说明。由于这四个方面的创造性研究，使精神分析美学在20世纪获得了不断的发展，也使弗洛伊德本人被称之为20世纪最伟大的“美学思想家”之一。②

（1）情感与人的现实存在之间的关系是美学现代性问题的重要内容。这个问题在精神分析美学中也就是欲望的实质及其意义的问题。通过精神分析的研究，现代美学深化了对情感特别是激情的实质的研究和说明。弗洛伊德指出：俄狄浦斯情结是个体在现实生活中陷入激情状态的重要原因，也是宗教、道德、社会和艺术的根源。社会的现代化进程逐步割断了个体与社会、个体与个体之间曾经具有的较为丰富的联系纽带，人越来越在大众文化的意义上、在意识形态的意义上情感化了，或者说“审美化”了。这是美学在20世纪获得重要地位的原因。

在20世纪的美学理论中，精神分析的特点就在于精细的剖析了人类的心灵及情感世界，显示了人类内在世界的心理动力：力比多与外在世界的冲突。在精神分析的理论中，美的观念始终与母亲的存在联

---

① 特里·伊格尔顿：《美学意识形态》，广西师范大学出版社1997年版，第263页。
② 同上书，第189页。

系在一起。弗洛伊德关于俄狄浦斯情结的分析，荣格关于母系氏族时代所创造的原始意象的考察，拉康提出的以“想象界”为中心的表达理论，克莱茵关于个体与对象关系的理论，都把女性的隐喻作为文化凝聚的中心，并将此作为其理论研究的前提之一。在说明欲望与审美满足之间的自然联系的基础上，作为一种人文科学理论，精神分析的重要性在于，说明了生理欲望与审美活动的深层联系：“文化是对环境的创造性转变，它刻有心理学等式的印记：母亲 = 环境。”① 通过对母婴关系和“家庭罗漫司”的深入研究，精神分析美学较好地说明了主体与审美对象情感联系方式，以及审美情感具有不同的心理效果和社会效果的根源。

（2）精神分析美学理论从无意识的角度，或者说从主体的角度，深入研究了审美与伦理两者之间的辩证关系。精神分析理论在创始阶段就涉及个体与他者的关系问题，在某种意义上说，精神分析理论的根本目的就在于找出影响个体与他人，个体与社会沟通的障碍，帮助个体超越心理困境，实现与其他人以及与社会的交流。个体与社会的关系是20世纪西方哲学的一个重要问题，这个问题在现象学理论传统中表述为“主体间性”问题，在马克思主义传统中表述为主体的异化以及对异化的克服，在精神分析理论中主要表现为欲望主体之间的冲突关系。与叔本华不同，对于力比多之间的冲突的以及不同个体之间的友好相处关系，弗洛伊德是持积极的态度和较为乐观的评价的。弗洛伊德认为，不同主体力比多之间的对抗性冲突是“俄狄浦斯”阶段的特征，是主体处于以“自我”为中心的心理状态的一种外在表现。人类创造文化的积极方面，就是努力克服个体的自我中心的自恋状态，用一种积极的、建设性的态度对待他人和外部世界。人类文化的积极方面就是伦理道德的要求，它通过限制个体的力比多冲动来提升个体，通过创造与社会要求相一致的对象化中介达到与外在世界的交流。

在精神分析理论的视野中，伦理与艺术的关系是辩证的，既可以是对立的、冲突的，也可以是一致的、和谐的，区别开两种状态的关键在于主体，当主体处于俄狄浦斯阶段时，美和艺术是力比多的表达

---

① 莫林洛尔：《西方学者眼中的西方现代美学》，北京大学出版社1987年版，第310页。

形式，而伦理则成为力比多的阻止和限制，而在“生产性人格”中，无意识的表达升华为平等与互惠的爱，主体与对象的矛盾、个体与社会的矛盾在现实中以美的形式得到某种程序的暂时性解决。

（3）精神分析美学理论的另一个贡献是发展了关于艺术家和艺术品的深层解读的方法和理论。弗洛伊德认为，无意识与作品之间的关系是十分复杂的，在一般的意义上，艺术作品是从快乐原则向现实原则转化的产物。由于种种条件的限制，事实上艺术作品绝不可能达到快乐原则的完全实现。在他看来，艺术作品的意义就在于，在现实生活仍然存在着不合理和不平等，存在某种形式的压迫的条件下，个体内部的无意识以想象性和虚构的形式得到表达，并且达到了与现实世界的某种妥协，建立起某种联系。在精神分析理论中，艺术家和艺术不仅是研究无意识与现实世界的多种关系的媒介，而且努力阐发其中的道理，从而为积极的心理治疗提供依据。

精神分析理论认为，艺术作品是情感的表达，但是产生艺术的真正动因还是无意识。弗洛伊德认为，艺术作品与无意识的关系是复杂而辩证的，艺术作品既表达情感和无意识，也隐瞒和掩盖情感和无意识，艺术作品的根本作用在于建立无意识与现实世界的联系，能否成功地建立内在世界（无意识）与外在现实世界的联系，事实上是艺术家与精神病患者之间的最根本的区别。由于每个人，特别是每一个艺术家都有自己的内在世界，都有自己的情感表达方式，因而不同的作家，甚至同一个作家不同时期的作品都存在着“风格”上的区别，真正的艺术批评要善于捕捉这种区别。为了准确地把握艺术家的内心世界，必须通过对作品的细读和慢慢阅读，捕捉表征艺术家内在世界的迹象和症候，以便达到对艺术家内在心理矛盾的深刻揭示。为了达到这一目的，精神分析美学和批评理论发展起了具体的可操作性的分析方式，这是精神分析美学不同于其他哲学性美学的地方。

然而，弗洛伊德毕竟不是专业化的美学家和艺术批评家，他对艺术作品的具体分析并不多，而且主要是对古希腊艺术、莎士比亚、达·芬奇、陀思妥耶夫斯基等为数不多的艺术家和艺术作品的分析，这自然与弗洛伊德的艺术趣味和文化品位主要是19世纪以前的审美趣味有关，他对现代艺术和音乐、电影等艺术形式也不感兴趣。即便如此，弗洛伊德在美学上的贡献仍然十分突出。因为他所开创的对艺术作品的精神分析方法为后来的美学研究和艺术批评开辟了一个十分重要的方法和方向，艺术与精神分析的关系在弗洛伊德之后成为人文科学的一个重要主题，被不断地研究和阐释，有力地推动和促进了美学理论的发展。而且，在某种意义上说，正因为有了精神分析美学和艺术批评，对现代派艺术的存在方式、艺术特质和审美意义的研究才得到了具有学理依据的解释。法兰克福学派的美学理论、罗兰・巴特的文学批评实践、彼得・福勒的艺术评论等在很大程度上都依赖于精神分析的艺术理论。

（4）此外，在大众心理与大众的研究方面，精神分析美学所起的作用也是十分突出的。在浪漫主义美学理论和学术视野中，大众艺术是被排斥和否定的，精神分析的美学理论从学理上必然要把大众艺术纳入其学术视野之中，因为从根本上说，精神分析理论是适合于所有人的，弗洛伊德曾经说过，天底下的一切事物都可以进行精神分析。关于大众心理和大众艺术，弗洛伊德本人谈得并不多，在精神分析美学的理论发展中，弗洛伊德本人写的《笑与无意识的关系》也许是这方面最早的论文。荣格的神话研究和心理类型的研究是较早的大众心理的系统研究。1960 年代以后，在拉康的精神分析理论的基础上，关于大众艺术的心理学研究迅速发展起来，特别在对电影、电视的美学研究以及对流行音乐、广告等大众艺术形式的心理学研究方面取得了较为显著的成绩。在大众艺术和大众文化研究领域，除了马克思主义美学之外，还没有任何一种理论方法和学术思潮具有精神分析美学这样广泛而深刻的影响。

对精神分析美学思潮作出价值判断是十分困难的，原因在于，在一个世纪的发展过程中，精神分析美学思潮和精神分析的美学经常发生变化，具有多种多样的形态和十分不同的学术立场。精神分析方法作为一种实证的、技术性很强的方法和理论，与现代西方不同的哲学观点和学术思潮都具有一定的相容性，因此也就出现了各种形式的精神分析，或者不同的哲学对精神分析的“挪用”。这种状况无疑增加了评价的困难。我们这里着重对这一思潮的积极方面作出评价。

康德美学的巨大张力在于把美学问题放在自由和必然、情感欲望与伦理要求、现实世界和艺术世界之间的两大对立中来考察，它把审美活动解释为一个纯净的永恒性空间。精神分析美学在对欲望与审美活动的分析中引入了辩证思维和实证技术。精神分析理论从人的欲望对象被隔离的现象入手，揭示欲望对这种隔绝的破坏，分析了艺术创作和审美活动中剧烈的心理冲突，强调了审美空间的流动性，分析了玷污行为与艺术创造的关系，从个体心理的内部解构了关于想象力绝对自律的现代神话。

另一方面，由弗洛伊德开创的精神分析理论虽然强烈冲击了浪漫主义美学的纯净空间，但它们本身却不是一种彻底的理论，其中一个重要的原因就在于精神分析理论的自然主义倾向，对此，许多马克思主义理论家从卢卡契、巴赫金到佩里·安德森都曾提出过批评。然而，十分引人注目的是，在20世纪西方马克思主义美学的发展过程中，马克思主义美学与精神分析理论发生了复杂的关系，从法兰克福学派到阿尔都塞学派，从阿多诺到伊格尔顿到斯皮瓦克，我们都会发现精神分析的方法在其理论构架中占据一个较为重要的位置，这个事实不容回避。对此，詹姆逊评论道：

> ……马克思主义与精神分析的确在结构上表现出一系列惊人的相似之处，把它们的主题列一份清单就能说明问题：理论与实践的关系；拒斥错误意识以及关于它的对立面的问题（它是真理还是知识？是科学还是个人的迷信?)；真理的助士的角色及其风险，不管体现为分析者还是先锋队政党，对异化的历史的重新据为己有以及叙事的功能；欲望、价值以及“错误欲望”（或“虚假欲望”）的本质问题；关于革命对过程的终结的悖论，这同精神分析一样，必须被视为一种“无止境”的过程而非一个“目的论”的过程，诸如此类，等等。因此，这两种19世纪的“哲学”在当今的思想氛围里由于它们“天真的语义主义”而成为一种攻击目标也不足为奇了。①

从美学的角度看，由弗洛伊德开创的精神分析美学在持续一个多世纪的发展过程中，对于开拓美学的研究领域，深化对美学现代性问题的研究，都产生了不可替代的作用和影响，我们不可因为精神分析

---

① 詹姆逊：《晚期资本主义的文化逻辑》，三联书店1997年版，第12页。

美学的缺陷和不足，以及这一思潮在西方文化中的一些消极形态而将其中的合理成分连同洗澡水一起倒掉。

三　拉康的贡献

在后弗洛伊德理论发展中，拉康的地位和意义显得较为突出。拉康的作用在于抵御了精神分析理论的庸俗化倾向，把精神分析从一种以医学实践为基础的关于人和社会的看法提升到系统的哲学和哲理化精神分析理论的高度。与弗洛伊德相似，拉康的理论视野很宽，为了深化精神分析理论，拉康广泛吸取了语言学、人类学、哲学、拓扑学等现代人文科学和自然科学的方法和理论。从理论本身侧重点和理性表述的特点来说，拉康的理论具有很强的辩证色彩和较强的理论化特征。关于拉康的理论与相关学科的关系，学术界较多地注意到与索绪尔语言学、语义学的关系，分析了拉康精神分析理论受语言学的影响。其实拉康的理论还受到哲学和人类学的深刻影响，其中最主要是黑格尔、马克思“异化”理论的影响，以及人类学所提供的大量实证材料的影响。他用人类学的自我概念来支持精神分析的自我概念，采用“人类学”和“语言学”的术语和方法，对“自我”神秘化现象作出分析和说明。

镜像阶段理论是拉康精神分析理论的一个标志，这是一种关于人格发展以及伴随着文化分析的理论。拉康通过研究发现，儿童在6—18个月期间，如果照镜子会出现一种狂喜，这是其他灵长类动物所没有的。对于主体的自我意识而言，在对象上观照到自己，是意识独立发展的重要前提。在镜像阶段之前，儿童以为整个世界只有他一个存在，包括母亲的身体，玩具等都是他/她存在的一部分，进入镜像阶段，主体意识到与对象的区别，主体意识得以强化。在这里面拉康表达了一个与弗洛伊德不同的思想：即主体意识的觉醒是以意识的异化，或对象化为前提的，因而在主体意识发展的初始阶段，异化是积极的和必要的。从学理上说，镜像阶段的理论在学理上可以作出两个重要的推论：（1）因为主体的不能移动（6—18个月的儿童基本不能随意移动自己的身体），所以主体和对象之间有一个不可超越、无法弥合的距离。对于主体而言，这是一个最初的创伤，要克服这个中间距离，就需要大量的想象和幻想，所以儿童的想象力特别丰富。（2）视觉的优先发展。在镜像阶段，儿童的手脚能力以及其他能力诸因素还很弱，但他的视觉能力却迅速发展起来，达到了与成人基本一致的水平。视觉能力的优先发展就与造型艺术的创造和欣赏有关。以这一理论为基础，美学可以进一步研究和探索造型艺术与个体主体建构之间的关系。

主体把他/她在镜中的形象与镜子之外的形象作对比，找出联系，对外在的世界形成自己的认知系统和评价系统。这个过程也就是主体建构过程。拉康在弗洛伊德理论的基础上进一步深入地研究了俄狄浦斯阶段问题。拉康认为，从镜像阶段开始，主体就进入了俄狄浦斯阶段，这个阶段的基本心理特征就是自恋。自恋将伴随主体一个相当长的时期，只有超越了这个阶段，主体才克服了片面的自恋，实现精神和人格的进一步飞跃。

在精神分析理论中，对“自我”的分析是最基本的内容。拉康认为，个体进入俄狄浦斯阶段之后，自我心理诸因素即形成了某种结构性的关系，这种结构关系的总体特征就是自恋和自我中心倾向。为了对这种结构关系作出分析和描述，拉康提出了两种侧重点各不相同的理论模型，其中最著名的就是关于“L 图式”的结构分析。通过这种结构分析，拉康把对无意识的研究，以及关于欲望转换（transterence）的分析向前推进了一大步。

L 图式是关于无意识构成要素以及不同要素之间关系的一种结构分析。从 L 图式的分析中，我们可以看出，主体是一个很丰富的存在，在主体的内部蕴含着复杂的关系，以及向不同方向发展的多种可能。拉康关于主体结构的 L 图式，如下图：

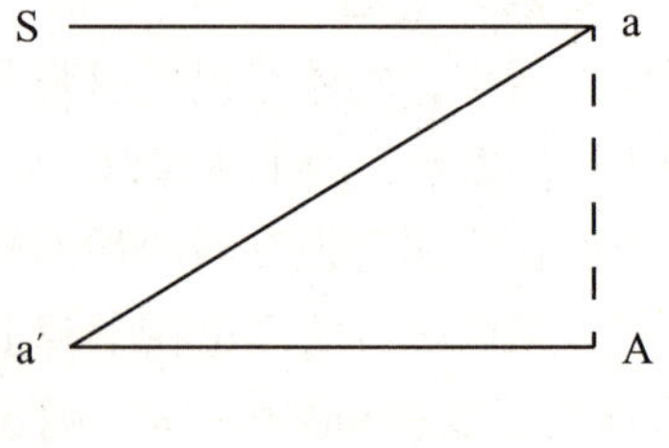

在这里，S 代表主体，是一个现实的复杂的复合性存在，然而主体却如同桥牌中的“明手”一样自己不能认识自己，只能通过不同的

他者或对象来间接地把握自己。在L图式中，a代表想象界，它的转化性形象可以是母亲、艺术、隐喻等，a′代表着作为主体存在的自我，A代表着象征界，主要指父亲，他者、社会规范、法律、道德、符号系统等。从L图式中我们可以看出：首先，主体是分裂的，以a、a′、A三种不同的形式存在，彼此间的关系是辩证的、互动式的。其次，主体的存在是一种叠合性的关系，对主体的分析可以从很多个层面上去剖析，其中两个不对称三角形表示的关系是最为基本的，即a－a′－S和a′－a－A。在a′－a－S关系中，主体性的自我通过想象界或者隐喻性的对象达到对现实主体的认同和把握，这是一种开放性的结构；在a′－a－A关系中，主体性的自我通过想象界而达到对父亲、规范和意识形态的认同和把握，在这里，主体与对象的关系是映照式的，主体处在封闭性结构之中。

关于欲望和无意识，拉康提出了十分复杂的理论。概括起来说，无意识这个概念主要包括四个层次的含义：（1）欲望（无意识）不存在矛盾律，各种矛盾，不同层面的表象可以同时存在；（2）欲望不存在于秩序之中，不存在于物理性时间中，不随时间的改变而改变；（3）欲望不考虑现实，只服从快乐原则，在初级阶段，呈现出一种无逻辑关系；（4）欲望或无意识中具有非常活跃的能量，位移过程可以将这种能量从一种表象（欲望表达的对象）转移到另一种表象上去，压缩过程则意味着一种表象蕴含着若干种表象。欲望与主体的关系是一种悲剧性的关系，也就是说，主体受欲望的支配和影响，而欲望与主体的意志和愿望常常是不一致的，“无意识是他者的语言”，对于个体来说，欲望又具有较之于主体意识更为基础性和本体性的位置。

拉康认为，在俄狄浦斯阶段，主体通过想象或幻觉性的对象来交流，达到确认自我和与外在世界交流的目的，由于交流的这种特殊性同样的对象对于主体而言可以产生出两种价值意义十分不同的效果，这是在美学研究和艺术分析中需要特别加以注意的。

（1）倾向于自恋（偏于想象界），俄狄浦斯情结实质上是自恋性的。俄狄浦斯阶段的合理之处在于，通过这种自恋性的对象化，个体与世界建立起了一种联系。但其价值指向是内向的，容易导致主体之间的隔膜和主体间性。

（2）俄狄浦斯情结本身是辩证的存在，包含着多种可能，其中一种是外向性的和创造性的倾向（偏重于象征界、社会、文化），通过对欲望的限制和约束，有可能使主体脱离欲望的混沌状态和自我伤害的状态，使主体在一个更高的层次上得到发展。主体通过把自己的欲望与社会契合，通过限制自己来获得发展。因为普遍性的东西，社会性和文化性的东西对于任何主体来说都是一种更高、更丰富、更美好的存在。对于个体来说，使主体偏向社会和文化一极的力量在家庭中主要是父亲的作用，在社会中主要是社会规范和文化的作用。对父亲作用、文化和理性作用的重视和强调，使拉康的精神分析理论不仅具有了更多的哲学品格，而且与美学和艺术批评也建立起了更为深刻而广泛的联系。

在拉康的精神分析理论中欲望这个概念取代了“力比多”的概念，成为其理论框架中最基本的概念。欲望这个叔本华哲学的基本概念被拉康进行了精神分析的改造，使弗洛伊德的“力比多”概念显示出复杂而辩证的哲学含义。在拉康的理论中，欲望是人的本体性的心理存在，是无限而且不可名状的，人们只能通过欲望的表达形式来探索和把握欲望。对于现实的个体存在而言，欲望的表达有需要（need）和需求（demand）两种形式，与此相联系，快感也就可以区别为三种不同的形态：生理快感、情感快感、剩余快感。

拉康认为，需要是一种自然性和生理性的要求，对于社会性和具有文化属性的人类来说，需求是一种更高的要求，但却不可能直接表达，在人类社会中，需要的表达必需借助于语言和其他的文化形式，通过语言和文化形式表达出来的需要就是需求。对此，拉康有个简单的比喻，饥饿对于婴儿来说是一种需要，他用哭喊的形式来表达，哭喊对于婴儿来说，表达了一种需求，母亲用哺乳来满足婴儿，表达了对婴儿的爱。对需求这个概念的研究是拉康对精神分析的发展。在拉康看来，个体在现实生活中始终是容易受到创伤和无助的，具有生理、心理和伦理方面的需要和需求，主体自己无法满足自身的需要，只有通过他者的帮助来满足，这就是需求，需要和需求的分裂正是社会个体具有人性和伦理价值的一种表现，也是主体之间相互交流复杂性的心理学原因。需求是个体通过语言和其他社会符号系统来表达需要而产生的。

通过这种转换，需求就取得了双重的功能：一方面需求是对需要的表达，另一方面，需求又包含着他者和社会的某种规范和需求。拉康的需要理论不同于马斯洛需要理论的地方，在于他充分地考察了自然的欲望与欲望的表达之间的区别，分析了其中的矛盾和转化关系，具有更为复杂、也更为深刻的理论特征。在拉康看来，需要的满足获得生理快感，需求得到满足可以获得情感快感，把需求减掉需要，或者说把情感快感减掉生理快感后余下的东西是社会、文化以及人类社会的伦理的某种体现，拉康称之为剩余快感。剩余快感概念的提出，标志着精神分析理论脱离了实证主义和机械论的樊篱，上升为一种具有人文主义目标的社会科学理论。在我看来，在拉康的“剩余快感”、胡塞尔的“现象学的剩余者”，以及马克思的“剩余价值”等概念之间存在着某种内在的联系，对这种联系的深入分析有助于说明西方马克思主义美学与精神分析理论的复杂关系。分析这一重要的现象对于阐释马克思主义美学的当代意义，也具有十分重要的价值。拉康的精神分析理论对路易·阿尔都塞、詹姆逊、伊格尔顿的美学和文学理论都产生过重要的影响，我们应该重视并且分析这种现象。关于拉康的学说与马克思主义的关系，正如弗·詹姆逊所指出的，“然而，说出在拉康那里实在之物究竟意味着什么并不是比登天还难的事情。它就是历史本身：如果对精神分析来说有问题的历史足可以是主体的历史，那么这个词的回声就提示我们，一种特殊的唯物主义与马克思的历史唯物主义相遇在一起业已无法避免了”①。

精神分析理论和精神分析美学思潮，作为20世纪影响广泛的社会思潮和学术思潮，是一个很宽泛、很复杂的现象，对它的分析和评价也十分复杂，我想，首先要弄清这些理论产生的背景、所要解决的问题以及已经在做的学术工作等；其次要把原创性的理论，与这些理论在社会中的流传、阐释作适当的区分。作为一种具有广泛影响的社会思潮和学术思潮，简单地用一个尺度和一个标准很难作出准确的评价，正像一条湍急的河流，要受到河谷与大堤的影响一样，任何学术思潮在它的发展过程中都要受到社会的和文化的制约和影响，对此，我们应该进行深入的和实事求是的分析。

（原文刊发于《西藏大学学报》[汉文版] 2001年第4期）

---

① 詹姆逊：《晚期资本主义的文化逻辑》，三联书店1997年版，第12页。

美学研究的人类学转向与文学学科的文化实践

一　问题的提出：迈向人类学视野的审美与艺术研究

在1977年春天，在桂北山区一个侗族村寨附近的山坡上，我突然听到山坡上劳作的乡民唱起传统的侗族山歌，完全是自发的，一人启喉，众声附和，歌声迅速传遍周围的山岭，宛如天籁之音，自然淳厚。令人惊异的是，在过去的数十年间由于政治运动的严厉禁止，侗族民众的日常生活中已经没有山歌艺术的存在，在我插队的两年间也从未听到山歌的演唱，但是一旦政治环境变得宽松，民歌马上会重新成为当地人生活中和谐的组成部分。

它的生命力从何而来？在当地人的生活世界中占有什么样的地位？它又是如何与别的力量一起共同为当地人眼中的世界赋予意义的？

2001年广西南宁国际民歌艺术节的开幕晚会上，来广西那坡县的黑衣壮族山歌表演队以其独特的黑色衣饰和山歌演唱吸引了与会观众的广泛注意，此后通过大众传媒的宣传报道，“黑衣壮”这一壮族支系逐渐为世人所知。在当地政府、社会精英和知识分子的策划操作下，通过发展旅游业、吸引学术界对当地“传统壮族文化”的关注，其民歌、服饰、建筑艺术得以向外界展示在这一过程中，以民歌为代表的黑衣壮传统文化的形象也日益丰富完善，当地人正是在对艺术和文化传统的回忆与重新建构的过程中强化了对自身群体的认同感和自豪感，尽管无论是民歌本身还是当地人的生活都在这一过程中发生了很大的变化，但在他们自身和外界大众视野中，黑衣壮及其民歌艺术却日益鲜明地成为壮族和壮族传统文化的质朴的、原生态的象征。那么，在塑造族群形象和相关的文化建构中，民歌和其他艺术形式发挥了何种作用？如何成为与外界和其他文化群体交流的工具并在这一过程中同时又改变了自身？

在我看来，以上两个个案正是当代社会文化中艺术和审美活动所具有的多种功能与多重象征的表现。前一个个案显示出艺术与政治意识形态在更广阔的社会生活变迁之间所具有的密切联系；后一个个案则显示出艺术与族群认同、经济与政治利益的获致以及不同社会群体之间复杂的互动关系的关联，如同阳光在多棱镜下折射出七彩颜色，只有将艺术活动置放到社会生活的具体情境中才能了解艺术的多侧面内涵，也只有将人们的审美需要、审美能力与审美交流方式置放到他们所拥有的精神世界的整体背景下，将审美观视为人们所拥有的“文化地图”的组成部分，考察审美观这一文化结构要素在文化整体结构形式中所处的位置和所具有的意义，才能对人们的审美活动得到更深刻的体认。传统的美学和艺术研究方法已经无法对当代艺术和审美活动本身具有的多重意义加以令人满意的阐释。新的美学研究的理念范式应该对当代社会文化中艺术与审美活动的多意性和不确定性有充分的认识，侧重对具体的艺术表现和审美活动的阐释与分析，使抽象的哲理思辨不至于与现实的审美经验和艺术感悟相分离，使美学思考具有坚实的经验研究的基础。更重要的是，应当摆脱审美现代性的束缚，其哲学基础不应仅仅局限在文艺复兴以来西方文明尤其是其中的精英文化大传统之上，相反，要对多元的非西方文化传统中的审美意识、观念、术语及交流方式加以借鉴吸收，以获得充分的文化包容性和更广阔的跨文化视角。因此，在美学研究中，开拓出新的研究途径是势所必然的。而在我看来，这一新的研究取向应该是侧重审美的文化脉络的、多学科交叉的实证研究。在这一新的取向中，美学与文化人类学的联姻正是我所关注的问题。

近年来，我一直致力于美学与文化人类学两学科之间的学科整合，在已经发表的一系列文章中，笔者与同事们对审美人类学的学理基础、理论框架、研究目的、方法与意义加以初步的论述，也得到学术界同仁的认可和支持。当然，审美人类学尚处于学科起步阶段，其理论方法仍有待进一步完善。在此，不拟过多地重复原来的观点与看法，只想更进一步地阐发最近一段时期以来对审美人类学研究的思考：

我认为，审美人类学对文化人类学的借鉴主要有两点，一是跨文化比较研究的视角，二是以扎实的田野调查为基础。理论建构是需要翔实的田野调查和个案研究来支撑的，跨文化比较研究的对象当前也主要是关于中国社会不同阶层、民族、文化区域之间各具特色的审美活动与观念。在现阶段，审美人类学的理论架构已经初步建立起来，如何选择适当的个案，运用审美人类学的理论方法对其加以研究、开辟出新颖的观察和阐释视角，并力求对当代中国审美文化的发展施加积极的影响，这是审美人类学深化学科建设的契机，也是审美人类学取得学科存在的合法性和必要性的关键。

审美人类学还注重对大众文化语境下的民族文化、艺术的展演与交流的研究，这也是其学科特点，但是，与学术界原已存在的少数民族美学研究和大众审美文化研究在研究理念上存在很大的差异。某些学者热衷于将那些被认为是外来的或现代的文化成分剔除后，构建出某种纯粹的、原生态的、未受污染的民族传统文化，从中归纳整理出被认为是该民族在历史上形成的、长久不变的审美文化特征。类似研究实际上是秉承了古典人类学的文化观，将文化视为某种亘古不变的、纯粹的、可不受外界影响而独自延续的实体化的存在。问题在于，后现代人类学思潮已经证明，不同的文化始终处于彼此影响、交流的复杂的互动过程中，并不存在着某种僵化的、凝固不变的文化，同时，文化也具有很强的工具性和操作性，文化的承载者为了自身的目的往往会对原有的文化加以改造加工、附会润饰乃至有意识的遗忘，等等。因此，文化往往是流动的、变化的，并处于不同时代、不同群体文化的“杂糅”的状态中。那些“纯粹”的民族文化非该民族现实文化形貌的展现，在此基础上提炼升华出的民族审美特质也就与该民族实际的审美经验和艺术活动中所体现的审美意义、价值存在着很大的距离。当代中国文化应该是大众文化、少数民族文化、民俗文化、民族—国家意识形态等多种元素在现代传播媒介所提供的交流平台上“多声部”地共鸣，形成前述的某种杂糅的形态，这也是当代审美文化所具有的特征。当前的审美文化研究恰恰缺乏对这一特征的深入的理论探讨，大多还停留在对具体的审美文化事项的描述性观察和感性地评论的层面上。审美人类学研究的新颖之处就在于充分重视当代审美文化的杂糅特征并尝试通过翔实的田野调查和具体的个案研究来阐发这一特征所蕴涵的审美价值。南宁国际民歌艺术节也因此走进审美人类学研究的视野。

二　大地飞歌：民歌艺术的现代意义问题

为什么要把南宁国际民歌艺术节作为重要的个案加以研究呢？除了我本人与大多数审美人类学课题组成员都是广西学者，对乡土文化抱有强烈的兴趣，并亲身参与了南宁国际民歌艺术节的历年活动以外，还因为南宁国际民歌艺术节本身具有极大的学理价值。

从审美人类学的视角观之，南宁国际民歌艺术节正是当代艺术与审美文化所具有的“杂糅”特征的很典型的体现。正如笔者在别的文章中所讲到的，南宁国际民歌艺术节在艺术的层面包容了各种形态的民歌、现代音乐艺术、流行通俗音乐以及主旋律歌曲等多个领域；在社会活动层面则包括了艺术表演、经贸活动、意识形态宣传与打造文化品牌等多个目的；在参与者方面不仅有艺术家还有政府、知识分子、民间歌手、社会大众等；而在文化层而，意识形态主旋律文化、少数民族民俗小传统文化与知识分子精英大传统文化、大众消费文化等更是交织在一起。民歌节本身早已超出了民歌艺术的现代展示这一单纯的性质，成为现代审美关系的多种可能性的表现和象征，其中体现着不同的话语系统和象征体系，包含着传统与现代化进程中多种多样的结合形式。此外，南宁国际民歌艺术节一年一度举办至今，影响越来越大，在某种程度上，它已经成为一种仪式性的活动，成为中国当代大众文化的节日，在时间、地点、活动内容上都有着相对清晰地界定，对其进行不间断的追踪调查，可避免在自身文化中进行人类学调查可能带来的不易把握研究对象的弊病，也可通过该个案对当代艺术与审美文化演变过程起窥豹之效。

1986年，一个偶然的机会，我参加了在广西三江县举办的广西国际民歌节，到1999年，广西民歌节由南宁市人民政府承办，更名为南宁国际民歌艺术节，举办规模更隆重，影响更大。广西师范大学审美人类学课题组每年都由文艺学、美学、人类学专业教师带领相关专业的硕士研究生组成田野调查小组对南宁国际民歌艺术节进行参与观察，至今已进行了四次调查，调查是按照文化人类学田野调查的程序与方法来进行的，调查人员对每年的南宁国际民歌艺术节的活动加以从头至尾的参与观察，通过问卷调查、深入访谈、参与各项活动、观摩表演等方式收集第一手资料，当然，与传统的文化人类学调查对象有所不同，南宁国际民歌艺术节是当代大众文化的组成部分，它不仅存在于现实空间，还存在于网络和传媒构成的虚拟时空中，因此，调查还包括对电视、广播、报纸杂志、网络以及各种音像制品中的相关资料加以收集、整理、分析。这也是审美人类学在研究对象和方法上的独特性的表现。

通过对南宁国际民歌艺术节的初步研究，得到的启发和收获超过了我的预料。我发现，当民族艺术进入现代化过程和全球化语境之后，它的价值、意义都发生了重要的变化，民族艺术与现代进程并不是简单的对立关系。我们注意到，以南宁国际民歌艺术节这一本土的生动个案打破了西方审美现代性的神话。西方现代美学思想中艺术与技术、审美与现实的界限在很长时间以来可谓泾渭分明不可逾越，后现代思潮的兴起打破了两者之间的界限，迫切要求在艺术与生活、审美与现实之间架起联系的桥梁，力求重新把真、善、美三者结合在一起，以弥补西方文明在人与自然、人与人、人的心灵内部造成的苦痛的裂痕。审美人类学课题组对南宁国际民歌艺术节的研究表明，在中国文化语境中，西方文明存在的审美现代性问题并不明显或者说从未能成为中国审美文化的主流。在民歌节中，我们看到，民歌表演借助高科技的声、光、电手段来表达或强化自身的审美效果，艺术的技术化、技术的艺术化两者的共生表现得十分明显。民歌节的另一个特点就是民歌艺术的展示是与旅游、商贸活动的进行和主流意识形态的宣扬密不可分的，虽然这与现代美学与艺术理论中的艺术概念不相容，但只要我们回溯到民歌节的原型——壮族歌圩，就会发现艺术往往是依附于民间宗教、节庆与商贸活动而存在的。歌圩与壮族稻作农业春祈秋报的传统岁时祭祀有关，史料表明，历史上歌圩的举行就促进了壮族地区商贸体系的形成，由于歌圩通常与民间宗教、节庆有关，因此，在民歌艺术中也会存在大量的宗教传承和伦理规范等意识形态内容。这些都是艺术在传统社会文化中存在于日常生活的体现，而这一特点也无不在南宁国际民歌艺术节这一当代大众文化事项中表现出来。这说明在中国传统的和现存的审美方式中审美与认知、伦理之间的裂痕并不像西方那样明显，现代科技的发展导致的社会变迁仍可通过艺术和审美为中介而不至于与人类伟大的历史文化传统相分离。对此问题加以阐释也正是审美人类学的使命。

南宁国际民歌艺术节的审美人类学研究还将大众文化平台上的民族艺术、民族文化的交流与展示作为下一步研究的突破口。在民歌节的舞台上，全国各民族乃至世界各地的民歌艺术都通过现代视听传媒而展现在全国各地乃至海外无数观众面前，成为中国大众文化领域的一大盛事，不得不承认，正是现代科技手段和与此相协调的大众文化运作程序使当代大众享受到传统社会中无法获得的丰富的审美与艺术资源。更进一步而言，在田野调查中，我们发现，无论是地理位置如何偏远的壮乡苗岭、瑶村侗寨，几乎每家每户都有电视机和流行报刊，欣赏港台和海外电视剧成为受欢迎的消闲方式之一。也许在某些研究者看来，这无疑是民族传统艺术与文化衰落的明证，但不应该忘记，大众文化的传播是多纬度和多方向的，现代都市乃至海外的大众文化消费者同时也在电视机前欣赏着南宁国际民歌艺术节和多姿多彩的非西方族群的文化。可以说，某种程度上，正是全球化背景下的大众文化为不同族群提供一套交流的“元语言”或交流平台，在此基础上，不同的文化才得以呈现自身。

大众文化平台上的民族文化展现必然会导致民族文化本身的某种变化，但变化并不意味着消亡。例如，广西龙胜县的壮族村寨，类似的“山歌卡拉OK化”的现象是由于当地旅游业的发展而造成的，当地壮族居民自发地对少年儿童加以山歌训练和传承，以此作为本民族文化的特色加以渲染以吸引旅游业的注意，但与此同时，他们也确实通过旅游收益的增加和与外界游客的交流而强化了对本民族文化的认同及自豪感。山歌在演唱时间、场合、演唱者、功能与意义上都发生了重大的改变，同时却也使民歌艺术在民族文化体系中发挥了更大作用，凸显了民歌艺术作为族群记忆载体和民族文化象征物的重要地位。民歌艺术并没有因大众文化的影响而消亡。在我看来，审美人类学正应该关注全球化和大众文化影响下的民族文化与艺术变迁，深入了解一个个具体的个案，对其中的文化变迁过程加以“深描”，以领会在其中所体现出的民众所具有的生活智慧，领悟民众是如何创造、利用、改造包括艺术在内的诸多文化事项来适应乃至影响社会文化变迁过程以维护自身的福祉与尊严。南宁国际民歌艺术节就是这一过程的重要个案，它是对当下中国文化戏剧性的真实反映，也是民族文化、艺术在当代社会生活中现实发展方向的象征体现，其中所隐喻的民族文化现代发展的复杂状貌，所展示的民族文化现代化发展的多样化途径值得我们好好地研究。

研究还表明，成功地凸显出民族文化与艺术的现代美，正是南宁国际民歌艺术节的价值和意义所在。在南宁国际民歌节上，通过民歌新唱等方式，将少数民族文化艺术中积极健康的基因加以激活，凸显出少数民族文化的现代魅力，实际上也就是将少数民族、民间文化鲜活的生命力呈献在公众面前。因此在南宁国际民歌艺术节如何举办下去这一问题上，我并不认为商业化操作是唯一可行的方案，相反，我主张让南宁国际民歌艺术节拥有更广泛的参与性和开放性，将南宁国际民歌艺术节树立为中国当代大众文化的文化品牌之一，让社会各界——不仅是政府和商界——的力量介入和参与其中，为中国当代多种文化力量提供一个互动和交流的多样化的舞台。民歌是大众表达情感、认识世界的手段，它随着时代的变化而变化，内涵也随着社会生活的日益复杂而更为丰富。在当代社会，不仅存在着传统意义上的民歌，还有都市民谣、校园歌谣、青年亚文化中的市民音乐、民俗社会中的民间音乐创作乃至影响日益扩大的网络音乐等多种音乐形式。在田野调查中我们发现，不仅传统的少数民族和汉族民歌也随时代变化而在形式与内容上发生了很大的变异，而且以上这一新兴的民间音乐艺术形式更是虽现出方兴未艾的发展趋势，遗憾的是它们还未得到很好的发掘与研究。从这些新兴音乐形式中如何看到当代中国文化发展演变的不同方向，如何通过它们了解民众对社会、对生活、对自己、对世界的看法和认识，并进而窥探到作为文化心理和价值观念最精微深邃部分的审美意识的演变，是当代美学研究的主要任务之一；遗憾的是得到的关注和成果尚不尽如人意。审美人类学依托文化人类学这一全面研究人类文化的成熟的学科，将审美研究置放到文化研究的广阔背景之下，正可以弥补原有美学研究的不足。如果能够通过学者们的努力使不同民族、不同社会阶层和文化背景的民众真正参与到南宁国际民歌艺术节中，让当代社会多元化的文化和艺术形式在其中都得到展示和交流的空间，一定会更有意义。

三　关注现实：审美人类学与乡土文化建设

审美人类学可以说是一门乡土气息十足的交叉学科。近年来，广西的若干学者在学术界提出了开展审美人类学研究建议，努力从广西地方文化中提炼出个案加以探讨研究，广西 12 个民族及其众多族群、支系富有活力的文化实践是审美人类学学术创新的源泉。研究者通过自身的学术活动对广西各民族社会文化发展施加良性影响，使各族民众在享受现代科技与经济发展带来的利益的同时尽量避免前者带来的对自然、社会、心灵的伤害，在与外来文化接触的过程中保持健康的文化自信与自尊，是学者对所生活于其中并滋养了自己的学术思想的社会加以文化反哺的一种形式，也是起码的学术伦理的要求。从我开始审美人类学研究之初，就存在着一个心愿，审美人类学不应该仅仅是单纯的学术研究，还应该是人文学科为少数民族地区社会经济文化全面而协调发展服务的尝试。况且，在今天的民族地区，发展更多地意味着为适应现代化进程影响下的社会结构、文化模式、观念意识带来的全面变化，早已超越了单纯的经济与技术变革。我本人多年来从事美学与文艺理论研究，审美人类学又是一门侧重于探索文化内在的审美价值与理念的学科，因此，我将尝试的重点放到发掘西南尤其是广西少数民族文化中的审美“余韵”上，此举在某些急功近利者看来也许稍嫌迂阔，但却是学者真正力所能及且无法由他人代庖的工作。审美人类学课题组近年来为广西少数民族地区社会文化发展服务所做的工作总的可分为以下几个方面：

第一，审美人类学课题组对广西少数民族文化制定了较全面而细致的田野调查计划并逐步加以实施。广西乡土文化大致上可分为桂北漓江文化区、桂中柳江文化区、桂西南红水河文化区、桂东南环北部湾文化区四部分，壮族为代表的百越族系原始文化为广西乡土文化的底蕴，在以上四区分别展现出不同的文化特征，例如桂北汉族中原移民文化与壮、侗、苗、瑶等少数民族文化多元共生；桂中壮族文化与中原移民、粤系客家文化相交融；桂西南壮族原生态文化保存较完整；桂东南粤系客家移民吸收百越文化形成自身特点等。桂北龙胜县平安壮寨，三江县斗江小龙胜寨，阳朔县福利、兴坪等汉族村镇，桂西南那坡县黑衣壮弄文屯是我们初步选定的田野调查的基地，已经有学者和博士、硕士研究生开始深入村落进行符合人类学规范的田野调查，在此基础上，一批人类学、民俗学、美学与审美人类学硕士研究生学位论文已经顺利通过评审，阳朔漓江流域地方文化和那坡黑衣壮传统文化田野调查报告集与研究论文集正在整理和编辑过程中。在那坡县与龙胜县、宜州市等地即将建立兼具文化保护与开发研究双重功能的审美人类学研究工作站供有兴趣的中外学人进站调查研究。对桂中和桂西南的田野调查工作将有选择地展开，对南宁国际民歌艺术节的调查也会一如既往，等等。以上的田野调查工作不仅为审美人类学研究提供了资料，更重要的是向海内外和社会各界展示了广西乡土文化的较完整形貌，树立起广西的文化形象，唤起大众对广西乡土文化的自豪感和自信心。

第二，审美人类学研究与教学工作为广西各民族培养学术研究和文化建设的复合型人才。审美人类学课题组以广西师范大学中文系为依托，我本人还兼任山东大学与武汉大学博士生导师，初步形成在大学本科、硕士、博士三个层次审美人类学的人才培养序列。在广西师范大学中文系本科教学上，开设了审美人类学系列课程，包括审美人类学、文化人类学、南方民族历史文化、人类学田野调查方法、民俗学、少数民族美学研究、少数民族民间文学、壮族文学（化）史等课，教学量超过200课时，还在本科学生中成立了兴趣小组，鼓励学生进行相关的社会实践和田野调查，为学生报考审美人类学方向的研究生打下基础。在硕士研究生培养的层次，广西师范大学中文系文艺学与少数民族文学专业都开设了审美人类学的研究方向，我本人则在山东大学和武汉大学招收审美人类学方向的博士研究生。我认为，审美人类学专业的设置在一定程度上弥补了人文学科尤其是中文学科原有的人才培养模式的不足。它倡导将抽象的学理思考与对现实社会文化问题的关注相结合的实证研究，使美学与文艺理论研究不至于成为某种脱离现实经验的“玄学”，同时，也加深了学生对自己生于斯长于斯的乡土文化的了解和眷恋，更关注民众的生活智慧和人观视角的表现，摆脱了中文学科在理论取向上要么奉西方主流话语为圭臬，要么希望从中国古代经典中寻找武器的简单化倾向，拓宽了人文学科的学理基础。经过审美人类学学科训练的学有的在高校从事教学与研究工作，有的在广西行政、新闻、出版、文化、旅游等行业服务，审美人类学训练使他们具有更为广阔的跨文化视野和更宽广的文化包容心理，更具备人文知识分子安身立命所必需的人文关怀和草根意识。

第三，审美人类学研究为广西现实的文化建设起到良好的促进作用。南宁国际民歌艺术节是广西当代文化建设的一个重点项目，审美人类学课题组以此为着力点，对南宁国际民歌艺术节乃至广西乡土文化的建设提出了一些有价值的意见。一批有一定水平的学术论文的发表引起了国内知识界的注意，使更多的学者关注民歌节和广西当代文化的建设。审美人类学课题组主要成员在《广西日报》上连续刊登关于南宁国际民歌艺术节的评论文章，以较浅显通俗的形式向社会大众阐释这一现代节日所具有的人文价值和社会意义。课题组在《民族艺术》《南方文坛》等杂志上发表的关于南宁国际民歌艺术节的学者对话是审美人类学课题组与国内著名学者之间的思想交流，也为南宁国际民歌艺术节的举办提供了学者与学术层面上的意见。在我看来，南宁国际民歌艺术节早已超出了民歌艺术的现代表演以及文艺搭台、经贸唱戏的简单化内容，清楚地表现出全球化背景下少数民族地区的经济发展与文化传统的展示、地方文化身份的塑造、族群和社区认同的维系、本土与外来观念的冲撞等多种因素存在着复杂微妙的共生互动的关系。以此个案为例，可以对民族文化的当代演变、艺术与审美的现代意义乃至中国美学研究的发展等问题的思考提供依据。

四　走向田野：中国美学研究的新趋势

审美人类学研究如何进一步深化呢？除了要求研究者关注中国审美文化现实发展走向、注重多学科交叉给美学研究带来的理论启迪之外，很重要的一点就是要深入到对艺术和审美存在于其中并发挥功能的文化脉络的研究。具体而言，就是要研究艺术与族群认同和文化身份的构建之间的关系、审美经验与现实审美活动如何作为文化理想的潜意识表述的问题。在全球化的今天，艺术与身份认同、审美与文化表述相互间的关系问题正日益引起人类学、美学、文化研究、文学批评等多学科的注意。

全球化过程带来了前所未有的物质进步，也促进了世界各国、各地区、各民族间的交流，但同时也使得不同国家、地区、民族之间为争夺有形和无形利益的冲突日益激烈，文化和观念意识上的分歧也随着交往的频繁而日益凸显，可以说全球化本身并未能使当今世界变得更和谐、和平与美好。由于当前世界上的热点冲突往往与不同的种族、宗教分歧有关，而这些分歧又都可以从不同民族所拥有的历史和文化中寻找根源，因此某些西方学者提出文明冲突理论来解释和预测世界局势的现状和发展，可以说他们的结论是悲观的。由此也影响到西方学者对文化的认识，在西方主流的人类学、社会学、文化研究理论中，往往强调不同社会阶层和不同族群以各种想象的和现实存在的文化差异作为划分群体边界的手段，强调不同社会阶层和不同族群如何利用自身所固有的文化作为获得利益或打击对手的工具。由于不同文化的物质与技术层面，乃至社会结构与体制层面上的本质差异在全球化时代已经大大减弱，所以文化的精神层面上的差异反而被人为地强调和强化了，而艺术与审美在大多数文化中都是上层建筑的重要构成部分，同时也是文化中最为形象直观的部分，因此文化差异的社会展演往往是以艺术和审美活动的社会展演这一直观的形式表现出来的，艺术和审美也因此在当代社会中具有前所未有的丰富的文化内涵和象征意义，同时也与社会文化冲突而紧密地联系往一起。

西方学者关于艺术的文化理论有很大的启发性，但是我们并不苟同西方学者将文化——在审美人类学的视野里具体化为艺术和审美——单纯视为界限和工具的主张。我们认为，艺术和审美活动在当代世界同时也具有弥补裂痕与创伤的积极作用。恰恰在这一点上，南宁国际民歌艺术节为我们提供了 一个很具积极性意义的个案。在2001年的南宁国际民歌艺术节盛大的开幕式上，百名来自广西那坡县黑衣壮族群的男女民间歌手登上舞台，唱起黑衣壮民歌《山歌年年唱春光》，天籁般的歌声把黑衣壮族群独特的民歌艺术与文化展现在大众面前，也从此改变了黑衣壮族群的文化身份与族群关系。通过田野调查，我们发现了一个有趣的也是极有震撼力的现象：在黑衣壮族群生活的那坡县，存在着十余个不同的壮族支系，黑衣壮生活在当地自然环境最为恶劣、少田缺水的大石山区，毋庸讳言，在很长一段时间里，即使在当地壮族内部，黑衣壮也因为偏僻的地理位置和低下的经济水平而受到歧视和排斥，就连他们所身着的黑色衣饰也在一部分其他族群成员的眼中成为“土”与“丑”的象征。但是，南宁国际民歌艺术节这样的机遇使黑衣壮获得在国际性的大众文化庆典上展示自身文化的机会，此后，传媒和大众对他们的文化的兴趣越来越浓厚，相关的媒体报道越来越多，外界的关注和由此带来的发展旅游业的契机让他们对自己的文化有了前所未有的信心，也改善了他们与其他族群的关系。随着影响的扩大，当地一些其他的壮族支系开始寻找与黑衣壮族群在文化上的相似处和他们在历史上的同源关系，对黑衣壮族群的歧视渐渐消失，相互间的通婚和交往日见增多。最近的调查发现，当地壮族的族群认同已经大大加强，并开始用“黑衣壮”之称来作为当地壮族的共同称谓。而在当地政府和知识分子对本民族文化的介绍中，黑色更被重新解释为古老、纯朴的象征。由此可见，全球化和由此带来的大众文化传播并不必然造成少数民族或族群文化的衰落，后者完全可以主动利用全球化来展示自身从而改变自己的劣势地位，造就更为和谐的新型族群关系和认同空间。

艺术与认同的关系以及由此引起的审美的文化内涵问题里有我们远未弄清的复杂性，在广西乃至西南少数民族地区这一问题尤为引人注意。我曾经在相关文章中指出，审美人类学在广西产生、成长，既有偶然性也有特殊的机缘。西南少数民族文化因为独特的自然和人文环境而独具特色，前工业文明、工业文明与后工业时代的文化因子在西南少数民族地区能够较为和谐地共存，不同民族之间、同一民族内部不同支系之间历史上很少出现血淋淋的暴力冲突，人与自然和古老的历史传统之间的断裂还不明显，人与人、人的物质存在与内心世界之间的平衡还未被打破，等等。这其中的文化机制对于当代文化建设和发展有什么意义？我认为在很大程度上，西南各少数民族文化大多都将艺术与审美作为文化交流和展示的主要途径，也将此作为超越现实生活、表述文化理想的主要手段，这与世界上大多数民族将自身所信仰的宗教作为最重要的文化象征和依托是有着内在差异的。借用格尔兹“内卷文化”的术语，我以此来描述将宗教作为最重要的认同和表述手段的文化，而将以艺术和审美作为最重要的认同和表述手段的文化称为外播文化。与前者相比，外播文化因为较少受到宗教神圣性的束缚而具有更大的变异性和包容性，同时仍然保留了对现实生活的超越和批判，在某种程度上，西方文明包括伊斯兰—阿拉伯文明可以作为前者的代表，而西南少数民族文化则可作为后者的代表。

南宁国际民歌艺术节上天籁般的歌声已经飞扬在中国的大地上，破译歌声中蕴涵的文化密码为现实的文化发展服务则是我们审美人类学研究者的责任，这需要我们每一个人的进一步努力。

（原文刊发于《广西民族学院学报》[哲学社会科学报] 2004 年第 9 期）

现代性与悲剧观念

悲剧在现代社会中的话题是围绕着它的存在与消亡而展开的，斯坦纳的《悲剧之死》(1961)、威廉斯的《现代悲剧》(1964)、奥康诺的《悲剧之气候》(1965)、缪勒的《悲剧精神》(1966) 以及伊格尔顿的《甜蜜的暴力——悲剧的观念》(2003) 始终围绕着这个主题。在现代社会中，悲剧是一种十分复杂的文化现象，对它的理论阐释成为理解现代性的一个重要角度。对于中国的审美现代性问题的思考，悲剧观念的研究也是一个重要的角度。

一　现代性的悲剧性困境

现代化是一个痛苦的悲剧性过程。现代化的结果给我们带来了一个物质丰裕的社会，但这个社会却有着更为深层的精神危机和道德危机。戈德曼的《隐蔽的上帝》很好地揭示了当下资本主义社会历史条件下人类生存的新的悲剧性和冲突。由于理性主义空间的建立，取消了两个密切联系的概念，即共同体和宇宙，而用“有理性的个人”和“无限的空间”来代替；“这种代替体现了具有重大意义的双重胜利：一是肯定个人的自由与正义是全社会的道德准则，一是在思想方面建立起机械论物理学”①。也就是说，在上帝被理性杀死的时代，人类一方面废除了人类为自己的道德标准而设立的外在于人类并且高悬于人之上的上帝这个判断尺度，另一方面同时确立了以个人的自由与正义

① 吕西安·戈德曼：《隐蔽的上帝》，百花文艺出版社 2002 年版，第 36 页。

成为全社会的道德准则。可是人不仅是类的产物，他更是一个独立的个体，这个独立的个体一旦缺少指导现代技术并使之为真正的人类共同体目的服务的道德力量，就有可能产生难以想象的后果。伊格尔顿指出："在西方人们试图尝试各种哲学、心理学等等，以求填平情感上的鸿沟和精神上的空虚。然后人们在生活中寻找解决的方法，结果是不约而同地转向一种叫做享乐主义的东西，即寻求一种能够获得快乐的方式。"① 伊格尔顿对后现代文化语境中的物欲狂欢和个体狂欢现象充满着忧虑，在他看来，后现代文化的三个消极现象：一、政治上的消极主义与失败主义；二、肤浅的乐观主义和享乐主义；三、审美主义。这三个方面都与悲剧观念有关。面对这样的文化现实，我们应该作出怎样的理论阐释，从而思考超越后现代性的文化之路呢？悲剧既具有终极价值的超验性，能为世俗社会中的人们提供一些先验的价值判断和道德约束，同时这些价值和道德又不是脱离于人而悬浮于人之上的，它是人类自身从世俗中升华起来的一些价值观，它以人性为基础，具有现实合理性，并为人们前赴后继地实践着。悲剧和现代性的社会重新联系起来，这也是悲剧在现代社会生活被重新热烈讨论的原因。

1961 年，斯坦纳发表著名的《悲剧之死》，从历史唯物主义和社会演变的角度明确宣布悲剧已经日薄西山，奄奄一息，伟大的悲剧艺术将从此风光不再。当然，他认为悲剧消亡是个渐变的过程，从拉辛的时代开始演变为"近似悲剧"、"非悲剧"，最后是彻底的消亡。斯坦纳认为悲剧消亡的原因在于：1. 贵族（英雄）与贫民（普通人）的差别已经不重要；2. 浪漫主义时代那种人类完美性信念的结束和救赎神话的产生；3. 以中产阶级生活为焦点的小说对带有贵族气的悲剧艺术的取代；4. 戏剧从诗体形式向散文体形式的转化。② 然而如果借用马克思主义的历史唯物论的理论眼光来看待悲剧的存在与发展，结论肯定是不同的。因此，威廉斯在 1964 年出版了《现代悲剧》对斯坦纳提出的问题作出回应。威廉斯首先指出现代社会"悲剧死亡论"的理由在于我们现在缺乏创造悲剧所应该具备的信仰和规则，所以也就

---

① 《"我不是后马克思主义者，我是马克思主义者"——特里．伊格尔顿访谈录》，《文艺研究》2008 年第 12 期。

② G. Steiner, *The Death of Tragedy*, Faber, London, 1961.

创造不出悲剧了。可是悲剧的信仰和规则是谁规定的，怎样规定呢？它是随着社会的变化而变化还是作为一个永恒的真理呢？通过对悲剧理论的考察，威廉斯发现，现代社会中的悲剧理论都是按照固定不变的人性或人性的部分特征来解释悲剧，已经抽空了它那丰富的现实基础。而如果我们还要拿着一种过时的却以为是放之四海皆准的理论来衡量悲剧的现实实践，将一个完整行动的部分抽出来进行绝对的抽象化和普遍化，那就剥夺了悲剧其他意义的可能性。威廉斯的处理方案是要求我们回到经验事实本身，不再根据永恒不变的人性来解释悲剧，而是根据变化中的习俗和制度来理解各种不同的悲剧经验。威廉斯认为应该找到自己文化中的悲剧结构，在经验层面对现实经验进行全部把握，发现其中新的因素和新的生长点，接着在分析的层面上概括出这一时代的理论特征，这样，悲剧不再是某种特殊而永久的事实，而是一系列经验和制度了。威廉斯从日常生活经验和情感结构中成功地提升出一种新的革命悲剧理论观，要求我们从日常生活的意义上辩证地来理解革命的悲剧性。威廉斯指出，革命的目的和手段存在着潜在的悲剧性，并最终带来无序和混乱，给日常生活中的人们造成痛苦，我们只有从这一悲剧性的角度去认识革命，革命才能够持之以恒。威廉斯对革命悲剧性的理解，对斯坦纳所提到的悲剧与犯罪的关系进行了很好的回应，为我们理解现代悲剧提供了新的眼光和思路。

伊格尔顿的《甜蜜的暴力——悲剧的观念》从悲剧与社会主义运动的内在联系的角度重新思考了悲剧问题。伊格尔顿在这本书中使用的是一个不同于传统的、新的悲剧概念：悲剧的观念。由于这些“传统主义的悲剧概念以许多种区别而定——命运与机遇、自由意志与命运、内在缺陷与外在条件、高贵与卑贱、盲点与洞见、历史性与普遍性、可变事物与必然事物、真正的悲剧范畴与全然令人可怜之事、英勇的挑战与可耻的懒惰之间的——这些在很大程度上不再对我们有多大影响”①，所以，他使用“悲剧的观念”，以便与现代性的悲剧性状态相对应。其实从德国浪漫派开始，人们早已倾向于不再将悲剧只是视为一种艺术体裁，而是看作一种哲学观念、审美意识、人生态度。

① 特里·伊格尔顿：《甜蜜的暴力——悲剧的观念》，南京大学出版社 2007 年版，第 21 页。

悲剧作为一种艺术形式虽然接近衰亡，但悲剧作为一种观念或精神渗透进人们的意识和观念中。所以作为戏剧艺术形式的悲剧是消亡了，然而正当这种形式本身似乎一时枯竭的时候，关于悲剧的哲学沉思却繁盛一时。黑格尔、谢林、叔本华、尼采等都对悲剧进行哲学性的探讨，并形成了各自的悲剧理论。伊格尔顿建议采用悲剧观念，因为悲剧理论妄图将悲剧经验抽离归约成一种理性形式，结果总能感到一些观念从意义之网溜出。伊格尔顿认为，如今对于大多数人来说，悲剧意味着实际发生的事情，而不是艺术品。悲剧已经成为一种日常生活的悲剧，一种悲剧观念，它体现于人的一个内在维度，并为他们的日常行为提供必要的道德标准和价值参照。作为悲剧的观念，它既可以体现于悲剧性的理论中，又可以体现于悲剧性的作品中。"正是随着现代的开始，悲剧观念才开始超出其在这种或那种案头剧或者舞台表演中卑贱的倾向，成为凭借自身资格而存在的一种成熟哲学。倘若悲剧对现代性至关紧要，它就几乎是一种神义论，一种形而上的人道主义，一种对启蒙运动的批判，一种被移植的宗教形式或者一种政治怀旧情绪。"① 在最近的一篇论文中，伊格尔顿分析了悲剧观念在现代社会经久不衰的原因：悲剧成为文化批判的一种形式。悲剧实际上是对今天堕落的、庸俗的日常生活所作出的反应。正是在这个意义上，悲剧话语和悲剧理论成为广义的现代性的一部分，也称之为审美现代性。伊格尔顿认为作为文化批判模式的悲剧与一般的文化批判是不同的，其不同在于：文化批判只局限于对悲剧的崇高和世俗的平庸进行对比，或者干脆就是对现实的逃避，以怀旧的眼光给过去涂抹上一层理想的光环，以此种方式来对抗现代性；而作为文化批判模式的悲剧却是加入到从日常生活飞跃的行列之中，它是对日常生活的真实面对，是在接受现实中从日常生活现实内部升腾起的一种变革的力量，是放弃与不放弃旧的，选择与不选择新的生活方式的真实面对，作为文化批判模式的悲剧将希望全部悬系于一点上，正是在这一点上，考验出人类的极限和力量。因此伊格尔顿对狭义上的审美现代性批判力度是持否定态度的："提出这种解决办法的居然是美学，这何等令人沮丧。"狭

---

① 特里·伊格尔顿：《甜蜜的暴力——悲剧的观念》，南京大学出版社 2007 年版，第 21 页。

义的审美其实只不过是“允许我们将一种虽然假想的目的性归因于世界的东西，并且因此沉迷于对一种现实的乌托邦幻念”①。因此审美是反悲剧的。审美通过一种想象性的镜像关系反射我们主体性的结构，通过一种审美变形的手法来把握现实的手段，它所提供的解决途径仅仅是一种形而上的想象性解决。但如果我们能够意识到它与现实的距离，我们仍然可以通过审美对现实进行真实的把握。快乐原则与现实原则因此可以统一。然而，对审美想象性解决的充分信任最终浇灭了人类社会得以前进的欲望激情，其抽象性和归约性让我们在感觉上丧失了对世界的占有立场。而我们如果从这个角度来理解现代悲剧，现代悲剧不但没有消亡，而且更加多样且多彩了。

二　现代性矛盾的悲剧式解决

悲剧理论应该如何阐释，才能正确理解现代性的相互冲突和矛盾性？这也许只有从马克思主义的理论出发，将现代性的相互冲突和矛盾放置于马克思主义历史悲剧的理论框架内来理解，才能够为现代性找到一条走出困境的拯救之路。早在《黑格尔法哲学批判导言》中，马克思在评判当时的德国政治现实时就这样说过：“当旧制度本身还相信而且也应当相信自己的合理性的时候，它的历史是悲剧性的。当旧制度作为现存的世界制度同新生的世界进行斗争的时候，旧制度犯的就不是个人的谬误，而是世界性的历史谬误。因而旧制度的灭亡是悲剧性的。”② 这里已经包含了马克思主义历史悲剧的理论雏形。马克思在这里所要揭示的是：旧制度还存在着合理性表明自身还存在历史价值，旧制度的消亡则意味着某种价值的毁灭。马克思主义悲剧观的正式提出是在马克思、恩格斯分别致拉萨尔的信中。马克思提出的批评意见是：“济金根的覆灭不是由于他的狡诈。他的覆灭是因为他作为骑士和作为垂死阶级的代表起来反对现存制度，或者说得更确切些，反对现存制度的新形式。这只意味着他是按骑士的方式发动叛乱的。如

① 特里·伊格尔顿：《甜蜜的暴力——悲剧的观念》，南京大学出版社 2007 年版，第 234 页。

② 《马克思恩格斯选集》第 1 卷，人民出版社 1972 年版，第 5 页。

果他以另外的方式发动叛乱，他就必须在一开始发动的时候就直接诉诸城市和农民，就是说，正好要诉诸那些本身的发展就等于否定骑士制度的阶级。”① 恩格斯则指出：“据我看来，悲剧的因素正在于：同农民结成联盟这个基本条件是不可能的，因此贵族的政策必然是无足轻重的，当贵族想取得国民运动的领导权时，国民大众即农民，就起来反对他们的领导，于是他们就不可避免地要垮台。在我看来，这就构成了历史的必然要求和这个要求的实际上不可能实现之间的悲剧性的冲突。”② 马克思和恩格斯揭示济金根命运中真正的悲剧因素是：济金根作为垂死阶级骑士的代表来反对现存制度，是以旧的阶级来反对新的阶级，因而不可能得到国民大众的支持，这就决定了他的斗争不可能不以失败告终。马克思已经明显地区别了两种悲剧：旧制度旧事物的悲剧和新事物新制度的悲剧，拉萨尔的错误在于他模糊了两种悲剧的界限，并把旧阶级退出历史舞台的悲剧看成是革命的悲剧，因此在理论上是错误的。马克思和恩格斯认为悲剧的内容是现实生活中的矛盾和冲突。在现代社会这种矛盾和冲突的形式有了新的发展和变化。

伊格尔顿对悲剧和现代性的研究是在马克思主义历史悲剧的理论框架中展开的。因为是从历史发展的必然规律和现实的社会力量之间不可避免的冲突性来看待悲剧，所以斯坦纳的“现代悲剧死亡论”也就不攻自破了。其实假设悲剧真的具有绝对价值，那么无论它是活的还是死的，都代表着悲剧对现代野蛮的一种反应。简单地说，悲剧就是一种对事件的反应。从悲剧作为文化批判的一种模式，作为社会形态的否定性力量，悲剧不但不会死去，而且具有绝对价值性。“20 世纪发生在悲剧身上的不是它的死亡，而是它变成了现代主义。”③ 悲剧的出现总是表征着新旧事物的更替，社会变革时期的到来。旧事物的毁灭总是伴随着旧的价值的终结，新事物在历史中的第一次出现正如马克思指出的是以悲剧的形式出现的，伊格尔顿式的表征语言是，“冲击其权威的无论什么东西都是注定要失败的”，然而正是“通过这种

① 《马克思恩格斯选集》第 4 卷，人民出版社 1972 年版，第 339 页。

② 同上书，第 346 页。

③ 特里·伊格尔顿：《甜蜜的暴力——悲剧的观念》，南京大学出版社 2007 年版，第 219 页。

失败，一种最终非定形的理性被含糊地带进人们关注的中心”,① 即意味着一种新的价值观念伴随着新事物的毁灭而被模糊地带入社会结构中。所以，失败也是一种胜利。

“个体与社会之间不存在悲剧性冲突”②，这是伊格尔顿论证现代性悲剧的立场和出发点。由于指出个体与社会不存在这种悲剧性的冲突，所以现代性中关于自由的主题极富反讽性。自由既使人兴奋，因为这意味着人性可以自由地重塑自己；又令人发抖，因为这意味着自由之外不存在任何东西给予它本体论的赞同标志，否则我们的自由就会受到限制。因此，自由是无法确证的。确切地说，自由只是一个我们孜孜以求的幻象。我们无法知道我们是自由的，只能够相信是自由的。就像阿尔都塞所说，跪下，然后你就相信了上帝的存在。这是一种信仰的魅力。在伊格尔顿看来，自由始终是在一种受制约的关系中才能产生的命题，这也是自由的一个自我式悖论。自由始终是与必然性密不可分，自由必须屈从于另一种权力才会显得更加的真实，要自由意味着选择必然的自由之条件，而这种交换形式是以一种反弹后的多倍形式来获得，类似于中国的谚语“退一步海阔天空”。放弃的目的在于获得，并且是以多倍的形式获得。例如，“笛卡尔暂时放弃他所了解的事物，为的是使其依赖于更可靠的基础，同样，资产阶级的个体必须自由地让其私人身份屈从于国家，为的是以公民权的形式重新获得它，这相对而言具有更丰富的意义。你在这场大规模的身份交换中重新得到的，并不光是你变形了的、如今真正是共有形态的自我，而是与之相随的所有其他诸如此类的共同身份，这些身份以类似的方式被你自己的无私行为所丰富”③。在悲剧中，现代性的自由可以表现为命运，也可以表现为我们被客体化了的欲望。悲剧因此调和了自由与必然性，连接起纯粹与实际原因之间的间隙，而这是批评哲学难以跨越的。而且，“自由与限定被结合起来还有另一种意义。倘若我们能作用于世界，那么它必须是确定的、已经以一种激活我们主体性的方

① 特里·伊格尔顿：《甜蜜的暴力——悲剧的观念》，南京大学出版社 2007 年版，第 130 页。

② 同上书，第 217 页。

③ 同上书，第 123 页。

式构成的"①。也就是说，悲剧可以激发我们的主体性，引起我们对新价值观出现的关注。在这个意义上，悲剧是意识形态的原型。悲剧意识形态的目的在于为了维护现有社会秩序的安定，我们必须制造出男人和女人的各种罪行，通过悲剧达到道德说教和意识形态的目的。然而，凭什么判断现有的社会秩序就是合理的呢？在伊格尔顿看来，任何社会秩序都是建立在对人性压制的基础上，"随着时间的推移，这种暴力的根源或原始的罪恶被无情地从人类的记忆中抹去，以至于不合理的东西逐渐变成常态"②。但人始终有越界的冲动，人类社会的创造之初正是开始于亚当和夏娃的越界行为，伊格尔顿非常肯定人的越界的冲动，正是人的这种越界的冲动成为人类文明历史繁荣的原因。

在现代性的社会中人类越界的冲动被强化和激化了：为了自由而永远地动。然而现实中不可能存在绝对的从本性要求出发的自由，人类总是相互依存和相互支助，所以，为了回避单纯反映自我，个人的自我价值的实现总是必须以他者为根据，这也是自我价值得以实现的唯一方式。自由却永远是人类追求和社会进步的理想尺度。自由是我们不止的欲望本身。尽管自由只不过是一种日神式的虚假意识，但我们却不能缺乏这种虚假意识的理想性动力，这种虚假意识是我们社会生活的自然条件。实现自由必须是在与他者的关系中实现，而不是绝对的自由。社会主义的乌托邦梦想同样必须是一个条件式的、由人类社会总体推进的历史进程。马克思早已指出，只有当组织化的工人阶级在政治上有足够的力量控制自然资源、生产资料和整体性的政治结构，并控制意义和价值的文化生产的时候，社会主义的美好幻想才会实现。事实上斯大林式的社会主义也不失为一种社会主义模式，其革命实践的胜利可以说是马克思关于"跨越卡夫丁大峡谷"构想的一个验证，但是没有经过资本主义发展阶段的苏联，在革命胜利后的社会主义发展阶段逐渐暴露出它的弱点，因此注定只能以一种悲剧的形式推进。在现代社会中，欲望是现代性的悲剧主人公，因为我们的欲望永远无法满足，我们的满足永远没有界限，我们的精神永远对已占有领地感到厌倦，所以它总是努力奋斗却又永远达不到目标。马克思和

---

① 特里·伊格尔顿：《甜蜜的暴力——悲剧的观念》，南京大学出版社 2007 年版，第 125 页。

② 同上书，第 158 页。

恩格斯在历史唯物主义揭示了现代社会历史发展的悲剧性的推进形式，伊格尔顿更深一层地揭示了历史悲剧性发展的原因在于人类欲望的不止性和超前性，他肯定人类社会前进过程中欲望的动力，并且强调人类对欲望的不放弃态度。“不放弃欲望就意味着像海德格尔一样与死亡保持一种不间断的关系，正视人的生命之需要。这意味着不要用想象的客体那种需要，而要明白它是对你做出界定之物，死亡乃是使得人的生命变得真实的东西。因此，这是一种悲剧性的需要，劝导主体做出只能从自己的限制中产生的肯定，拉康将这种需要坦率地称作人类境况的现实。在这个特殊的世界上，只存在付出极大牺牲而得到的胜利。”①

回到人类之始。上帝在造人之时并没有善恶的观念，在上帝看来，他所创造的东西都是好的，因此世界上本没有邪恶，生活在伊甸园时的亚当和夏娃对善恶无知也就没有任何概念。邪恶的带入是伊甸园中的那条蛇，蛇对初人许下的诺言使他们认识了善与恶。善相对而言是在恶之后才产生，有了邪恶这一客体之后才产生它的对立面善。所以西方文明总是认为历史的推动力量在于恶的力量，人性之善是必须通过其对立面邪恶而激发出来的。伊格尔顿则认为善与恶始终是互相依存，悲剧性地共存于社会中。善良离开邪恶也就不成其为善，正是邪恶造就了善良，并激发人类补救的努力和无限的创造力。然而，善与恶的这种悲剧性共存状态以及对人类创造力的激发并非为人们所清醒认识，这种错误的认识甚至包括马克思本人。伊格尔顿评论道：“最有力地否认善与恶的这种悲剧性共存的现代话语是浪漫主义的人道主义。马克思本人尽管对资本主义做出辩证的评判，同样在很大程度上持有这种观点。这种观点倾向于认为人类的力量天生具有创造性，把否定看作阻碍人类自由表达的无论什么东西。”② 伊格尔顿认为，悲剧作为一种世俗宗教，它可以“具备上帝的在场所带来的无法承受的重负”，而只有在面对这种无法承受的悲剧性重负，悲剧人物才可能体现出超越苦难的崇高性价值。“人们正是通过毫不退缩地服从于自己所遭受的

---

① 特里·伊格尔顿：《甜蜜的暴力——悲剧的观念》，南京大学出版社 2007 年版，第 245 页。

② 同上书，第 261 页。

痛苦从而超越了它。”① 伊格尔顿认为，现代性的悲剧虽然痛苦但却不是坏事，只有与悲剧性的事件的真实面对，才有人类精神价值的真正生产，人类只有面对悲剧性的事件时才能考察出自己对苦难的承受力和信仰度，也只有这样才能萌生出希望征服它的人类欲望。所以失败并不可怕，失败意味着另一种胜利，只有失败才会有重新前进的机会，这是否定之否定的逻辑规律。悲剧教导我们的是，我们如何希望但又不陷入盲目的乐观主义。只有放弃旧的，我们才能清理出空间来接受新的。人类是足智多谋和富有弹性的，我们总是在失败的经验基础上重新选择。没有失败的经验就不存在最终的希望，而希望正是当这种力量已被破坏或者已耗尽时你所发现的。而我们只有在与绝对的缺乏之真实界、实在界一次地狱般的遭遇后，我们才有获得新生的希望。②这正是悲剧的意义所在，悲剧让我们学会直面惨淡的人生。

从自由和社会主义的角度看，所谓后现代的现实生活其实充满着悲剧性的色彩。在消费主义观念的全面冲击下，后现代文化充满着对享乐主义的迷恋，审美在日常生活中泛化而丧失了原有的精神高度和批判力量。当代工业、技术、都市和文化都已经不再像过去那样为人们提供生活的意义或深度的价值，后现代文化中的生活成了一种缺少意义的生活。而具有敏锐批判意识的精英主义者面对着后现代的铺天盖地的席卷之势，也只能发出望洋兴叹的哀声了。伊格尔顿指出当前的文化精英必须改变以往贵族式的文化理念才能重新获得与后现代主义文化对话的权力，必须重新在那些具有永恒价值的东西和变化了的现实之间寻找平衡和理论的新的生产点。悲剧性的困境孕育了悲剧性的超越，而如果悲剧理论不再迷恋于曾经的贵族立场，诚实地说出英雄的悲剧和日常生活中任何个人的悲剧在本质上其实是一致的，那么悲剧将责无旁贷地挑起这个重担，成为理论的新的生长点。

---

① 特里·伊格尔顿：《悲剧、希望与乐观主义》，《马克思主义美学研究》第 11 卷第 2 期。

② 同上。

三　中国经验与中国的悲剧观念

当代中国也正面临着自己的审美现代性和悲剧性。但是大多数的西方学者都不认为中国具有自己的悲剧观念。雅斯贝尔斯在他的《悲剧的超越》中谈到了中国的悲剧观念问题。在中国的文明里，“所有的痛苦、不幸和罪恶都只是暂时的、毫无必要出现的扰乱。世界的运行没有恐怖、拒绝或辩护——没有控诉，只有哀叹。人们不会因绝望而精神分裂：他安详宁静地忍受折磨，甚至对死亡也毫无惊惧；没有无望的郁结，没有阴郁的受挫感，一切都基本上是明朗、美好和真实的。在这一文明中，恐惧与战栗固然也是经验的一部分，并且在它就跟在那些已经觉悟到悲剧意识的文明一样地司空见惯”①。他把这种对待悲剧的态度归结为悲剧前知识，并且断定这种悲剧前知识是不可能过渡到悲剧知识阶段。伊格尔顿的《甜蜜的暴力》中也谈到中国的悲剧观念问题：“在中国，从表现尊贵个体之毁灭的意义来看，不存在完全等同于悲剧的东西。不过在传统意义上，有一种与受到某种权力控制的普遍和谐有关的幻想，虽然这种权力的配置往往高深莫测，但是却可以证明其使得人类社会秩序合法化的合理性。反抗这种权力就是招引来自上天的报应；而且‘命’的概念代表着一种命运观念。中国还吸收了因果报应的印度学说，相信个人行为会受到惩罚或奖赏；不过在传统的印度文学中并没有悲剧，悲剧在此的意思是文学作品中不允许包含主人公死亡的内容，也不允许以其死亡为结尾。”② 悲剧并不是指涉死亡，也不以死亡作为悲剧的结局。伊格尔顿对中国悲剧的理解大致可以表现为两点：

首先，中国的悲剧观念不同于西方的悲剧，中国的悲剧观念具有一种强烈的宿命色彩。佛教的生死轮回说为悲剧观念的形成提供了宗教意义上的价值参照。佛教讲究三生，人生包含有过去、现在、未来三世。人的苦难是命定的。现世的苦难也许是上辈子的罪孽而引起的

---

① 雅斯贝尔斯：《悲剧的超越》，亦春译，工人出版社 1988 年版，第 13 页。

② 特里·伊格尔顿：《甜蜜的暴力——悲剧的观念》，南京大学出版社 2007 年版，第 76 页。

报应，唯有通过此生的苦练修行，从而净化前世的罪恶，为下世的赎清并最终扭转苦难的意义。因此，中国悲剧的观念体现于通过“苦难的历程”而达到灵魂的净化和救赎。正因为是将苦难看成是对自己前世罪孽的赎清，为自己下世的幸福开辟尘缘，因此，在遭受苦难以及如何超越苦难的态度上，中国的悲剧文学与西方是截然不同的。既然上天似乎有一种冥冥的力量，它掌管着对人世的责罚，奉行善有善报，恶有恶报的原则，因此大家都相信罪恶的人终会有报应，个人的苦难也是个人曾有的罪孽所应得的报应。也正因为大家都自觉地遵守着这样一种因循的、赏罚分明的伦理原则，所以社会秩序也能在有序中稳定地发展和变迁。

其次，苦难既是命定的，那么现世的苦难是无法回避，无可逃遁的。中国伦理思想重要的是“知命乐天”的思想。因为知命，所以乐天，既然苦难是无法回避，不如快乐地享受，采取对人生的痛苦感和悲剧感的消解方式，表现出一种“不以苦乐为意的英雄主义”（朱光潜语）。通过尊重苦难，把苦难当成一种享受来使自己完成救赎和净化的效果。因此，中国人往往不愿意承认人类命运的不合理性和人生的悲剧性质，恶和叛逆在中国并不具有悲剧性的崇高，中国社会秩序的历史轮回和变迁依靠的是一种内在的人性和伦理的力量。从现代性的角度，伊格尔顿质疑了西方悲剧传统理论对悲剧的唯一标准的判定。如果说悲剧宣扬的总是关于英雄、崇高、反叛等价值，习惯于赞扬无所畏惧的人类精神，那么“悲剧艺术并不享有对勇气、尊严、自由、睿智的垄断权”；“它所体现的大多数价值观可以在其他文化形态中找到”。[①] 而存在着的同情、容忍、幽默、谦卑、宽恕等悲剧性价值看似不那么迷人，或者说乏味，但它们也同样宝贵，并且更值得悲剧去表现，因为这种态度让我们直面我们的限制性和实在界的真实，而不是贵族式的傲慢和盲目的乐观主义。在现代性的社会语境中，或许崇尚的是这种悲剧性的价值观。

伊格尔顿最终是把悲剧看成一种伦理学，“这种伦理学认为，道德

---

① 特里·伊格尔顿：《甜蜜的暴力——悲剧的观念》，南京大学出版社 2007 年版，第 77 页。

价值观被嵌入了习惯性的生活方式”①。如果从这个角度来看，中国显然同样有着自己的悲剧观念和审美现代性。中国人有很强的道德感和伦理意识——虽然这一点正是朱光潜认定中国文学没有产生悲剧的原因——并且不同于西方悲剧对个体的价值和毁灭的体现，中国的悲剧观念是中国式的悲剧意识，它不需要强调内心的冲突就可以为人们所平静接受，因为道德和伦理价值已经内在化并形成一种普遍认识，所以体现的是一种超悲剧精神。从悲剧观念与现实关系的角度看，中国的现代性同样伴随着悲剧性的过程。晚清到五四时期，中国也开始酝酿自己的现代性并进入现代性的形成时期。中国的现代性情况比西方要复杂得多，中国不像英国，现代化的过程是社会和文化自然形成的渐进过程，中国的现代化也不像美国，只需要通过一次独立战争就可以建立起一个崭新的社会制度。中国是一个有着悠久历史文化传统的国家，可以说，我们的文化总是拖曳着古旧庞大的传统走向现代工业文明，所以历史的每一次进程都是挟裹着对悠久而丰赡的传统文化的剥离和进化。当西方的一些事物和观念涌入中国时，它们自然就会与中国自身的传统文化产生一系列复杂的交碰和撞击，也由于中国传统文化结构和心理的根深蒂固，在漫长的中华民族历史进程中始终被作为中华民族传统的主流文化影响着人们的思维方式和生活方式，深受这种传统思想影响的许多中国人在走向现代性的同时，必然会自觉或不自觉地地捍卫着这种民族的文化传统。因此中国的现代性是一次次痛苦的剥离过程，其复杂性不言而喻，它在现代性的演化历史进程和传统文化与西方文明的碰撞对接中，始终充满着悲剧性的色彩。而对于中国悲剧观念的现代性转型和中国现代性的悲剧性表征，鲁迅的《野草》、陈忠实的《白鹿原》、贾樟柯的《三峡好人》等作品是很好的个案，值得我们从人类学的角度作出深度阐释。限于篇幅，我们仅以贾樟柯《三峡好人》初步分析为例。贾樟柯的电影总是以一种人道主义的情怀，去关注底层百姓的生存状态和多舛的命运。中国现代性的艺术表征是他的作品的基本主题。在我们看来，他的《三峡好人》准确地体现了现代社会中的悲剧精神。《三峡好人》以其悲天悯人的

---

① 特里·伊格尔顿：《甜蜜的暴力——悲剧的观念》，南京大学出版社 2007 年版，第 79 页。

人文情怀敏锐地捕捉到了三峡人日常生活的悲剧性张力。在谈自己在三峡拍片时的真实感受时，贾樟柯写道："在这样一个快速转变里面，所有的压力、责任、所有那些要用冗长的岁月支持下去的生活都是他们在承受。"①

在叙事结构上，《三峡好人》有两条线索。一条线索是山西一个煤矿工人韩三明到奉节寻找自己十六年前买的四川女人和自己的孩子。另一条线索是山西女护士沈红到奉节寻找她在三峡工作几年未归的丈夫。正是借助这两个外乡人的眼光，我们感受到三峡人在现代化的进程中所作出的巨大牺牲，以及这其中的一些人在这个过程中特有的"沉静"。关于这种沉静，笔者曾用"优美化的崇高"来概括。"优美化的崇高"不同于康德式的否定性崇高，通过强调对主客体一致性关系的撕裂并在尖锐的冲突中获得崇高的效果。"优美化的崇高"体现的是一种对痛苦沉静的忍受态度，是"在面对着无限性的外在世界时，真正的善良和为幸福而牺牲的精神，使主体呈现出一种动人的美，它通过想象和精神的力量，使主体与对象之间的关系达到一种特殊的平衡"，是"人类学意义上的价值在个体生命活动中的回旋和展开"。②我们可用伊格尔顿的"尘世的崇高"予以评说。《三峡好人》的英文名被翻译成《静默，生活》(*Still*，*Life*)。静默表征着这样一种生活态度，它像塞尚笔下的静物画一样，把平凡普通的东西转化为崇高和伟大的审美对象，是一种日常生活式的悲剧。贾樟柯说："中国的变化已经结束了，剩下的是每个人要面对现实，做一个决定。"现实总是带有残酷的色彩，关键是我们每个人是否能够采取一种积极的生活态度，从而在迎面而来的苦痛中超越它。尽管影片中这些三峡人的生活总是像在高楼间走钢丝一样危险，却又不得不小心翼翼地求生，但他们并不麻木、绝望和气馁，在面对自己每一次人生选择时，他们并不焦虑和漫无目的，也不是随遇而安，而是行事慎重而有分寸，表现出少有的坚毅和主动性。他们有自己的人生目标，尽管这些人生目标平凡或卑微，但却因为他们的专注和追寻，同样体现出一种内在的具有超越

① 贾樟柯：《这是我们一整代人的懦弱》，《贾想 1996—2008》，北京大学出版社 2008 年版。

② 王杰：《现代美学导论——审美幻象研究》，广西师范大学出版社 2002 年版，第 277 页。

性的美和高贵。片中的男主人公韩三明就是一个社会的底层人物，这个一开始让人感觉是老实巴交、唯唯诺诺的人物，在寻找妻子和女儿的行为上表现出惊人的执著，当他找到这个因追求自由但却沦为奴隶般生活的妻子，并且知道如果要带走妻子需要三万块钱赎身时，他的选择沉静而坚毅，没有丝毫犹豫：他要回山西煤矿挖煤，纵使自己死在煤矿，也要将妻子救出来，因为这是他作为丈夫的责任。韩三明的生活逻辑简单而真切，却充满着哲性的智慧。片中的另一个女主人公沈红为寻找丈夫而来，她原本的目的是为了挽回自己的婚姻，然而当她发现丈夫已有外遇后却毅然主动提出离婚，她让我们看到的是一个人在物欲横流的悲惨世界，为爱而存在的特有“沉静”。影片中小马哥说：“现在的社会不适合我们了，因为我们太怀旧了。”但我们看到片中的人物在把一切都放弃之后，却分明有一种东西升华起来，静止在那里，成为中国现代化进程的艺术化表征，它并不刺激我们的感官和想象力，而是用真实的力量引起我们思考：“在三峡，每个人对生活都是主动的，而这种主动并不是说人们不知道困难，并非民众是麻木的，而是既然生活如此，那么我也得活下去，尽量在有限的资源里活得更好。”① 生命是平等的，每种生命形式都在默默地绽放，以其独特生活方式和生活态度为我们的生活和人生提供意义。那些在中国社会和经济变迁中被抛来抛去四处漂泊的普通人，他们在生活被打乱而且别无选择，只能适应、改变和向前走时，仍然是认真而坚毅对待生活，呵护飘零的弱者，彰显出一种尘世的崇高，他们的形象就像凡·高的静物画《鞋》，默默地与我们对话，唤醒我们心底麻木了的“良知”。

通过对现代性与悲剧的观念的探讨，我们对悲剧的现代性和现代性的悲剧性有了进一步的理解。当代中国的生活就像南方的河，时而平静地流淌，时而咆哮奔腾，永不停息，在它平静的外表下也始终存在着激流；而人类对自由的追求正是社会更替变迁、生生不息的内在动力。在现代社会，人们总是被自身的悖论所缠绕，人的欲望总是不会满足自己所达到目标而具有超前性，这使得它在实践和追逐的过程

① 《在产业化潮流中坚持自我——贾樟柯在香港浸会大学的演讲》，《电影艺术》2007 年第 1 期。

中总是充满着悲剧性的色彩。所以，人类的悲剧性是永远存在的，悲剧精神是人类为理想而斗争的悲壮过程所不可或缺的。新的生活方式总要不断地呈现，旧的生活方式总要不断地被替换，因而悲剧的观念也有所不同，但有一点是共同的：通过对悲剧性生活的再现式表征，使它成为我们的观看对象，我们也就把握住了悲剧性的实在界，从而可以沉静地面对任何苦难。

（原文刊发于《文学评论》2009 年第 6 期）

中国悲剧观念：理论传统及其当代意义

在中国美学百余年来的发展地形图中，马克思主义美学是其中最引人注目，也是最复杂多元的一条主脉。自20世纪20、30年代由瞿秋白、鲁迅、冯雪峰等人对苏联现实主义文论的引入，再经1942年毛泽东《在延安文艺座谈会上的讲话》对新民主主义革命中“文化领导权”问题的确立，从而标志着具有中国特殊风格的中国马克思主义美学的正式形成以来，中国马克思主义美学一路经过了新民主主义革命、新中国成立、文化大革命、改革开放等四个重要的历史阶段，并形成了颇具影响力的实践美学、审美意识形态理论、人民美学等重要的美学流派。进入1990年代后，马克思主义美学又进一步拓展到中国社会文化生活的更多领域，形成后实践美学、审美文化研究、生态美学、审美人类学、文学人类学等诸多分支。此外，更重要的是，作为一种审美意识形态话语理论，在近一个世纪以来，马克思主义美学在中国整个现代化进程中都扮演着重要的角色，它不仅直接参与了社会革命和中国社会主义建设的进程，更是在时代转型和思想震荡与变革之际，为改革的深入与主流意识形态的价值重构提供了丰富的思想文化资源，一度成为现代“启蒙”和历史批判的公共话语。

但是，进入1990年代以来，马克思主义美学以及整个中国美学，事实上也是所有人文学科领域的这种社会参与和现实介入的公共话语热情都仿佛一去不复返了。在充满“主义”之争的喧嚣和表面繁荣之下，美学话语更多地成为了消隐于书斋的学者们的喃喃自语。马克思主义美学研究，则要么自囿于理论科学主义的教条故步自封，要么纷纷远离传统意义上的马克思主义，成为“没有马克思的马克思主义美学”以及以各种文化理论形式出现的美学。与此同时，我们也看到，正是自上个世纪末以来，伴随着全球技术时代到来的日常生活审美化的潮流，不仅带来了艺术和审美方式的深刻变化，也在某种程度上加深、加剧了社会整体的后现代和全球资本化的历史进程。已有学者指出，一个“审美资本主义”① 的时代正在悄悄来临。因此，在物质丰盈与精神虚无的后现代生存图景中，传统的人性和文化正经历着怎样丰富而深刻的痛苦？艺术该如何表征现代性的悲剧现实及其复杂矛盾？“美”作为一种文化内驱力，是否依然具有形而上超越的意义？以上种种现象和问题都表明，事实上，我们身处的这个时代比以往任何一个时代都更急切地需要真正意义上的美学，特别是作为一种历史文化批判的马克思主义美学对现实作出理论的阐释与回应。

一　马克思主义美学与中国文化传统

马克思主义美学要走出纯学术的象牙塔，重返文化批判与现实反思的公共话语空间，在现有的历史条件下，该怎样既忠实于马克思主义的思想原则，同时又能真正切入到中国当下复杂的悲剧性现实之中？作为一种“舶来”的理论，马克思美学在中国的发展足以表明其自身强劲的理论生命力，以至于一部中国当代美学史，几乎就是一部中国化的马克思主义美学史。马克思主义美学与中国美学原本是建立在两种不同文明之上的美学传统，但凡一种外来理论，如若找不到与中国文化传统和现实审美经验之间内在的精神契合点和哲学表达的学理依据，那么就很容易成为东西方美学术语与概念的简单比附或拼合，或者，仅仅会是如很多人比较褊狭地认为的那样，将马克思主义美学的中国化视为只是主流意识形态简单表达的结果。

事实上，如果回溯到中国马克思主义美学产生的具体历史语境，会发现，马克思主义美学的中国化并不是马克思美学理论的中国化，而是自 1942 年毛泽东在《讲话》中就已经确立了的模式：马克思主义

---

① ［法］奥利维耶·阿苏利：《审美资本主义》，黄琰译，华东师范大学出版社 2013 年版。

基本原理与中国的民间文化模式和中国人具体的审美经验的结合。①这种审美经验和艺术实践不是来自于远离工人运动实践的书斋案头，而是来自活生生的具体革命实践；不是个体的自由情感的表达，而是社会和大众的共同经验和普遍情感的表征；不是偶然的个体性的撕裂与对抗，而是一般性的“历史的必然要求”的传达。所以，正是在这个意义上，有人将马克思主义美学称为是一种“人民美学”。但是，和那种民粹主义的身份立场认同和对抗模式不一样，《讲话》所确立的美学模式不是以边缘对抗主流，而是以对底层审美经验的认同来服务于主流意识形态的改造，服务于社会变迁和社会变革的需求。正是这种既不同于苏联本质主义反映论、认识论美学模式，又不同于以文化、意识形态、政治批判为中心的西方马克思主义美学模式的马克思主义美学中国化，为我们提供了一个思考马克思主义美学与现实之间关系的新途径，那就是，中国的文化传统和审美经验与马克思主义思想之间的本质关联。

现在回过头来看马克思主义美学中国化的路程，不难看出，实际上无论是早期马克思主义者救亡图存的理论引入，还是“左联”时期的美学“革命”，毛泽东的意识形态改造，甚至到解放初期“美学大讨论”以及1980年代“美学热”中学院派知识分子对“实践美学”和重读《手稿》的热情，尽管时代各异，具体的情形也十分不同，但对于革命、政治与文学艺术之间的现实关联的热情，其实都是与中国人“经世致用”的文化传统分不开的。马克思主义，以及马克思主义美学的中国化实际上就是经典马克思主义理论中的“实践”原则与中国文化中的现实精神以及“载道”、“通变”的知识传统内在契合的结果。循此思路，我们可以接下去思考的是：在一个“后革命”、“后启蒙”的时代，在历史行进到现代化进程已充分发展的21世纪，中国有没有既表征着“历史意识”，又属于我们自己文化传统的“地方性知识”或“共同文化”可以成为马克思主义美学的现实根基呢？特别是，有没有可以与马克思主义自身的理论基础和阐释机制产生内在联系的文化传统？

---

① 王杰：《中国马克思主义美学的基本问题与理论模式》，《文艺研究》2008年第1期。

按照刘纲纪先生的理解，马克思主义美学的理论基础有两个直接相关联的特点："第一，它是以马克思主义哲学所讲的实践（首先是物质生产实践）为理论基础的……第二，马克思主义美学是和马克思主义的科学社会主义共产主义理论及其实现不能分离的。"① 这正是马克思主义及马克思主义美学理论最大的魅力所在，即，它是在实践的过程中，对现有文明不断作出批判性的"扬弃"，并指向新文明类型之可能的面向未来的理论体系。这种建立在批判基础之上的未来，本身也包含着对既存现实关系的破坏与颠覆。因此，从政治经济学与历史唯物主义出发，马克思把资本主义理解为是一种流动的现代性，并指出资本主义总是处于革命和动荡之中，并最终走向灭亡的宿命。历史的阶段性或过程性的悲剧无可避免，而且总会在不断自我"异化"的过程中螺旋向前。这种历史的悲剧意识也决定了人们与现实之间的局限性关系，但最终却指向一种超越现实的努力。

马克思主义思想中这种历史悲剧的内在超越理念对于中国文化的"情感结构"来说是有说服力和亲和力的。中国是一个没有宗教传统的国度，但却不乏内在超越（宗教的超越是外在超越，即在自身和现世之外悬设一个神主）的信念。在传统的文化心理结构中，一方面是中庸、乐生、忧患的现实精神，一方面则是"生生之谓易"的发展理念和"天人合一"的时空宇宙模式。如果说，马克思主义最初被引入国门时是伴随着"十月革命"的背景，因而自然地突出了其摧毁旧世界的革命"暴力"，而在被主流意识形态化的过程中又不断地被强调了其政治功利性的"权力"，以及一种天真的革命浪漫主义式的未来承诺的话，那么，在一个"后革命"、"后启蒙"的时代，如果能够吸收并重新激活那些在中国现代化进程中日益消失了的传统形而上理念，或者结合中国文化传统中的某些因素来进行文化批判与建设，马克思主义美学话语的公共空间将会开阔很多，对现实的接应能力也会强大很多。譬如说，除却那种既肯定"此岸世界"、又强调以"修身养性"和"自强不息"来提升自我并兼济天下的儒家精英理念，在中国民间文化传统中更具有草根性，同时在当下也更具现实活力的佛教文化思想也不容忽视。佛教哲学的两极正是处于否定与肯定之间，以"苦

---

① 刘纲纪：《马克思主义美学在当代》，《马克思主义美学研究》2007 年第 1 期。

谛”为基础的现世观似乎是一种彻底的悲观主义，但另一方面，在“缘起”、“业报”、“轮回”等理念中又将宇宙万物置于现实世界错综复杂的各种相关条件之中，生、住、异、灭，形成一个不断变异、流转、运动、发展的过程。故此，有学者把佛学之美归结为是一种“生成的动力学”（dynamics of becoming）。[①] 至于大乘佛教借鉴“般若无知”的知识论，讲求“不畏生死”、“不求解脱”，积极入世的人生观，以及万物皆有佛性、“众生平等”的共同理想，则更是直接予人以一种道德形而上的力量。中国民间佛教理念的这种现实的悲剧感与超越性无疑和马克思主义富于内在超越性的历史悲剧意识是存在着某种内在的精神契合的。

近些年来，学术界其实已有不少呼声，认为中国化的马克思主义不仅要“切中中国的现实”，而且要结合中国的传统思想，特别是中国传统思想中“以儒道禅为主体的智慧”。[②] 确实，马克思主义美学思想要想真正成为与中国当代社会的文化心理、情感结构内外兼容的思想和文化资源，就要更多地与中国民间性、大众性的情感形式，与日常的共同文化和审美经验相结合。这种“化合”的过程，对于马克思主义美学自身理论建设而言也将是一种丰富和发展。

二　关于中国悲剧观念

以马克思主义美学的历史悲剧理论切入中国文化艺术的现实，其中一个必然会遭遇的问题就是关于中国的悲剧观念的问题。无须讳言的是，这里似乎有一个公认的前提，那就是，中国不仅文艺中少有悲剧这种艺术形式，中国文化和中国人的精神结构里也缺乏悲剧性和悲剧感，因此，关于中国的悲剧观念问题似乎最终只会是一个“伪命题”。关于中国没有悲剧的提法，早在王国维、朱光潜、鲁迅等学者那里就已有过充分的论述。西方学者雅斯贝尔斯更是在他的《悲剧的超越》中认为中国人只具有一种“悲剧前知识”，因为在中国文化里，

---

① 彭彤：《佛教与中国美学之特征》，《宗教学研究》2003 年第 12 期。

② 彭富春：《论中国化的马克思主义哲学和美学》，《湖北大学学报》（哲学社会科学版），2010 年第 7 期。

“所有的痛苦、不幸和罪恶都只是暂时的、毫无必要出现的扰乱。世界的运行没有恐怖、拒绝或辩护——没有控诉，只有哀叹。人们不会因绝望而精神分裂：他安详宁静地忍受折磨，甚至对死亡也毫无惊惧；没有无望的郁结，没有阴郁的受挫感，一切都基本上是明朗、美好和真实的。”①苏珊·朗格在其《情感与形式》中也有类似的说法：“悲剧是一种成熟的艺术形式，这种形式不是世界各地都有的。悲剧概念要求一种个性感（a sense of individuality），这是某些宗教和某些文化——甚至是高度文化——所未曾孕育的。”② 确实，作为艺术之“冠冕”的悲剧，不仅是西方艺术的最高艺术形式，也往往是人们掌握世界、思考人生的重要方式和范畴。因此，在西方，无论是作为艺术形式的悲剧创作，还是有关悲剧的哲学与美学论述都特别发达。虽然，从古希腊的神人一体，到亚里士多德对伟人或高尚之人的行动的摹仿，再至自文艺复兴以后越来越多地面向大众和普通人的悲剧，直至19世纪以来，以对整个人类的生命、存在、意义等内在冲突发问的现代悲剧的产生，悲剧在西方的演进和发展也经历了诸多的变化，但是，受形而上学哲学传统的影响，尽管悲剧的形式以及关于悲剧的思考都发生了重大的改变，悲剧对精神的高贵性和人的神性方面的强调却从未改变。相比之下，中国虽也有“苦戏”、“怨戏”、“悲情戏”的传统，而且，中国文化中也具有浓郁的悲剧意识和悲哀的底色，但常常被认为这只是建立在现实匮乏或对生活不满的客观基础之上的悲剧意识，尚未上升到对人类存在的整体追问和自我主体性价值的严肃思考，所谓“有悲剧意识，但少悲剧精神”③，故此，还算不上是真正的悲剧观念。

然而，事实是否果真如此呢？究竟何谓悲剧？使悲剧成其为悲剧的到底是什么？我们这个时代是否还有悲剧观念？和中国无悲剧论相关的另一个命题是西方的“悲剧衰亡论”，它也许可以从反面为我们提供理解中国悲剧的新路径。“悲剧衰亡”论最早是尼采1872年在

① ［德］卡尔·雅斯贝尔斯：《悲剧的超越》，亦春译，工人出版社1988年版，第13页。

② ［美］苏珊·朗格：《情感与形式》，刘大基、傅志强译，中国社会科学出版社1986年版，第386—387页。

③ 王富仁：《悲剧意识与悲剧精神》（上），《江苏社会科学》2001年第1期。

《悲剧的诞生》中提出来的，他认为欧里庇得斯将酒神从悲剧中赶走从而导致了古希腊悲剧的衰亡，因为支撑着整个悲剧大厦的神秘主义非理性基础被理性主义所代替。事实上，这种衰亡在黑格尔的“终结论”中就已经开始了。围绕着黑格尔和尼采的这种“悲剧衰亡论”，西方整个20世纪长期以来展开了热烈的讨论。其中最著名的两次分别是1960年代在斯坦纳的《悲剧之死》(1961）和威廉斯的《现代悲剧》(1966）之间，以及1990年代以后，围绕着《悲剧之死》第三次出版(1996）与伊格尔顿的《甜蜜的暴力》(2003）之间的争论。

威廉斯最大的贡献在于提出“革命悲剧”的理念，从而将那种被视为是真理系统和永恒抽象的神学或悲剧哲学推至具体的历史文化变迁的“情感结构”之中，并将之拉平至日常生活活生生的经验层面。在他看来，首先，悲剧意义总是受到文化和历史的双重限定，因而悲剧不是先前那种特殊的、永久的既存事实，而是不断变化的“一系列经验、习俗和制度”①，是一种我们每一个人都正感受和经历着的“经验形式”②。其次，任何“革命”，无论是资产阶级革命，还是社会主义革命，都是“深层的悲剧性无序状况必不可少的运动”。革命是一个复杂的过程，不是进步的直线上升与必胜信念的宏大叙事。正是沿着威廉斯“革命悲剧”的思路，伊格尔顿在《甜蜜的暴力——悲剧的观念》中进一步揭示现代性的悲剧性，即在于现代性是一个悲剧性与进步性张力共存的进程，是一个复杂的有机混合体，而不是那种单线发展的“斯坦纳主义的最纯粹本质”③。

此外，也是沿着威廉斯的悲剧世俗化的思路，并出于对斯坦纳的现代性令悲剧走向没落的观点的反驳，伊格尔顿提出了一个全新的悲剧概念：悲剧的观念。这是与传统的严格“以许多种区别而定”的悲剧概念不同的审视现代性的新视点，是根据维特根斯坦的“家族相似”原理，对传统的悲剧概念的一种更为灵活宽泛的理解。在日益流动、无序、日常的现代社会，悲剧观念不再是案头剧和舞台表演的形式，而是成为了“现代主义”，成为了“一种成熟哲学”，“一种形而

---

① ［英］雷蒙·威廉斯：《现代悲剧》，丁尔苏译，译林出版社2007年版，第37页。

② 同上书，第24页。

③ ［英］特里·伊格尔顿：《悲剧、希望与乐观主义》，许娇娜译，《马克思主义美学研究》2008年第2期。

上的人道主义”,[1] 以及反思现代性的“文化批判形式”。但是，和传统悲剧一定要涉及灾难性的逆转，悲剧英雄一定要是贵族，悲剧一定要有毁灭性的结局、一定要涉及命运、净化、道德缺陷、众神等理念不一样，在伊格尔顿这里，悲剧所呈现出来的深度和严肃性并不是来自绝对纯粹的精神性和价值抽象，不光是“文化价值观和历史主体性”，而恰好是来自“最名副其实的唯物论”[2] ——身体，一个自然与文化、善与恶共存的混合物。通过耶稣受难时“痛苦的身体”和担负着共同体的罪恶却被人们所排斥的神圣又可怕的“替罪羊”形象，悲剧产生意义的机制被描绘为这样一种积极的苦难方式：痛苦的身体以自然性、肉体性的生命之力抵抗着苦难的束缚，在经历一场类似于人类学通过仪式般的“象征性的死亡”之后重新激发出主体性，并最终获取绝对的自由。因此，悲剧的美学效果是崇高，但这种崇高和康德式的主客体撕裂，最终统一于想象性的自由意志不一样，崇高不是来自于理性道德的框架，而是始终与自然的肉身欲望扭结在一起。因此，悲剧的崇高，不仅是主体意志的伟大，更是作为感性生命的卑微的展现，是一种“尘世的崇高”。

从威廉斯作为不断变化的“习俗、制度”和“一场经验”的悲剧观念，到伊格尔顿伦理学意义上的“尘世的崇高”的悲剧观念，回过头来反观中国的悲剧观念，会发现关于中国有无悲剧观念的很多争端是并不成立的，因为在很大程度上，他们用以评判的标准正是左派批评家们所极力反驳的那个带有意识形态色彩的纯粹抽象的悲剧传统。这些观点的基本判断不外乎这样几种：1. 悲剧是人类绝对精神的体现，现实人生的悲剧性感受是不构成悲剧的；2. 构成悲剧的行为必须是伟大的行为，通过英雄式的抗争甚至是个体的毁灭，将人的主体性力量发挥到极致；3. 悲剧的快感源于最高级的崇高感，即所谓“悲剧是崇高最高最深刻的一种”[3]，这种崇高一方面是人的最高意志或理性的体现，另一方面又要求我们能抛弃意志的利害关系，以便成为纯粹

---

① ［英］特里·伊格尔顿：《甜蜜的暴力——悲剧的观念》，方杰、方宸译，南京大学出版社 2007 年版，第 21 页。

② 同上书，第 9 页。

③ ［俄］车尔尼雪夫斯基：《艺术与现实的审美关系》，周扬译，人民文学出版社 1979 年版，第 21 页。

的审美知觉。这样的标准之下，中国的悲剧观念就荡然无存了，因为无论是老子哲学的顺应天然，还是儒家的礼乐秩序、佛教的去执忘我，以及中国文化里过于直接的道德教化意识、过于现实的人生态度，过于稳态的人伦色彩，都会成为消弭苦难和矛盾的力量，使中国的悲剧最终指向平静、安稳、圆满。但是，威廉斯和伊格尔顿关于日常生活的悲剧观念却提醒我们，悲剧往往就是我们人人都可能身处其中的感官化、肉体化的苦难，无视这种悲剧性苦难，就是对历史内容的抽空。

另外，伊格尔顿的“尘世的崇高”更要求我们不得不重新去审视那些由小人物、失败者组成的，也许还充满了玩笑、幽默、宽恕、隐忍的人生。中国式的悲剧里，少有力与力的冲突，少有一悲到底、知其不可而为之的英雄，以及如同真理探寻一般对命运的好奇与求索。例如，和西方悲剧中的“命运”不同，在中国的悲剧观念里起着支配作用的更多的是“命”。虽然，这两种似乎都是被外加于人身上的关于世界的最后的原因或理由，但“命运”更像是一种不可逆违的，外界强制的必然性。而对于中国人来说，虽然“命”是“善则予之吉，恶则加之凶”的天道，但又有“天难谌，命靡常”的另一种开脱。正如前所述，中国人的时空观念里，存在着一种生生不已的圆形循环的运动模式。事实上这也是为什么佛教的轮回说可以和中国人的文化心理立刻契合的原因所在。这一可变（所谓“时来运转”）但又始终能维系整体意义上的循环稳定的“命”，使得中国人将“安”作为人生幸福的栖所，因此重人伦礼序，知天乐命。这一点伊格尔顿也感受到了，他认为在中国的悲剧观念里，“有一种与受到某种权力控制的普遍和谐有关的幻想，虽然这种权力的配置往往高深莫测，但是却可以证明其使得人类社会秩序合法化的合理性”①。

不过，这种似乎安然、稳态，世俗的“合理性”，往往恰是以对人生苦难的深切体验和感知为基础的，其内里常常暗涌或奔突着一种黑色精灵一般的生命之力和情感之力。这种悲剧形态在中国的文学艺术作品中有着丰富的表现。如鲁迅的《野草》，所谓绝望之虚妄，正与希望相同，生命之力并不在于惨淡淋漓的鲜血，而是在“明暗之

① ［英］特里·伊格尔顿：《甜蜜的暴力——悲剧的观念》，方杰、方宸译，南京大学出版社2007年版，第76页。

间”的徘徊，在“无物之阵”的荷戟独彷徨，但最终的精神指向却是绝望之中的希望，黑暗之中的光明。再如一个非常有意思的当代作品——陈继明的中篇小说《北京和尚》。在这里，物欲横流的现代大都市“北京”与一心向佛，但事实上却在俗世中“处处染尘埃”的年轻和尚可乘，小说标题中这两个“异质”形象的组合，自身就如同一道禅语，表明日常人生的混杂丰富。可乘经历了剃度出家、还俗娶妻，开“般若素食”饭馆、断指忏悔等诸多尘世的“劫场”，他并不是清心寡欲的圣僧，而是一个凡俗卑微的“肉体”之人。然而，其内心念念不忘的信仰却又总使他的生命始终散发着一种淡淡的人性光芒。作为僧人的可乘打坐时的感受奇特而又真切，他觉得“打坐其实是一种战斗的姿态，入静是向混乱无序的思想宣战。进一步说，出家人其实是战士，软弱的战士，静的战士，空的战士，自取失败的战士”①，正是这融合了丰富的“肉身性”的体验提醒我们，其实芸芸众生每一个人都是这样的“战士”，都是默默承受生活艰难和精神之痛，但又指向生活和希望之意义的“尘世的悲剧”。这种悲剧依旧呈现出一种人性的崇高感，但不是“最高最深刻”的那种崇高，而是世俗化、优美化崇高的混合体。

三　马克思主义美学成为公共话语的可能性

21世纪，美学何为？实际上，在西方，早自上个世纪60年代后期以来，随着后现代主义、解构主义思潮，以及文化研究的兴起，美学研究渐渐从对现代主义艺术的“纯粹性”的研究，转向了广泛社会参与和批判的政治社会美学研究。阶级、身份、性别、族裔，以及艺术生产与消费等问题，逐渐代替了昔日关于美的形式、审美经验、美的普遍性等问题而成为美学研究的主要论域。在这场由学院书斋的纯粹艺术研究延伸到社会政治公共话语领域的美学研究的历史性转向中，以审美意识形态研究见长的马克思主义美学研究可谓是其先锋和主力。但是，随着“审美资本主义”成为一种全球化的现象，美学与消费主

---

① 陈继明：《有些羞愧》，《小说选刊》2011年第11期。

义、大众文化、文化产业的兴起紧密关联起来，艺术和审美日趋走向消费化、商品化、资本化的道路。对于很多“后学”研究者们来说，这种消费时代或全球化时代的审美“奇观”是令人欢欣鼓舞的。这里有一段对这样一种“美学设计时代”的到来的赞词：

> 不管传统美学的持守者们姿态如何，经济领域的美学设计都一定会成长壮大成另一种与时代相互应的“美学”。与传统美学仅止于“思辨的美学”不同，这种美学不仅是思想的、诗意的，尤其是实战的。它所成长的空间不仅是思想的空间、文化的空间，尤其是经济的空间。①

这种把美学直接当作了资本驱动力，或者是与科学技术一样的“生产力”的经济主义美学，不仅是对传统审美主义的威胁，实际上也是对所有作为哲学反思和文化批判的美学传统的解构。与这种赤裸裸的市场主义美学或者说审美资本主义并行的，是日渐成为显学的文化研究对美学阵地的占领与僭越，它们以政治实用主义和社会功能主义的方式形成与这个时代同构的风景，而思辨的、审美救赎的美学则逐渐淡出公众视野，这其中自然也包括马克思主义美学。尽管西方有布鲁姆和美学“右翼”对后现代主义、文化研究等“非美学”表示义愤，斥责文学批评如今已被“文化批评”所取代：“这是一种由伪马克思主义、伪女性主义以及各种法国/海德格尔式的时髦东西所组成的奇观。西方经典已被各种诸如此类的十字军运动所代替，如后殖民主义、多元文化主义、族裔研究，以及各种关于性倾向的奇谈怪论”。②但是，确确实实，无论是西方，还是在中国，美学都正面临着自身的问题。这些年来，无论是“回到康德”③ 的主张，还是呼吁建构一种无差异的“全球美学”④，事实上都表明美学在这样一个多变的时代，

---

① 吴兴明：《消费时代或全球化重振美学的一线生机》，《当代文坛》2004 年第 6 期。

② ［美］哈罗德·布鲁姆：《西方正典——伟大作家和不朽作品》，江宁康译，译林出版社 2005 年版，第 2 页。

③ 周宪：《美学的危机或复兴?》，《文艺研究》2011 年第 11 期。

④ 陈望衡：《“全球美学”与中国美学———中国美学如何与世界接轨》，《学术月刊》2011 年第 8 期。

对自身所面临的问题和困境正努力作出回答和探索。当然，也有学者直接呼吁，要回到马克思主义，因为只有它才是既面对艺术，又面对全社会发展的，无论是对于艺术还是社会，马克思主义都具有极好的批判性反思能力。① 还有类似的观念认为，中国美学要寻求发展，就需要马克思主义为其奠立哲学基础，因为，没有哪一种哲学像马克思主义哲学那样，“不仅为科学地探讨感性与理性、人和自然的关系，审美活动与其他生命活动的关系提供了基本的理论依据，而且为这些关系的实际解决开辟了道路”②。

马克思主义思想确实是一个丰富的矿藏，马克思主义美学也确实可以为社会和艺术提供一种批判性反思。但它绝不是万能的，也不是唯一的。特别是对于我们身处的这个时代和我们自身的文化传统而言，马克思主义美学最有意义的补充恰恰是我们人人都可以感同身受的那一部分价值，而不是外在于我们的生活、传统、情感的抽象绝对的理性，以及对于现实和芸芸众生的审视的、抽离的目光。因此，如果一定要思考马克思主义美学在未来能给我们带来什么，或者，要探讨马克思主义美学重返公共话语空间的可能性，本人觉得，最值得关注的依然来自构成马克思主义历史悲剧哲学的相反相成的两个方面：

其一，从伦理精神的维度，对悲剧信仰的强调。马克思、恩格斯对悲剧的阐释主要来自两处。一是《〈黑格尔法哲学批判〉导言》，认为“当旧制度还是有史以来就存在的世界权力，自由反而是个人突然产生的想法的时候，简言之，当旧制度本身还相信而且也应当相信自己的合理性的时候，它的历史是悲剧性的。当旧制度作为现存的世界制度同新生的世界斗争的时候，旧制度犯的是世界历史性错误，而不是个人的错误。因而旧制度的灭亡也是悲剧性的”③。另一处是源于和剧作家拉萨尔讨论济金根的悲剧性，恩格斯明确地将悲剧因素视为“历史的必然要求和这个要求实际上不可能实现之间的悲剧性的冲突”④，而不是作为骑士起义领导人的济金根在智力上和伦理上存有

---

① 高建平：《后文化研究时代的美学》，《美育学刊》2011 年第 4 期。

② 阎国忠：《中国美学缺少什么》，《学术月刊》2010 年第 1 期。

③ 《马克思恩格斯选集》第 1 卷，人民出版社 1995 年版，第 5 页。

④ 《马克思恩格斯选集》第 4 卷，人民出版社 1995 年版，第 560 页。

“过失”，或者“在实现目的的方法上实行了狡诈”。[①] 在这里，一方面是关于历史的悲剧。历史的悲剧在于历史自身就是合理与不合理的两面之间的同一体，是新与旧，进步与落后二律背反的自身批判。另外，“历史不过是追求着自己的目的的人的活动而已”[②]，人作为历史的主体，正是历史悲剧性的承担者。因此，在马克思主义的历史悲剧里并不只是某种革命和历史的抽象，而恰恰是饱含人性和人生的伦理价值意义的。历史不是神秘的命运，也不是高高在上的理性和上帝，而是相互交错互为作用的多重现实关系，它规定了历史和主体的有限性。但悲剧之所以是悲剧，还在于它是一种“必然”，它总是指向合理、进步、肯定的一方。历史总是从“恶”的一面前进，人性也总是在否定性的，有限性的一面得以超越。事实上，威廉斯和伊格尔顿的悲剧观也正是在马克思、恩格斯的历史悲剧理论框架下加以展开的。马克思主义的历史悲剧意识可以予人以彻底的现实清醒感，它使得任何单向的价值判断都成为一种肤浅。此外，现实中的苦难与超越又分明是人的主体性的明证，对于物质时代人的“溃败”，特别是对于后现代时代里过于浅表的“快乐主义”来说，这无疑是一种反省与批判。但是，始终值得强调的是，马克思主义美学的批判不是高屋建瓴的道德批判，而是人伦意义上的“尘世”的悲悯，因为悲剧的苦难与超越是历史人群中每一个人的恶与善。

其二，从发展的角度，提供未来的价值指向。马克思主义之前的哲学，从柏拉图到费尔巴哈，都是指向一种理性的沉思，而马克思主义却引入了一个未来的尺度。历史不是某种抽象，而是可以经由主体的实践不断改变的具体过程。所以马克思有精辟的名言：“哲学家们只是用不同的方式解释世界，问题在于改变世界。”[③] 然而，以“人的解放和自由全面发展”为理想目标和价值尺度，并指向“每个人的自由全面的发展”的共产主义理想既是对有限性的超越，又没有落入简单的审美乌托邦。它始终是一个在现实世界里实践和“改变世界”的过程。这个过程包括相反相成的两个路向，一是向前的未来的维度，一是向后的批判的维度。因此，马克思主义在未来的维度里并没有像他

① 《马克思恩格斯选集》第1卷，人民出版社1995年版，第23—24页。
② 《马克思恩格斯选集》第2卷，人民出版社1995年版，第118页。
③ 《马克思恩格斯选集》第1卷，人民出版社1995年版，第17页。

们所批判的空想社会主义家们那样，“替未来设计公共厨房”，确立一个精确的“蓝图”式的预言，而是以现实为基础，并积极地、有意识地参加到对社会进行革命改造的历史进程中来，从而与旧的、抽象的乌托邦幻想区别开来 。正是在这种意义上，布洛赫曾将这一过程称之为“具体的乌托邦”；詹姆逊也认为马克思主义是一种“乌托邦计划”，在把对“未来”的信仰肯定为“事物本身的性质”与“深层存在的可能性和潜力”① 的前提下，詹姆逊还创造性地继承马克思主义的历史辩证法，发展出了一套批判地与现实保持距离的否定的乌托邦意识形态理论。同样是出于对未来意义的积极肯定，伊格尔顿则更明确地指出，马克思主义与其说是发展了一种“唯物主义”，还不如说是发展了一种“伦理的”或者“乌托邦”的社会主义理论。②

雅斯贝尔斯1930年代的作品《时代的精神状况》中对现代人的非精神化的生活样态曾做了如下描述：“终于这样的时代到了：个人直接的现实的周围世界中不再有任何东西是由这个个人为了他自己的目的而制造、规划或形成的了。每一样东西都应一时的需要而来，然后被用完，然后被扔掉。就连住所本身也是机器的产物。环境变得非精神化了。白天的工作自行其是，不再组合到工人的生活要素中去——所有这一切，可以说，使人失去了他自己的世界。人就是这样地被抛入了漂流不定的状态之中，失去了对于连接过去与未来的历史延续性的一切感觉，人不能保持其为人。这种生活秩序的普遍化将导致这样的后果，即把现实世界中的现实的人的生活变成单纯的履行能力。”③ 雅斯贝尔斯所描述的1930年代的情景也是今天我们每一个人正在身经感受的悲剧性情景。马克思主义，或者马克思主义美学对于未来的贡献就在于，它指出这种悲剧性，并指向了一个可能的更好的世界。而这也正是在一个对未来普遍充满焦虑感的时代，马克思主义美学重新成为公共话语的可能性所在。

---

① ［美］弗雷德里克·詹姆逊：《乌托邦作为方法或未来的用途》，王逢振译，《马克思主义与现实》2007年第5期。

② ［英］特里·伊格尔顿：《马克思主义与社会主义》，王朝元译，《马克思主义美学研究》第6辑。

③ ［德］卡尔·雅斯贝斯：《时代的精神状况》，王德峰译，上海译文出版社2005年版，第11页。

结　语

在中国迅速“全球化”的具体语境中，我认为“中国悲剧观念”对于马克思主义与未来的关系的思考是可以作出自己的贡献的。“中国悲剧观念”首先是建立在中国社会现代化过程的审美经验基础上的。正如特里·伊格尔顿指出的，这是20世纪最大的悲剧性现象和悲剧性事件。这种悲剧观念在鲁迅的作品中得到了很好的表征，是一种绝望中的希望，是放弃中的坚守，是世俗中的崇高，或者以优美的形式而体现出来的崇高。在陈凯歌的电影《霸王别姬》，在莫言的小说《蛙》和《酒国》等作品中，我们都能够感受到这种东方风格的悲剧性，或者说，中国的悲剧观念。令人遗憾的是，中国的理论家们一直没有对“中国悲剧观念”作出系统的理论说明和美学论证。

在中国文化传统中，儒家文化的悲剧性观念得到了学术界的认识和重视，值得注意的是，佛教文化与现代日常生活的结合正在形成一种重要的文化力量。去年11月，我到台湾成功大学出席第十届亚洲新人文联网会议，会议期间访问了“佛光山”，看到了世俗化的宗教文化对现代化过程中的中国的巨大影响力。这种影响成了中国现代化的一个重要特征。我曾经用“优美化的崇高”来概括本文所讨论的这种不同于西方悲剧观念的中国式悲剧观念。① 中国悲剧观念是中国文化传统与中国现代化过程中的悲剧性现象相结合的结果，它本身就是一个十分矛盾的现象。对这个复杂现象的审美经验，是我们在似乎令人绝望的现实生活中仍然保持住善良、正义和良知的现实基础；而对这个复杂现象的理论说明，也许是中国马克思主义美学走出“阿尔都塞学派”的阴影，重新成为公共话语的一个契机。

2011年《人民文学》发表的小说《北京和尚》，也许可以成为我们较全面地理解“中国悲剧观念”的一个例证。小说以现代化中国的过度商业化和社会生活的道德危机为背景，以一个年轻和尚与一个妓

① 王杰：《审美幻象研究：现代美学导论》，北京大学出版社2012年版，第229—239页。

女的爱情故事为线索，叙述了一个中国式的“浮士德”的情感漂泊和精神寄托“现实化”的过程。在这个故事中，悲剧性的冲突不在于主体世界的分裂，也不根源于魔鬼的巨大创造力和对纯粹美的追求之间的巨大张力。《北京和尚》的悲剧性在于：“好人”和“神圣者”在物欲横流的现实生活中处处碰壁，在“失败”和退让的过程中达到平静与和谐的生存状态的悲悯和悲壮。小说通过隐喻告诉我们，未来或彼岸不是神圣化的“永恒的女性”，而是带着缺陷和世俗性的“麻脸观音”。而这也表明，现实的具体性和人类学意义上的人性的相结合，不仅是可能的，而且是必然的。马克思主义美学的重要性就在于，在审美现代性、悲剧观念、世俗性崇高等成为全球性现象和全球性问题的条件下，马克思主义美学有可能对这种陷于深刻伦理危机和价值危机的现象作出理论的阐释。

与中国迅速地现代化的过程相联系，中国悲剧观念已成为中国式审美现代性的核心概念之一，这个概念的物质基础是当代中国的审美经验和审美关系，它的文化表达机制是一种以“音像”特征为基础的“回旋”，而不是以“视像”为特征的距离感和神圣化。在西方当代艺术碎片化的后现代场景中，当代中国文学艺术最优秀的作品仍然是“余音绕梁，三日不绝”，这就是我们可以对未来抱有信心的根据。我相信，通过对“中国悲剧观念”的深入研究和阐释，中国的马克思主义美学将得到进一步的发展。

（原文刊于《马克思主义美学研究》第16卷第2期，中央编译出版社2013年版）

美学面向现实的提问方式

段吉方（以下简称“段”）：王老师，您好！很高兴您能接受我的采访。从上个世纪80年代开始，您置身美学研究已经有近三十年了，能首先谈谈这三十年来您的学术成长历程吗？

王杰（以下简称“王”）：时间过得真快，一晃三十年了。1978年我考入武汉大学哲学系读本科，开始并没有太明确的兴趣，除了听哲学系的课程以外，也选修了诸如《马克思主义文艺理论》《马克思主义经典著作目录学》《外国文学》等其他系的课程。当时武汉大学实行学分制，对大学生的自由发展起了很好的作用。在《中国哲学史》的课上，老师就讲到了李泽厚的《美的历程》，这引发了我对美学的兴趣。大约在二年级下学期，刘纲纪教授讲《美学》，学生爆满，不但哲学系的学生来听，其他系的学生也来了，教室坐不下，我记得最后是调到珞珈山上食堂边的小礼堂里面上课了。那是一个狂飙突进的年代，也是一个美学高峰的年代。美学在那个年代不仅仅是人文科学的引领学科，也是思想解放运动的主要支撑学科。那个时候的思想养分真是很丰富，对于从少数民族山区考出来的“养猪娃”来说真是应接不暇。我就在那个时候开始关注美学，时常阅读报刊上许多关于美学问题讨论的文章，还认真读了黑格尔的《美学》四大卷，读了《近代画家》、鲍桑葵的《美学史》、尼采的《悲剧的诞生》。电影《叶塞尼亚》、《冷酷的心》、《卡桑德拉大桥》、《望乡》等也对我产生了影响。哲学系组织的论文竞赛中我写了一篇《论喜剧性》的论文，得了奖，收入到了学生论文集中。翻译征文比赛中，我译的也是美学方面的论文，是关于黑格尔的审美人类学思想的，后来也收在哲学系学生译文集中。我的学士论文的题目是《论人的本质和审美的本质》，指导教师是刘纲纪教授，后来发表在江西省哲学学会的年会论文集上。

1985年9月，我在广西师范大学中文系林焕平教授和林宝全教授门下开始研习马克思主义美学，林焕平教授和林宝全教授都是马克思主义美学研究方面的专家，在他们的指导下我得到了很好的学术训练，我的严格意义上的第一篇学术论文就是在他们的指导下完成的，那是一个会议综述，就发表在《社会科学家》杂志上，我还写了关于悲剧问题的研究论文，也是在《社会科学家》发表的。我的美学研究最早的一批论文是发表在《社会科学家》这个刊物上的，所以我一直对这个刊物有特别的感情。1988年我考入山东大学，在周来祥教授门下读博士。周先生是一个学识渊博的学者，我受了他很大的影响。当时中国马克思主义美学研究可以说正面临很大的瓶颈，问题也很多，走向还不清晰，周先生就启发我继续做这方面的研究，特别是希望我能够从当时在学界还存有很大争议的后现代主义美学、西方马克思主义美学入手，反观和清理中国马克思主义美学研究所面临的机遇与问题。我这样去做了，后来在1995年我出版了自己第一部学术著作《审美幻象研究——现代美学导论》，就是我的博士论文的修改本。这本书原来打算给人民文学出版社出的，但广西师范大学出版社要出，我就给他们了。这本著作后来在学界反响很好，再版了几次。

所以，我感觉这三十年对我的成长起到重要作用的，一个是时代，再一个就是有好的导师，好的学术和精神的引导者。任何人的学术成长都离不开时代，我是和这个时代共同成长的。我很庆幸在我的成长道路上遇到了四个很好的老师，他们是刘纲纪教授、林焕平教授、林宝全教授和周来祥教授。他们的学术成果都很丰厚，人格也很崇高，而且都对马克思主义美学有深刻的理解和一种学术上的坚韧，正是在他们的影响和引领下，我才能够在学术道路上坚定地走到今天。林焕平教授已经去世了，刘纲纪教授、林宝全教授和周来祥教授现在年纪也很大了，每当想起他们，我都会很感动，也会很感恩，我的学术研究的动力也就更大了。至于我本人，我认为没什么可表述的。如果让我说，只有一点，就是我较早地接触到了行政工作，这是我的不幸，也是我的幸运。为什么这么说呢？我认同托尼·本尼特所说的实践型知识分子或者说是参与式知识分子的观点，较早地介入管理与行政会影响学术研究，但也让我对现实的理解更深刻了，我参与了这个社会，这对我的马克思主义美学研究有好处。如果我不参与社会，很可能我的研究跳不出两种结果，一个结果就是搞那种老套的马克思主义美学，另一个结果就是走向“法兰克福学派”那种激进的马克思主义美学研究，我感觉我不是这样的，这与我的参与有关。我从广西师范大学，到南京大学，再到上海交大，总是在最艰难最重的岗位上工作，但是回过头来看，我也不后悔。我认为生活就是这样，该付出就付出，学术研究更是如此。

段：这么说来，当代美学研究三十年，您是一个全程走过来的学者。我注意到，自去年以来，学界都在总结当代美学研究三十年的成绩和经验，其中也包括中国马克思主义美学研究的历史与成绩，您能否就您自身的感受和体验谈一谈中国马克思主义美学研究在这三十年中的表现？

王：这三十年，当然可以从不同的意义来评价它，坦率地说，我认为中国的美学研究还在艰难中，马克思主义美学更是如此。虽然我们很想把马克思主义美学振兴起来，但从整体看，来自学术界自身的那种努力自始至终还做得很少，全力以赴地去做的人就更少，重建马克思主义美学的现代形态和现代意义还很难。我是从美学界来说的，哲学界可能好一点。从一般的意义上看，三十年来美学研究还是有很大成绩的。一个是1980年代的美学研究，我觉得1980年代最好的成绩就是实践美学。我曾经写过一篇关于中国当代美学概述的文章，我是把实践美学当作中国美学界在1980年代的标志性成果来看的。另一个是1990年代的审美意识形态理论，当然中国审美意识形态理论还在发展中，但贡献是不容否定的。我觉得实践美学是中国美学界比较有意思的东西，我们可以具体分析一下。实践美学来自哲学，不来自我们文艺理论界，这是一种历史的选择。在上个世纪80年代，一流的文艺理论界的学者其实都转向哲学和美学了，当时有实力的学者几乎是清一色的“实践美学派”。实践美学其实与马克思主义美学有很大的关系，最近我在做一个访谈时发现了一个很重要的问题，那是我跟英国开放大学托尼·本尼特教授的一个访谈，不久会在《文艺研究》上刊发。在访谈中提到一个词，就是我们很熟悉的“Humanism”，是译成“人道主义”还是译成“人文主义”？我想这是一个值得我们重新思考的问题。马克思的《1844 年经济学哲学手稿》中确实是有人道主义的内容，但阿尔都塞指出人道主义是一种资产阶级意识形态，到底是“人文主义”还是“人道主义”？我认为值得好好探讨，这个问题留待我们日后讨论，我想说的是，这个问题其实与实践美学有关。你看，1980 年代美学研究很大层面上就是从人道主义问题开始的，马克思《手稿》中的美学围绕的就是人道主义的问题，有很多直接的这方面的资料，所以我觉得实践美学的驱动力其实是马克思主义美学。现在有些学者又开始重新讨论关于人性、人文主义、人道主义，当然也会提到实践美学，但忽视了马克思主义美学的理论资源和思想资源，我觉得这是不应该的。再说审美意识形态理论，我觉得这也是中国当代美学研究三十年来的重要成绩，凝注了很多学者的心血。我曾经写过两篇文章，一篇是《当代中国语境中的审美意识形态理论》，另一篇是《中国马克思主义美学的基本问题与理论模式》，都是发表在《文艺研究》上，我的看法是中国马克思主义美学在理论模式上其实就是中国式的审美意识形态，当然我觉得在这方面还有很大的理论探讨和理论丰富的空间。

这是从一般意义上来总结的，我说的这个一般的意义其实也是从面上的看，当然也存在不足。刚才讲到实践美学，实践美学其实很复杂，就好像“人文主义”或者是“人道主义”，它其实是一个很宽的概念，不是经过严格意义上的学科界定的东西，是一种思潮性的东西，一种很大范围的理论，它就像一条大河，什么东西都能容下。实践美学也是如此。上个世纪 80 年代，在“实践美学”这个大的潮流下，也是各种思想各种理论泥沙俱下的。马克思《手稿》中有很多美学的东西，实践美学率先梳理出来，因此，当时大家就很推崇实践美学。但是现在看来，当时推崇的很多东西有马克思主义的，也包括非马克思主义的，还包括很多康德的东西。李泽厚的《批判哲学的批判》就阐释康德的东西。我觉得康德在中国美学界的地位跟李泽厚有关，主要是李泽厚奠定的。康德在美学中很重要，李泽厚抓住了这一点，但是他也把他放到了一个超过马克思的位置，我认为这就是过了。后来人们循着李泽厚的路子研究实践美学也是这样看的，这就有问题了。我觉得对实践美学，我们要做各个方面的学理剖析，包括李泽厚的思想也是很混杂的。在马克思的理念中，浪漫主义美学是一种理论，一种思潮，最终超越了它，才是马克思主义。马克思和恩格斯不都讲过嘛，过去的理论如何如何，我们现在的理论如何如何，就是说，马克思很明确地把握他的理论有一种要超越的目标，但上个世纪 80 年代的美学研究是把马克思主义要超越的目标当作最好的理论了，而且同时又宣称这就是马克思主义美学，这就是很大的一个学理问题。所以，从上个世纪 80 年代的美学构成来看，康德以及实践美学在学理上的意义可能被高估了，这是我的看法，可能很多人不同意。包括审美意识形态理论，其实都存在着一个如何超越康德的问题。我跟伊格尔顿交流时，伊格尔顿很吃惊，说你们现在还在研究康德？我跟托尼·本尼特约稿，想让他谈谈形式主义美学，他说我早就不研究康德了，这让我有点儿震动。在我看来，康德美学和马克思主义美学可以看作是初等数学和高等数学的关系，他们不完全是对立的。高等数学不是对立于初等数学，是超越了初等数学，它完全是在一个新的规则下开始新的研究，在高等数学中初等数学全部融进去了，不是简单的加减，是在一个更高的境界，更高的规则中的提升。康德是一个理想主义者，他的理想是走向自由，他是想把社会生活剔除出来，后来发现在理论上很难，就找到了很小的一个领域，一个自律性的领域，把自己划在一个很小的范围内，结果发现还是不行。康德美学最大的问题其实就是这种自由与人的撕裂，也是审美理想的撕裂，你想想，一个社会人怎么可能只有纯粹的审美理想，而不考虑其他呢？在康德的自律性空间中，美是很纯粹，很干净的，但他画了一个圈儿，美就在这个圈儿里面，结果走到一个很纯粹的唯心主义上面去了，后来黑格尔就扭转他，走向客观唯心主义。康德美学就这样最后走到了自己的理论绝境，在这个意义上，对康德美学我们是要批判的，特别是马克思主义美学对它绝对是批判的。但是，我们上个世纪 80 年代的美学很多是从康德的这个圈儿里来的，把马克思的东西和康德的东西简单地加起来，这其中存在难以跨越的理论鸿沟，包括实践美学在内，我们还没有很好地解决这个问题，所以我说中国马克思主义美学建设的道路还很漫长。

段：您这样来看待康德美学，我觉得是很有意思，特别是您说康德美学和马克思主义美学是初等数学和高等数学的关系，我认为这是一种理论上的新的阐释，其中也涉及马克思主义美学的发展问题。我知道，这三十年中，您在马克思主义美学研究方面倾注了很大的心血，您认为中国马克思主义美学研究在世界范围内的马克思主义美学中处于一个什么位置？中国马克思主义美学的理论范式有哪些特征？

王：这也是我正想和你探讨的问题。三十年来，我跟马克思主义美学研究的关系还比较密切，这多半是因为林焕平老师的关系。我真正的学术启蒙还是在硕士阶段，是在林焕平教授和林宝全教授的指导下。刚才我说过，我的第一篇学术论文就发表在《社会科学家》杂志上，那是一个学术会议综述。当时在桂林工学院召开了一个全国性的马克思主义文艺理论的学术研讨会，由陆梅林先生倡议，林焕平教授牵头的，陆梅林、陈涌等著名学者都来了。我记得在那个会上有一件让大家很振奋的事，就是林老把美国杰姆逊教授的《马克思主义与形式》带来了，大家看了都很兴奋，没想到国外还有人在研究马克思主义，还是很有影响的学者。因为当时信息很封闭，改革开放之后马克思主义还在经受不同的考验，马克思主义美学也还受到不断的冲击，对国外完全不了解，在会上就这么一点儿信息，就让大家很鼓舞了。在当时的条件下，林老还影印了给我们，并向我们介绍了杰姆逊的马克思主义三部曲：《语言的牢笼》《马克思主义与形式》《政治无意识》。这对我也是个很大的激励，当时我做会务，会后写了一篇综述，发表在《社会科学家》上，当时《社会科学家》杂志还刚刚创办不久。然后大家就觉得很大的问题是下一步该怎么走，经过了三十年的努力，我们看到，中国马克思主义美学仍然还是处在十字路口，这就是我们的问题了。

首先，这三十年，包括马克思主义美学在内的中国美学研究仍然没有摆脱一种语境的困扰，那就是我们仍然处在简单的进化论和对西方理论的依赖中前进。在很短的时间内我们就把西方的理论全部拿来了，好像什么东西越新就越有效。从介绍的角度讲是需要的，但反映了我们的一个心态，就是我们在追新中把马克思主义，把人文社会科学与自然科学相等同了。自然科学就是强调创新，觉得最新就是成功了，就领先了，人文科学绝对不是这样。我觉得胡塞尔讲得很精辟，他说如果人文科学用自然科学的方法和思路来研究，整个人文科学就被取消了，就不可能了。我们现在就是这样，先是“西方马克思主义”，接着是“后马克思主义”，结果中国马克思主义美学理论仍然没有得到很好的研究。这也是我想讲的第二点。我觉得中国马克思主义美学理论仍然没有得到学术界的足够重视，特别是毛泽东的《在延安文艺座谈会上的讲话》还没有得到真正的阐发。毛泽东的理论在西方有很大的影响，印度有一个经济学派，曾经获得诺贝尔经济学奖，他们从事所谓的“贱民研究”，称作是“底层的经济学”或“贱民经济学”，他们的思想就来自毛泽东。阿尔都塞、马歇雷的文学生产理论也受毛泽东的影响，马歇雷艺术生产论的直接动因也来自毛泽东的《讲话》，他说“文学是意识形态的一种形式”，就是来自毛泽东《讲话》的原话，翻译过去就是这样表达的。当然，人家是在“形式意识形态”意义上讲的，包括审美的意识形态，这就和美学有关了，但形式意识形态与康德意义上的形式是两套理论范式。包括斯皮瓦克，我认为，她的理论的基本因素也是来自毛泽东的《讲话》，或受到毛泽东思想的影响。这让我想起杰姆逊的一个观点，我觉得很有意思，就是“思想的二次方程”。也就是说，一种思想跳到另一个语境中才能很好地发展。从世界范围内的思想文化发展来看，这样的现象是很多的。德里达的理论和思想到了美国才有了很好的发展，毛泽东的思想在20世纪60年代的法国、印度获得了很好的发展，现在又在拉美得到了重视，拉美国家现在搞的很多东西就是毛泽东思想的实践。这让我很吃惊，也就是说我们中国自己的马克思主义美学理论，我们自己不阐释，这是我们中国学者的悲哀。我们的学者现在盲目地相信西方的理论，但我们不要忘了，毛泽东的理论是从中国自己的实践中来的，很多东西是通过经验摸索出来的，他超越了西方。当然，《在延安文艺座谈会上的讲话》之后，有了“肃反”的扩大化，后来又有了“文革”，毛泽东有意无意地伤害了很多人，后来这些被伤害的人就用被伤害的感情对待毛泽东思想。但从中国马克思主义美学发展来看，毛泽东在延安时期的理论贡献是很大的，如果马克思主义研究再过一百年，回过头来再来看毛泽东和毛泽东思想，我想他的地位绝对是很高的。我们刚刚谈到上个世纪80年代的实践美学，其实80年代还有文艺美学，但很遗憾文艺美学没有健康地发展，文艺美学有一个很重要的思路就跟毛泽东的理论很接近，它努力把中国的东西融进中国当代美学，这是文艺美学很可贵的理论自觉和理论努力。但是，后来我们的美学很快又回到“全盘西化”唯西方理论马首是瞻。其实，毛泽东很早就批判过这种思想，就是他说的“言必称希腊”。你去看一下毛泽东的著作，毛泽东很早就批判过的东西现在比比皆是。所以你说到中国马克思主义美学的理论范式，我认为就是毛泽东的《讲话》所奠定的审美意识形态的理论范式，四川大学冯宪光教授称之为“人民美学”。这个范式在我的论文《中国马克思主义美学的基本问题与理论模式》中也讲到了。

谈到中国马克思主义美学研究在世界范围内处于一个什么位置，我的看法是真的路还很长。现在很多人着急地提“学派”，我觉得我们现在离成学派还真的好远，我们很多研究只解释现实但难以表征未来，马克思主义理论为什么能改造现实？它是和未来联系在一起的。我觉得这是马克思主义理论的一个很大的魅力，中国马克思主义美学能不能在理论研究中发现代表未来的因素很重要。

段：我认为这个问题很迫切。我也发现，我们现在的理论研究很多是没有投向现实的，包括马克思主义美学在内，理论研究最终要给人以期望。

王：是的，就是你说的理论要给人以期望。为什么别林斯基的理论那时候被人们称作“黑暗中的一盏明灯”？就是因为他通过文学批评让人看到这个社会是有希望的。英国“伯明翰学派”也是通过对大众文化、青年文化、街头文化的研究，让人感到这个社会是有希望的。我觉得中国马克思主义美学就是应该通过很多现实现象的研究，找到和未来连接的东西。马克思讲未来，讲共产主义社会的理想，消灭私有，按需分配，那只是原则性的理论，这中间有很多连接点，这些点怎么连接起来就是我们的任务和责任了。中国现代化的路径跟美国、欧洲肯定是不一样的，毛泽东就是开出了一个中国路径嘛，一个中国道路，就是《讲话》中所体现的把马克思主义理论与中国现实相结合。我们现在基本理论的研究还不够，很多是用理论的模式来套，再不就是“摸着石头过河”的经验主义。在这中间有一个很大的理论空间，也就是阿尔都塞说的，一头是经验主义的线头，一头是理论主义的线头，两个线头是断的。现在我们能否找到连接这两个线头的东西，这是中国马克思主义美学研究的责任。如果我们找到了，就在世界范围内的马克思主义美学研究中确立了我们的位置。现在搞经济学的，搞管理学的，都在探索中国的道路，他们是“摸着石头过河”的经验主义模式，搞文学的，搞美学的，是“理论主义”的模式。马克思把这两个线头交给我们了，但是他没有把这两个线头的中间环节全部都建立起来，真正的马克思主义者就是要把这两个线头联系起来。但是我们现在是两张皮啊，毛泽东就批判过这“两张皮现象”。反对教条主义，反对本本主义，反对经验主义，是毛泽东工作中最基本的理论内容，我觉得这也是中国马克思主义美学研究最大的难题。

段：是的，我们都注意到了这个问题。我这两年主要关注 20 世纪以来的英国马克思主义美学，英国马克思主义美学就不是这样的。我知道，您是这方面的专家，曾经在英国曼彻斯特大学访问和工作过，我想请您结合英国马克思主义美学研究，再谈谈中国马克思主义美学的发展问题。

王：确实，英国马克思主义美学在这方面对我们有很大的启发，这也是我去英国以后给我感触最深的地方。英国的雷蒙·威廉斯、特里·伊格尔顿、E. P. 汤普森这些世界一流的顶尖学者，他们都和社会现实，都和工人运动有着一种密切的就像鱼和水一样的关系。我在英国参观了马克思当年跟恩格斯讨论《共产党宣言》写作的地方。那是很小的一个图书馆的阅览室，离它不远就是恩格斯当年经常接触的工厂。马克思和恩格斯结下友谊，最重要的就是马克思看了恩格斯所写的《英国工人阶级状况》。恩格斯作为一个资本家的儿子，应该说是最早接触 19 世纪英国产业工人的学者，他对英国工人阶级状况有一种完全融入式的同情和理解，不是那种观察式的，也不像人类学那种完全是站在客观立场上的考察，后来 E. P. 汤普森写《英国工人阶级的形成》其实也是按着恩格斯的路子。所以，我觉得英国马克思主义美学最重要的理论品格就是贴近现实。现在我们多数还是传统的马克思主义者，在书斋中看一些马克思主义的经典著作，然后就写文章了。像雷蒙·威廉斯、理查德·霍加特、斯图亚特·霍尔，还有我们熟悉的“伯明翰学派”，以及像托尼·本尼特、贾斯汀等“伯明翰学派”的传人，他们的研究是建立在实证调查基础上的，他们认为社会发展的积极因素不是简单地从理论中推出来的，而应该在实证调查中寻找社会发展的动因。当年恩格斯也是在曼彻斯特那些工人运动中才发现社会发展的积极因素的，也是做了很多实证调查才获得大量的第一手资料的。英国马克思主义美学为什么能成“学派”？就是因为这一批人不但能够提出理论，而且能够解决社会的现实问题。在当时的社会条件下，雷蒙·威廉斯、理查德·霍加特、斯图亚特·霍尔等这一批人都是从事工人阶级教育的，他们从事的事业跟工人阶级的生活方式和经验接上了，也就是把经验的线头和理论的线头接上了，这也就是托尼·本尼特所说的学术研究不仅仅是文字表达，它有一种机制。我觉得中国马克思主义美学研究在这方面做得还不够，特别是1980年代以后的学者。1980年代以前的学者还是有现实的思考的，鲁迅的那个时代，胡风的那个时代，周扬的那个时代，马克思主义美学都是和现实结合的，也是和社会思潮、现实运动结合的，1980年代以后的学者都远离了政治和现实，马克思主义美学研究成了空谈理论。所以，相比之下，我觉得中国的马克思主义美学学者蜕化得很厉害。我在英国还参加了英国马克思主义者的节日，当时正值“五月风暴”三十周年，有很多学者参与，举办了一系列的活动，包括很多小型研讨会。我很吃惊，他们的教授参加研讨会发表演讲是不拿一分钱的，活动结束后他们还组织募捐，不是哪个组织搞的什么募捐，而是为非洲难民儿童募捐，是自愿的。这就让我想到，我们马克思主义美学研究就是要把马克思主义前辈学者的那一种骨气和精神境界继承下来。搞马克思主义研究要获得人们的尊重，就是要言行一致，搞马克思主义但不同情弱者，不同情受欺压的人，什么事情都斤斤计较，而写文章又说自己是马克思主义者，人家根本不信服你。或者，我们只是研究学理上的马克思主义，只是在一些学术的问题上打打圈圈，而不关心现实和文化，那以后跟随我们做马克思主义美学的人就会越来越少。

段：在当代世界范围内的思想文化语境中，马克思主义美学研究的格局更加复杂，走向也更加曲折，国外有各种理论思潮，对马克思主义美学产生了很复杂的影响，您能否谈一下中国马克思主义美学的研究前景及当代走向？

王：的确，马克思主义美学研究越来越复杂，但我觉得中国马克思主义美学还是有值得期待的希望。一个希望就是中国自己的东西还是要认真反思清理；另一个希望就是中国马克思主义美学研究还是要和国外理论资源相结合。前者做得不够，后者做得好些，但方向性的东西还要调整。刚刚说了，在1980年代，只是买到国外的一两本书就很幸福，现在我们很多学者可以很方便地跟特里·伊格尔顿交流，跟托尼·本尼特交流，很多人是杰姆逊的学生，这些学者的成长可能使中国马克思主义美学开始进入到一个很好的学理环境中，这说明中国马克思主义美学开始跟国外对话了。第三个希望就是随着一批青年的学者的成长，中国马克思主义美学开始有新的机遇了。现在全球化是不可回避的，在全球化趋势下，我们把西方的理论引进来，把西方最先进的学术方法引进来，这已经没有问题了，但能不能回应时代，能不能有创造性的发展，我们还要做很多工作。在《审美幻象研究》中，我曾经提出走向建设性的马克思主义美学，我现在仍然认为这是中国马克思主义美学研究的发展方向，我们新一代的马克思主义者在这方面应该更加努力才是。

段：最后，您是《马克思主义美学研究》的主编，我也是这个刊物的老作者了，看得出，您花了很大的精力，现在这个刊物在学界的影响越来越大了，我想请您谈谈《马克思主义美学研究》的情况，下一步您有何打算和计划？

王：说到这个刊物，我还是蛮多感慨的。《马克思主义美学研究》是在1995年开始酝酿的。1995年我们请刘纲纪教授去广西师范大学讲学，在1982年我跟刘老师分手后，那一年才见面。我给他出了两个题目，一个是关于中国美学的，他讲了中国美学的六大思潮；还有一个就是关于建立马克思主义美学的现代形态。当时学界对这个问题的讨论很热烈，董学文、叶朗等都写了文章。在讲课的过程中，刘纲纪老师就提出创办这个刊物，恰好广西师范大学出版社也找他约稿，我们就开始筹划。所以是1995年动议，1996年就编出来了，1997年初出版。你去看看第一卷的发刊词，当时我们是想办一个多语种的、面向世界的马克思主义美学研究的刊物，这也是刘纲纪教授的定位，它是在世界范围内唯一以“马克思主义美学研究”命名的刊物。当时另一个办刊理念就是想把美学和现实的文学批评和艺术批评结合起来，这也是一直以来我们努力去体现的。后来得到学术界的支持，但你知道，也很困难。在这方面我要特别说说林宝全教授。《马克思主义美学研究》的最初几年比较艰难，当时中国的马克思主义美学研究处于低谷，各方面都不容易，由于得不到应有的支持，林宝全教授和当时的系主任还发生了争执。刘纲纪老师作为主编主要抓大事，但在创刊最艰难的前几年，林宝全老师做了大量的工作。在当时他那个年龄，他那个资历，完全是出于对马克思主义美学的热忱，也是出于对我的支持，付出了大量的辛苦劳动。当时我很忙，去邮局寄稿费、寄书，跟作者联系等这样一些很琐碎的事都是林老师做的。如果没有林老师，那刊物可能就中断了，可见它的艰难。在广西师大等于是《马克思主义美学研究》的第一阶段，到南京大学是第二个阶段，到上海交大则是第三个阶段。在南大的阶段也很重要，刊物进入了 CSSCI 辑刊和中国期刊网，而且办成了半年刊。还有就是在南大，这个刊物开始了真正的国际化的历程，我们建立了编委会，包括国外的编委，也比较规范地出版了。所以，等于说是前十年我们把马克思主义美学研究的一些重要的学者都团结起来了。现在，《马克思主义美学研究》进一步加大了国际化进程，我们现在正在筹办《马克思主义美学研究》的英文版。我们现在有数据，学界的引用率很高，购买我们数据终端的大学和研究机构也很多。出乎我意料的是，除了大学和研究机构还有好多公司都在用我们刊物，这说明我们还是赢得了一些社会团体的认同，所以我们有实力在出版英文版后争取进入国际重要文献检索。

《马克思主义美学研究》明年正好创刊 15 周年，我们计划开一个编委会，把国内外著名的马克思主义美学家请到一起，共同探讨马克思主义美学的重大问题。再有，借着编《马克思主义美学研究》，我还想做些实质性的研究工作。刚说了，去英国访问研究以后，我感觉中国马克思主义美学还是对现实关怀不够，现在我们所有搞马克思主义美学的人都知道要回到现实研究现实问题，但真正呼应现实的研究成果还是很少的。《马克思主义美学研究》很多内容是来自现实的，我们做了很多访谈，也有一些成果是以一定的调查为基础的，也有很多的实证研究。实证研究有两种，一种是客观的实证，还有一种是参与式的，我现在主张搞参与式的实证研究。在参与中了解社会，这才是我说的中国马克思主义美学研究的建设性的方向。我那天跟贾斯汀教授访谈，他就谈到，现在做学术研究，如果不做一定的实证，不做一定量的学术访谈，人家是不会看的，会认为你的研究是没有价值的。所以，我计划下一步的工作是先做一些知名学者的访谈，看看到时候我们能不能一起做？我打算找 30 位在国外学界有一定影响的学者，另外再找30位在中国学界有一定影响的学者，认真地做些访谈，做些实证研究，做一些研究资料的收集和整理工作，真正把那种参与式的中国马克思主义美学研究认真做起来。

段：好的，这个想法很好。值得期待，我们共同努力。谢谢您！

（原文刊发于《社会科学家》2011年第3期）

第三辑

地方性经验：马克思主义文论的中国模式

六十年来马克思主义文论在中国的范式转换及其基本问题

中国马克思主义文论研究已经走过了一个多世纪的历史进程。回望这一进程，马克思主义文学理论在中国获得了深入的发展。在中国文论的现代视野中，马克思主义文论的重要性和关键地位日益突出，其理论影响和思想启发越来越重要。在探讨中国马克思主义文论历史发展的过程中，学者们往往赋予中国马克思主义文论一种历史的判断，认为马克思主义文论在中国的传播与接收更多的是一种历史的选择，体现了中国现代社会发展特殊的政治和意识形态诉求。不可否认，历史的选择因素在中国马克思主义文论早期发展中曾经起到过重要的作用，这意味着马克思主义文论在中国相比其他国度有特殊的线索。① 总结和探索中国马克思主义文论的历史发展当然离不开这种特殊的线索，但是，我们也应该看到，马克思主义文论在中国的发展演变并非完全由历史所导致的“外来传输”的产物，更有着理论与观念变革的内在发展动因，即理论观念与思想意识层面上的主观创构与理论范式转换因素。本文试图着眼于六十年来马克思主义文论在中国理论创构与范式转换的内在理路，深刻辨析马克思主义理论范式与中国文学研究的知识经验、基本问题与理论逻辑之间的联系，以突出马克思主义文论在当代中国的学术定位与历史责任。

---

① 荷兰学者佛克马、易布思就认为，中国马克思主义批评与苏联相比，存在着一个明显的不同之处，中国不像苏联那样纠缠于努力吸取欧洲文学遗产的问题。见佛克马、易布思《二十世纪文学理论》，三联书店 1988 年版，第 116 页。

一　“文艺大众化”与“中国经验”：马克思主义文学理论范式在中国的创构

中国马克思主义文论是在中国现代社会思想文化发生重大变革的时代开始被“引入”中国的。1920年代，李大钊、陈独秀、瞿秋白等人在中国特殊文化现实中开始初步译介马克思主义思想。在这期间，高尔基的《文学与现在的俄罗斯》（郑振铎译）、卢那察尔斯基的《俄国文学与革命》（沈雁冰译）、《托尔斯泰和当代工人运动》（郑超麟译）、托洛茨基的《论无产阶级的文化与艺术》（仲云译）、列宁的《论党的出版物与文学》（一声译）、马克思的《共产党宣言》（陈望道译）等一批理论著作最先被引介到中国，马克思主义基本观念得到了初步的介绍，马克思主义文艺思想也逐步开始传播。但是，由于独特的社会文化情势，自从马克思主义思想在中国开始传播的那一天起，它就充满了新潮、先锋与激进的色彩，中国知识界关于马克思主义文论也并未获得完整系统的认识，而更多地将之视为一种直接介入社会的理论，这我们可以从当时翻译介绍的马克思主义著作的基本内容见出。当时翻译介绍的马克思主义的论著，从内容上看，多是与苏联无产阶级革命理论、文艺状况密切相关的作品；从导向上看，则是更多地直接呼应中国当时的社会现实与实际问题的理论著作。虽然这些作品在当时具有明显的思想趋前色彩，但这种趋前性并非完全体现在文艺观念与审美观念上，而更多地表现为一种历史担当意识，这正体现了“中国化马克思主义文艺理论的依附性，也是它滞后的特殊性”①，也说明马克思主义文论在中国早期的理论萌发更多地展现了社会时代诉求的外在性特征。

在1920年代以后的发展中，马克思主义以及马克思主义文艺理论在中国的传播与接收更多地局限在文艺界的思想论争之中，因此也并没有形成系统性的理论理解。② 就马克思主义文论的中国发展而言，

---

① 张宝贵：《马克思主义文艺理论中国化的早期历程》，《中国社会科学》2008年第2期。

② 倒是当时的胡适在《四论问题与主义》中较早地谈到了马克思的唯物史观及其意义，但胡适不赞成马克思的阶级斗争学说（胡适当时称之为“阶级竞争学说”），认为马克思的“阶级竞争学说”太过强调“阶级的自赏心”，并认为这是“阶级仇视心”的来源和许多惨案的罪魁祸首。

是否形成完整系统的理论形态以及体系性的认识具有重要的意义，这是检视我们是否能够深入全面理解马克思主义思想精髓的一个重要方面。在20世纪的早期，马克思主义文论固有的“域外来源”的特征以及中国的独特现实决定了它在中国的接受困境，所以在当时即使有五四时代的思想启蒙以及“革命文学”的呼唤与抗争，即便是有“五卅惨案”这样重要的“劳工事件”发生，但由于中国工人阶级文化经验的滞后性与工人阶级革命理论的天然缺陷，马克思主义在中国的接受仍然停留在“主义”的层面上。而就文艺领域的现实而言，马克思主义文艺观念在当时“民主”和“科学”的视野中也显得单薄，更难以真正发挥独特的作用。虽然在五四时期，中国现代文学在反封建的文学革命视野中已经开始强调来自社会底层民众的革命意识，但这种革命意识更多地具有民主主义色彩，在文学观念上仍然强调社会外因的促动，文艺观念与文学理念内部的变革还很微弱，真正意义上的马克思主义理论范式转换尚难发生。① 在这种情形下，马克思主义文艺理论完整的理论形态与体系性的完善过程就显得更加重要，它成了中国是否真正拥有马克思主义理论范式的标尺，这种理论范式的创构毫无疑问是从20世纪40年代毛泽东《在延安文艺座谈会上的讲话》开始的。

在中国马克思主义文论发展中，毛泽东的《在延安文艺座谈会上的讲话》是一个标志性的理论进展。从它开始，马克思主义文论在中国的发展具有了不同于五四时期、“左联”时期的理论特征，开始拥有了自己的理论形态和美学形式。在《讲话》中，毛泽东从当时的社会现实与文艺实践出发提出了当时文艺工作的根本问题，这个根本问题用毛泽东的话说就是“一个为群众的问题和如何为群众的问题”②，而要解决这个问题进而“把革命工作向前推进”，就需要“革命的文学艺术运动”和当时的革命战争相互结合起来，毛泽东据此提出了“文艺的大众化”问题。从理论层面上看，在中国文学发展历程中，

---

① “左联”文学时期茅盾、蒋光慈等人的小说已经具备了一定的来自社会底层民众的革命意识，但这种意识更多地表现为从“文学革命”的“形式”到“革命文学”的“内容”转换，这种变化仍然是在社会现实促发下发生的，马克思主义理论观念尚未对其产生实质性的理论影响。

② 《毛泽东选集》，人民出版社1991年版，第853页。

“文学”与“大众”的问题并非是从《讲话》才开始提出的。从1928年鲁迅和郭沫若关于“普罗文学”的论争，到1930年瞿秋白、周扬等人提出的“大众文学”口号，以及次年上海文艺界开展的关于“大众文学”的讨论，中国文学在现代化历程中始终寻求“文学”与“大众”知识话语的连接。但在当时，这种连接的努力都集中在语法、文风、文体等文学的“表现形式”上，即文学如何表现大众的语言。[①]在《讲话》中，毛泽东提出的“文艺大众化”则表达了全新的理论观念和具有原创性的理论追求，即在根本上，“文艺大众化”是文学的体验的大众化，也就是革命的文学要做到“大众化”，首先要做的是“感情起了变化”，“文艺工作者的思想感情和工农兵大众的思想感情打成一片。”[②] 这展现出了毛泽东在理解文学“大众化”问题与以往截然不同的一种角度和方式。从中国1940年代的文艺现实来看，毛泽东对当时中国文学现实情形的判断以及“文艺大众化”问题的理论说明，不仅仅是在文学的“表达形式”与“书写内容”上提出了不同的要求，而是整体地表达了中国新民主主义革命之于中国文学经验的学理诉求，这也正是毛泽东“文艺大众化”理论不同于以往的地方。

毛泽东的《讲话》的发表，使马克思主义文论在中国的理论发展得到深刻的提升，在理论形态上表现出了一种从“形式→内容”到“内容→形式”的超越性变革，马克思主义在中国文学与理论界的实践影响不再仅仅停留在“文学革命”的“形式表达”意义上，也不再单单着眼于“文学革命”的“内容书写”上，而是马克思主义理论原则开始在文学精神的层面上与中国当时的文学实践相结合，并最终以“文艺大众化”的理论形式将中国文学普遍的知识经验融入中国新民主主义革命的进程中，从而完成了马克思主义文论在中国的理论创构。在这种理论创构中，马克思主义开始与中国特殊的“政治”相呼应，从而为中国无产阶级的“文化领导权”缔造了深刻的理论武器和斗争武器，而来自底层经验的“文艺大众化”方向则使中国马克思主义文

① 陈建华：《“革命”的现代性——中国革命话语考论》，上海：上海古籍出版社2000年版，第268页。

② 《毛泽东选集》，人民出版社1991年版，第851页。

论拥有了“人民性”甚至是“人民美学”[①] 的表达方式。这一方面显示了马克思主义文论“中国化”的伟大意义，另一方面则衍生了中国马克思主义文论另一个重要的起源语境和特征：那就是更多地在文艺界的思想论争与政治意识形态的联系中孕育它的理论形态，文艺界的思想争辩和观念论争以及由此展开的艺术实践构成了中国马克思主义文论的知识经验，政治意识形态则不但影响着文艺界的知识经验，而且影响了知识力量的分化组合。[②] 也正是从那个时候起，中国马克思主义文论在中国文学经验中发展出了一种不同于欧洲马克思主义的美学思想和理论形态，这种理论形态虽然在不同的历史条件下呈现出一定的变化，但它们具有某种共同的理论基础和思想内涵，那就是“怎样将中国的民间文化模式、中国人的审美经验模式结合起来，从而真实地表征出中国现代化进程中与社会主义目标相联系的情感和审美经验这一相对困难的理论要求”。[③] 而这正是马克思主义文论在中国创构的理论表征。

二　马克思主义论在中国的范式转换及其理论意义

如果说以毛泽东《在延安文艺座谈会上的讲话》所确立的“文艺大众化”理论形态为标志，马克思主义文论在中国完成了理论范式的创构的话，那么从1950年代到今天，六十年间，马克思主义文论在中国的发展早已摆脱了理论创构的初期特征，开始显出实际有效的理论影响，理论范式转换的特征也更加明显。这同样是一个复杂、矛盾与充满各种思想交锋的过程，在某种程度上，它比马克思主义文论在中国的理论创构历程更加艰难。因为马克思主义文艺理论范式的转换不仅仅意味着理论学说在选择与接收中的单向传播，也不仅仅意味着理

---

① 冯宪光直接地称中国马克思主义美学是一种“人民美学”，参见冯宪光《马克思主义文艺学的当代问题》，中国社会科学出版社2005年版。

② 当时很多城市出身的作家开始投入到“文艺大众化”的创作中，并发生了生活方式与文学理念的重要变化，并相信毛泽东说的：“最干净的还是农民，尽管他们手是黑的，脚上有牛屎，还是比资产阶级和小资产阶级知识分子都干净。”

③ 王杰：《中国马克思主义美学的基本问题与理论模式》，《文艺研究》2008年第1期。

论形态的初期创构，而意味着理论观念与思想精神的纵深发展，是一个关于马克思主义文学理念的综合变革的过程。具体而言，马克思主义文论在中国的范式转换，是从那种单一的“文化领导权”意义上的“文艺大众化”的理论范式走向深入发展综合创新的过程，同时也是作为一种思想指南与批判精神的马克思主义文学观念深刻贯穿于中国文学知识经验与理论研究过程的标志。因此，它必将引起接受方式与接收策略的自觉调整以及思想观念与思维模式的深层变革，同时更是理论建构的逻辑起点。

1940年代毛泽东的《讲话》发表后，“文艺大众化”的理论形式曾经在很长时期成为了中国马克思主义文论的理论形态，而1940年代中国文学的知识经验也更多地与“文艺大众化”的理论形式相呼应。比如，《讲话》之后解放区的许多文学作品，如歌剧《白毛女》、赵树理的小说《李有才板话》《李家庄的变迁》等，不但成为了“文艺大众化”理论的成功范例，而且构成了中国马克思主义文艺理论对象化现实审美经验的有力方式。① 而那时，来自中国社会底层人民群众的情感和愿望以及与此相联系的生活经验也表明，中国马克思主义文论要想获得理论范式上的合理表达必须更切实地面对来自人民的情感体验与知识经验，这是马克思主义文论之所以在中国发生范式转换的内在的理论规约，同时也是中国马克思主义文论的基本问题。1940年代，中国文学中的“文艺大众化”实践曾经表达了受压迫最深重的底层人们的情感和愿望，并且在现代中国文化发展与社会演进中发挥了重要的作用，甚至影响了现实社会的政治与意识形态的格局。② 六十年间，马克思主义文论在中国的基本问题并没有改变，马克思主义文论仍然需要面对社会大众的生活经验与情感诉求，仍然需要在根本上呼应中国社会与中国文学的现实，并需要将之转化成内在的理论建构

---

① 赵树理的作品在当时曾受到郭沫若、茅盾的赞扬，被誉为“文艺大众化”过程中的“赵树理方向”。以往研究往往强调赵树理这类作家当时是“自觉地”践行“文艺大众化”的理论方向的。《讲话》以及“文艺大众化”在这些作家身上究竟产生了何种影响？其文学理念是如何受其影响发生重大变化的？这是目前我们探讨中国马克思主义文艺理论问题时忽略的一个理论盲点，即如何更进一步探索《讲话》以及“文艺大众化”在作家精神体验与审美感受方面的重要影响。

② 如“抗战文学”的理论形式其实与现实社会中的抗战方式有某种同构性，都是强调突出社会底层民众的经验与力量。

的内涵。[①] 这正是马克思主义理论范式转换的起点。正是在这个起点上，六十年来，中国马克思主义立足于中国经验与中国现实，在整体、全面、系统地消化吸收马克思主义的经典文本的基础上开始了理论转换的过程。

我们曾经认为，1920 年代开始的马克思主义文论中国化的早期历程展现的是一种“文学革命”的“形式化”过程，到了 1940 年代，马克思主义文论在中国开始从“文学革命”的“形式化”阶段转向“文艺大众化”的理论创构阶段。无论在 1920 年代还是 1940 年代，马克思主义文论在中国的发展都具有单一的特征，知识谱系、话语方式与理论影响都不同程度地具有狭窄的一面。即使是在 1940 年代，中国马克思主义文论在“文艺大众化”的理论观念中有效地熔铸了“文化领导权”观念而成为意识形态话语的有利的表达形式，它仍然没有摆脱“外来”与“送来”[②] 的理论接受上的尴尬。如何摆脱这种“外来”与“送来”的尴尬正是马克思主义理论范式深入中国文学实践的首要任务。这里面首先还是一个“接受”的问题，也就是说在“接受”的层面上我们如何真正摆脱“他论”思维，真正把马克思主义的思想与精神融入我们自己的文学理解与文学研究之中。六十年来，中国马克思主义文论首先在接受方式与接收策略的基点上展现出了理论范式转换的重要成绩。马克思主义文论在中国的接受不再满足于“理论”、“主义”、“学说”的平面介绍，不再是对马克思主义的文本做有选择性的介绍和有实际问题针对性的评述，从 1950 年代出版的周扬主编的《马恩列斯论文艺》到各种版本的马克思、恩格斯的全集、选集和文艺论著合集；从最开始的列宁的《论党的出版物和文学》，到马克思、恩格斯、列宁、斯大林、毛泽东、周恩来、邓小平等诸多马克思主义经典作家的理论著作，理论引介和研究展现出了更加多元和变

① 在中国马克思主义文论发展的早期阶段曾经有底层叙事的文学，如蒋光慈、柔石的小说，在当时，这种文学叙事还没有上升到理论层面上，更没有与马克思主义的文学理论产生深刻的理论联系。就目前而言，中国文学上的底层经验与大众文化仍然在不断发展，文学实践中仍然拥有“底层经验”与“大众化”的起源语境，因此也需要马克思主义文论与美学研究在这方面作出呼应。

② 毛泽东在《论人民民主专政》中说：“中国人找到马克思主义，是经过俄国人介绍的……十月革命一声炮响，给我们送来了马克思主义。”见《毛泽东选集》第 4 卷，人民出版社 1991 年版，第 1471 页。

化的趋势。其次，六十年来，马克思主义文论具体的研究过程呈现出了一种综合研究的局面。马克思主义不再是平面地介入社会与政治问题的理论手段，而成了真正深入文学领域的精神力量与思想力量。马克思主义作为一种整体观念开始与中国当代文艺问题、文学实践相融合，马克思主义文论的理论建构、体系建设与观念影响、思想指导也已经落实到了文学研究的具体过程。特别是从1980年代以来，在具体的文艺研究与审美研究领域，不再将马克思主义的理论学说和观念简单机械地套用到文学阐释过程，而是开始注意在文学与审美领域中真正践行马克思主义的思想精神与理论精神；不再将马克思主义的文艺思想孤立化、片面化、机械化和程式化，而注重在整体上将马克思主义理论观念融入中国语境与中国问题，走向马克思主义文论研究的问题领域。这意味着马克思主义文论在中国已经开始走出了理论创构的初期阶段，理论范式已经显示出了实际效力，马克思主义理论观念已经作为一种整体精神切入中国审美文化现实并展现出明显的思想启发。再次，六十年来，马克思主义思想观念在与中国当代文艺问题、文学实践相融合的过程中，中国马克思主义文论在理论研究与体系建设上也取得了重要的成绩。在文学与政治的关系、文学的人学观念与人性立场、典型化原则的梳理与接受、现实主义文学原则的理论探索、文学生产与文学消费研究等方面，马克思主义文学理论观念既发挥了重要的作用，同时也展现出了鲜明的理论建设的成绩。在文学主体性精神的探究、文艺学研究方法的开拓、人文精神的大讨论，以及审美意识形态研究、新理性文论、古代文论的现代转换、全球化问题、中国美学与文化多样性等重大学术问题的探索与辨析中，马克思主义文论所占的比重也是巨大的。这说明，马克思主义文论正在中国文学理论的知识生产与理论建构中发挥实质性的理论影响，马克思主义文论在中国的范式转换正展现出它重要的思想启发。这种启发就在于提示我们注意，作为一种理论范式的马克思主义文论不是一种独断性、排斥性、唯一性的理论观念与思想形式，因此我们不能再将马克思主义文艺观念绝对化和独白化，更应该强调在马克思主义与当代西方其他文艺观念的比较对话中找到马克思主义文论的更合理有效的应用形式，同时也要在马克思主义和人类思想的多种资源的比较对话中以更加积极的方式从事马克思主义文学理论研究的系统工程，这既是中国马克思主义文论走向深入发展综合创新的过程，也是马克思主义文论开始真正意义上展现出中国化、大众化与时代化的实绩的表现。

三 理论发展与综合创新：中国马克思主义文论的学术定位与历史责任

过去的六十年，马克思主义文学理论范式在中国已经由一元走向了多元，由封闭走向了开放，由单一走向了综合，马克思主义文论在中国发生了理论范式上重要的转型，这是马克思主义文论在面向中国问题与中国语境过程中所展现出来的生命力，同时也是中国马克思主义文论研究与建设的重要成绩。但是，我们也应该看到，六十年间马克思主义文论在中国的范式转换不仅仅是充满了希冀、欣喜与理论收获的喜悦，同时也是一个孕育危机、提出问题、面临挑战的过程，“克服危机的过程与解决和回答现存的问题是同步的”①。马克思主义文论在中国的范式转换并非是直接而简单地发生的，而是裹挟着不同理论传统的矛盾与冲突、多种理论资源融合的压力与焦虑、不同理论话语趋同与求异的危机与挑战。即使在今天，马克思主义文论在中国的范式转换仍然面临着更加艰巨的任务。特别是从1990年代以来，世界文论的大发展、当代西方各种文化思潮的不断涌现、种种思想裂变的冲击以及中国当下社会文化与文学实践的复杂走向，更给马克思主义文论建设增加了更大的压力。

在挑战与压力面前，中国的马克思主义文论需要进一步明确理论建构的原则与方向，同时更需要进一步增强实践性与批判性，实现理论的综合创新。这既是新的文化时代对马克思主义文论的提出的理论任务，同时也是中国马克思主义文论的历史责任。在过去的六十年间，中国马克思主义文论研究呈现出了崭新的面貌，但我们不能想当然地认为中国马克思主义文论的建设与发展会是一帆风顺，不能笼统地认为只要我们坚持马克思主义的唯物史观，坚持马克思主义理论观念，中国马克思主义文论的理论成果就会不断地扩大。在新的历史文化语

---

① 李衍柱：《范式革命与文艺转型》，载《社会科学辑刊》2005年第2期。

境中，首先需要我们要在当前社会现实演变与思想文化格局变换中对马克思主义文论的学术定位保持清醒的认识，在文化多样性面前对马克思主义文论的历史责任作出认真的探索。从历史的角度看，马克思主义文论引入中国也是经过了一段较长时间才得到系统整理与消化的，马克思主义文论在中国是经过了六十年才逐渐形成目前的理论范式的，这也提醒我们注意，马克思主义文论与中国问题、中国语境的融合会通仍然是当前马克思主义文论在中国的理论范式转换的主要任务之一。另一方面，我们也要认识到，马克思主义文论在中国无论是从理论范式上还是从思想影响上，其接受通路都不是单一的，其阐释路径也是多维的。在一个较长的时期内，马克思主义文论在中国会与当代西方其他文化思潮处于大致相当的接受、传播格局中。而且，由于马克思主义文论引入中国较早、介入中国问题与中国语境的过程较深入、全面，自然人们对马克思主义文论的当代理解与当代阐释的方向与角度变化也最大，这对马克思主义文论在中国的发展既是有利的趋势同时也是阻力的根源。这就迫切需要中国马克思主义文论在与其他各种理论思潮的撞击、对话与交流中，更加表现出理论上的优势与效力。目前，我们不能绝对乐观地估计这种优势和效力会一如既往，马克思主义文论在中国的现实发展仍然面临着其他思想文化思潮的压力，这其中特别是要面对产生于1960年代西方的“后学”思潮①的冲击。

目前，经过了近二十年的时间，中国当代文学理论界基本上完成了一个与“后学”思潮的相遇、接受、选择的过程，“后学”思潮的方法、观念部分地被中国当代文学理论所接受、阐释和应用，并且导致了中国当代文学理论研究在整体知识生产和知识建构层面上的变革，甚至影响了文学发展的态势与走向。②“后学”思潮本身代表了一种思维方式和理论观念的展开方式，当它与具体的理论问题相遇之后，它提供的不仅仅是一种社会背景和语言环境，它自身包含的思维方式和理论观念内在地融入了理论问题的研究过程之中。中国乃至世界文论中出现的“意识形态终结”、“文学理论的危机”、“反理论”的声音、

---

① “后学”思潮是一种较宽泛的说法，它一般指的是西方1960年代以来兴起的“后现代主义”、“后殖民主义”、“解构主义”等文化思潮，也被称为“后学”（post-ism）研究。

② 段吉方：《后语境中的中国当代文学理论研究》，《贵州社会科学》2009年第10期。

“理论已死”的宣告以及媒介时代来临的各种预言，都与当代“后学”思潮的理论渗透、影响甚至干扰有关。由于社会历史语境、文化哲学传统、文学体验方式以及文学研究方法的差异，“后学”思潮与中国文学的相遇过程不可避免地产生了多重的接受矛盾，甚至至今为止仍然显示出理论融通与对话的困境。西方文论发展中的“后学”思潮有着它自身特殊的社会文化语境和现代性现实，当它在中国文论开启现代性历程之后被中国文论引介与应用之时，不可避免地在表达方式、理论体系、话语实践等诸多方面与中国文论话语产生“时空错位”。从中国当代文学理论开始受西方“后学”思潮影响的时候，中国文学理论研究就没有忽视这种“时空错位”所造成了理论误读及其应用性偏差。目前来看，清理这种误读与偏差不仅十分必要，而且构成了中国当代文学理论建构中的一项重要的内容。正是在这个意义上，当代西方各种具有“后学”思潮特点的文学观念和理论观念对中国马克思主义文论的建设才在构成挑战的同时也提供了契机。在这种情形下，中国马克思主义文论建设需要的不是粗暴强横的理论攻击和话语口角，也不是完全排斥性和唯我性的打击，需要的是冷静的学科反思和宽容的对话心态，需要更为客观地吸收当代西方文论的新现象、新思潮、新发展、新趋势，并有效地与中国当代文学现实相联系，在面向现实的过程中增强理论的生命力。这既是中国当代文艺学的当然选择，同时也是中国马克思主义文论的内在发展之途。

值得我们关注的是，六十年来，中国马克思主义文论研究没有将“建构”流于口号，而是充分体现出了理论范式转换的深刻影响，无论是经典马克思主义文论的整理与探析，还是西方马克思主义文论的理论探索，以及现代西方文学理论与美学理论的综合研究，都取得了卓有成效的理论实绩。在新的历史时期，马克思主义文论在中国的范式转换已经深入到了中国当代文学与文化现实的具体情境，也已经使马克思主义文论的学术地位更加突出。未来的发展之路，我们期望中国马克思主义文论能发出更强有力的声音。

（原文刊发于《社会科学家》2011 年第 3 期）

当代中国语境中的审美意识形态理论

20 世纪 80 年代以来，审美意识形态理论在自身的发展过程中渐渐取得较审美反映论、艺术（文学）生产论、以人类学为基础的马克思主义文艺理论更为明显的学术影响力，成为新时期以来文学理论和美学领域马克思主义中国化的一种理论形态。作为一种建设性的理论努力，审美意识形态概念的提出，继而在文艺学教材中的普遍使用，使这个概念具有了某种不证自明的地位，但是由于理论立场、理论资源的不同，以及理论取向的多元化，造成国内学术界关于审美意识形态的理解在理论基础、理论内涵、方法论等问题上存在严重分歧。这种分歧一是由于 20 世纪 80 年代以来中国社会审美关系处在转型期，若干种审美关系的相互纠缠，造成了理论上特有的“叠合”现象；二是由于我们对马克思主义基本理论特别是马克思主义美学的基本理论研究不够深入，在一定程度上造成了理论内涵和现实要求相脱离。

对审美意识形态问题的研究，一方面要积极地研究、批判性地借鉴国外马克思主义美学和文学理论的相关思想和成果；另一方面，要认真、深入地研究当代中国的审美经验和审美关系，获取中国马克思主义美学在审美意识形态问题上的具体性和现实性，从而准确地分析和把握其中的理论意义。只有在这两个方面都有深入的研究，我们对马克思主义的理解才具有当代性，我们对基本理论的阐释才会具有中国特色。

一　审美意识形态概念的理论含义

从意识形态的角度分析文学和艺术的意义是马克思主义美学的基本特征。关于艺术与意识形态的关系问题，马克思本人的基本论述主要体现在《政治经济学批判·序言》《政治经济学批判·导言》《路易·波拿巴的雾月十八日》和《致拉萨尔》的信中。但是，由于历史条件等原因，马克思当年并没有系统地阐释关于艺术、文学与意识形态的全部的复杂关系。这个方面的理论重要性在20世纪马克思主义的理论视野中逐渐凸显，成为马克思主义美学的中心概念和核心命题之一。①

在《政治经济学批判·序言 》中，马克思写道：

> ……随着经济基础的变更，全部庞大的上层建筑也或慢或快地发生变革。在考察这些变革时，必须时刻把下面两者区别开来：一种是生产的经济条件方面所发生的物质的、可以用自然科学的精确性指明的变革，一种是人们借以意识到这个冲突并力求把它克服的那些法律的、政治的、宗教的、艺术的或哲学的，简言之，意识形态的形式。我们判断一个人不能以他对自己的看法为根据，同样，我们判断这样一个变革时代也不能以它的意识为根据；相反，这个意识必须从物质生活的矛盾中，从社会生产力和生产关系之间的现存冲突中去解释。无论哪一个社会形态，在它所能容纳的全部生产力发挥出来以前，是决不会灭亡的；而新的更高的生产关系，在它的物质存在条件在旧社会的胎胞里成熟以前，是决不会出现的。②

在这里，马克思是在经济基础与上层建筑的关系的总的框架下，提到意识形态的几种主要形式。从整个论述的语境看，马克思把意识

---

① 参阅王杰《审美现代性：马克思主义的提问方式与当代文学实践》，载《文艺研究》2000年第5期。

② 《马克思恩格斯选集》第2卷，人民出版社1995年版，第33页。

形态不同形式的总和看作意识形态，或者说看作上层建筑，极简明地论述了现实的社会发展与意识形态诸形式之和的一般关系。对于艺术与社会关系以及艺术与作为复数的意识形态的关系，马克思在此之前的《政治经济学批判·导言》中作了一个复杂些的论述：

> 物质生产的发展例如同艺术发展的不平衡关系。进步这个概念决不能在通常的抽象意义上去理解。就艺术等等而言……困难只在于对这些矛盾作的表述。一旦它们的特殊性被确定了，它们也就被解释明白了。①

《政治经济学批判·导言》是一部未完成的作品，马克思正是在论述物质生产与艺术发展的不平衡关系时中断了写作，这种中断和理论上的沉默意味深长。

在《路易·波拿巴的雾月十八日》中，马克思对问题的理解和表述又有了某种变化，马克思认为：

> 在不同的占有制形式上，在社会生存条件上，耸立着由各种不同的表现独特的情感、幻想、思想方式和人生观构成的整个上层建筑。整个阶级在它的物质条件和相应的社会关系的基础上创造和构成这一切。通过传统和教育承受了这些情感和观点的个人，会以为这些情感和观点就是他的行为的真实动机和出发点。②

马克思显然把情感、幻想本身以及以此为基础的思想方式和人生观看作上层建筑的一部分，或者说看作意识形态的诸种形式。但是他并没有论述真正的艺术作品与这种情感、幻想的意识形态是什么样的关系。由此，在艺术、意识形态和社会关系三者构成的复杂关系中，马克思只是提出了问题，并没有系统地表述其历史唯物主义的美学理论。

卢卡契是第一个在历史唯物主义理论的基础上结合新康德主义等

---

① 《马克思恩格斯选集》第2卷，人民出版社1995年版，第27—28页。

② 《马克思恩格斯选集》第1卷，人民出版社1995年版，第611页。

丰富的思想资料，系统研究马克思主义美学思想的人。卢卡契概括和表达了以意识形态为核心概念的马克思主义美学理论，他用“异化”与对异化“审美超越”的理论模式，对马克思主义美学思想作了富于辩证精神的理论阐释，启发和影响了法兰克福学派和萨特等马克思主义美学理论家。在批判资本主义社会的审美关系、剖析资产阶级审美意识形态现象的虚幻性以及揭露审美意识形态与统治阶级意识形态的“共谋”关系等方面，卢卡契提供的理论模式发挥了巨大的批判性力量，推动和促进了马克思主义美学的发展。然而，正如阿尔都塞曾经指出的，卢卡契的意识形态理论有一个重要的理论错误，这就是简单地认为异化的社会关系必定导致意识形态现象的异化，因而在某种程度上把文学、艺术等特殊的意识形态形式的复杂性和充满辩证精神的丰富性给忽略了。① 阿尔都塞认为，艺术作为一种特殊的意识形态，它的产生、发展和作用都必须放到历史唯物主义的高度去理解和说明，才能得到合理的解释。② 在阶级社会中，阶级斗争的理论视角就是一个基本的前提，“如果不采用阶级斗争观点的话，谈论生产关系再生产的整个实现过程就仍然会是一种空想，因此，要采取再生产观点，就要最终采取阶级斗争观点”③。我们可以区分出伦理道德的、法律的、政治的、美学的等不同的意识形态，这些意识形态都以想象性为特点，服从于生产关系以及主体再生产的要求。在意识形态的类型中，科学和艺术是两种最为特殊的形式，它们与主流意识形态的关系也最为复杂，因此在理论上也最为困难。在《抽象画家克勒莫尼尼》一文中，阿尔都塞写道：

> 每一件艺术作品，都是由一种既是美学的，又是意识形态的意图产生出来的……一件艺术作品能够成为意识形态的一个成分，就是说，它能够被放到构成意识形态、以想象的关系反映“人们”（在我们的阶级社会中，即社会各阶级的成员）同构成他们

---

① 路易·阿尔都塞：《意识形态和意识形态的国家机器》，见齐泽克编《图绘意识形态》，南京大学出版社 2002 年版。

② 路易·阿尔都塞：《保卫马克思》，商务印书馆 1984 年版，第 142 页。

③ 路易·阿尔都塞：《意识形态和意识形态的国家机器》，见齐泽克编《图绘意识形态》，南京大学出版社 2002 年版。

> “生存条件”的结构关系保持关系的体系中去。也许人们甚至可以提出下述这样一个命题，由于艺术作品的特殊职能是通过它同现存意识形态（不论以任何形式出现）的实在所保持的距离，使人看到这种实在，艺术作品肯定会产生直接的意识形态效果，因此，艺术作品与意识形态保持的关系比任何其他物体都远为密切，不考虑到它和意识形态之间的特殊关系，即它的直接和不可避免的意识形态效果，就不可能按它的特殊美学存在来思考艺术作品。①

阿尔都塞的理论在马歇雷的《文学生产的理论》和特里·伊格尔顿的《批评与意识形态》等著作中得到了进一步的阐释。值得注意和重视的是，阿尔都塞在讨论艺术与意识形态的关系时，除了使用美学意识形态之外，并没有使用审美意识形态的概念。在国外马克思主义美学理论的发展过程中，直到20世纪80年代和90年代初期，美国马克思主义文论家和美学家保罗·德曼和英国马克思主义文论家和美学家特里·伊格尔顿才先后出版以《审美意识形态》命名的学术著作。②这两位学者都曾深受阿尔都塞的影响，因而，可以把审美意识形态理论看作是马克思主义美学当代发展的一种理论形态。

保罗·德曼和特里·伊格尔顿关于审美意识形态的研究在研究思路和研究方法上较阿尔都塞的理论都有了很大的发展，他们不约而同地从阿尔都塞的“结构”研究和“关系”研究转向了历史的研究，即从审美意识形态的形成、发展以及马克思主义美学与审美意识形态的复杂纠缠关系等方面展开研究。在批判的对象上，他们都把矛头指向了康德美学和形式主义美学。伊格尔顿对康德、席勒、海德格尔等人的研究和批判不是进行简单的学理分析，而是把这些美学家的理论放到历史发展的过程中去说明其理论与现代化过程的具体联系和特殊性，因而具有强大的理论力量。伊格尔顿认为，文化和意识形态的基础是现实中人的身体。在西方现代化过程中，历史进程表现为由原来作为

---

① 陆梅林编：《西方马克思主义美学文选》，漓江出版社1988年版，第537页。

② Paul de Man, *Aesthetic Ideology*, University of Minesota Press, 1996（该书为论文集，主要论文发表于1980年代，1996年由 Andrzej Waminski 编辑出版）。Terry Eagleton, *The Ideology of the Aesthetic*, Verso, 1990.

整体存在的人的身体分裂为：作为劳动的身体、作为意志的身体以及作为欲望的身体，这种分裂是以社会生活的分工和分裂为基础的，在意识形态方面就表现为价值的分裂，其中最为基础的就是认识价值、伦理价值和审美价值的分裂以及相对自律化。①

二　中国的审美意识形态研究

在中国，对审美意识形态问题的研究和把握要复杂和困难得多。用意识形态的方法研究和阐释文艺现象和审美问题是从马克思主义传入中国开始的。中国马克思主义美学和文艺理论从一开始就是新民主主义革命事业的一部分或一个重要的方面，在很长一段时期，其中重要的理论家也是党的事业的组织者和领导者。例如陈独秀、毛泽东、邓小平、瞿秋白、冯雪峰、张闻天、胡风、周扬等人都直接参加了新民主主义革命，这与20世纪20年代开始兴起的西方马克思主义有所不同。佩里·安德森在《“西方马克思主义”探讨》中指出，这一时期西方马克思主义的理论家一般在大学从事教书和研究工作，与工人运动是相脱离的。② 中国马克思主义文艺理论家和美学家的这种理论优势在于，中国的审美意识形态研究更重视其建构作用，强调一定审美意识形态对社会进步与历史发展的积极作用。在现实的社会生活中，多种社会矛盾相叠合并互相作用的结果，使意识形态，包括审美意识形态发生不同程度的变形，从而产生出与社会生活的多种关系。这一点在中国近现代文艺现象和文化思潮的发展中表现得十分鲜明和突出。审美意识形态的矛盾叠合性和复杂性是中国社会自五四运动以来文艺现象和审美经验的基本特征，由此决定着中国马克思主义美学的基本问题和基本理论指向。③

与西方马克思主义美学相比，中国马克思主义美学的一个重要特点是理论联系实际。在文艺理论和美学上，对于理论联系实际通常理

---

① 特里·伊格尔顿：《审美意识形态》，广西师范大学出版社2006年版。

② 佩里·安德森：《“西方马克思主义”探讨》，人民出版社1981年版。

③ 参见王杰《东方马克思主义美学：问题与理论》，载《马克思主义美学研究》第4辑，广西师范大学出版社2001年版。

解为联系文学艺术作品的实际。文艺理论与美学的研究对象首先应该是审美经验和艺术体验，这一点在西方现代美学理论中（从现象学到实用主义美学）都已有所论述，但是，在更深一层的意义上，理论联系实际应该是研究和分析处在社会矛盾的焦点上和社会底层中被压迫、被奴役的人民大众的审美经验与情感体验，而这正是中国马克思主义美学的优点之一。以毛泽东《在延安文艺座谈会上的讲话》为标志，中国的马克思主义美学从中国社会现实的文化冲突以及审美体验的基层中，提出了自己的问题以及思考和解决问题的基本方法。其中有一个理论现象是值得注意的：与《讲话》同一时期写作的《矛盾论》，后来成为阿尔都塞在研究意识形态问题时提出的“多元决定论”的直接理论来源，《讲话》则成为马歇雷文学观点的主要理论来源。① 我认为，中国马克思主义美学提出的理论问题，到目前为止，还远没有完成它的理论概括和学理论证。毛泽东、瞿秋白、胡风、周扬等人在理论工作中实践了的思路和观点，不仅引发了蔚为壮观的文艺运动，产生了一批如《黄河大合唱》《白毛女》等经典作品，而且在中国革命的过程中发挥了巨大的“团结人民、鼓舞人民、打击敌人、消灭敌人”的作用。在很长一段时期里，因为毛泽东晚年的偏误以及极“左”思潮在文艺发展中带来的消极后果，中国马克思主义美学所提出的问题以及这个问题的巨大理论价值都被遮蔽在“文革”的阴影中，甚至被当作斯大林式马克思主义美学的中国版而广遭批判。马克思曾经说过，当一种生产方式的合理性没有全部发挥出来之前，这种生产方式即便有多少不合理性也不会灭亡，审美意识形态问题也是如此。因此，对于当代马克思主义美学家和文艺理论家来说，明确审美意识形态的中国问题，并且努力将中国问题和中国经验放到当代国际性的学术背景中作出理论化的表述，无疑具有十分重要的意义。这种研究和表述在我看来主要包括三个层次：1. 中国马克思主义美学和文艺理论的基本问题，包括其与马克思主义经典作家提出的问题是怎样的关系，与西方当代马克思主义美学的基本问题又是什么样的关系等；2. 关于当代中国审美关系的理论分析以及在审美关系基础上的社会主

---

① 埃·巴列巴尔、皮·马歇雷：《论作为一种观念形式的文学》，见弗·马尔赫恩编《当代马克思主义文学批评》，北京大学出版社 2002 年版，第 62—77 页。这里的“观念”应译为“意识形态”。

义文学艺术的生产方式研究；3. 当代中国马克思主义美学的理论范畴和理论方法等。在基本方法、基本观念大致相同的前提下，应该充分尊重和鼓励理论家们的理论创新和理论实践。

如果说西方马克思主义美学是从批判资本主义文化的角度来研究和思考审美意识形态理论的话，那么可以说，中国的马克思主义美学和文论研究主要是从超越资本主义这一角度来开始自己的理论思考的。这种超越的现实基础是近百年来中国人民的现实生活和现实经验，其实质不仅仅是启蒙问题，也不仅是救亡问题，而是一种新的生活方式、新的社会制度的创造和发展所带来的问题。这体现在美学方面，也就是文学艺术"怎样为人民大众服务"的问题，在这里，精英主义的文化立场从一开始就受到了深刻的质疑。事实上，中国马克思主义美学以自己的方式探讨了艺术与意识形态的关系，即讨论了不同于西方马克思主义美学家的另外一种关于大众文化的思想和理论。

马克思主义美学理论的中国特色是由现实的审美关系所决定的。换句话说，中国马克思主义美学的基本对象是当代中国文学艺术问题，它以经典马克思主义美学、西方马克思主义美学和中国美学传统为思想资料，但又不等于这三个部分综合相加。对于理论思考和建设来说，它的根本基础是当代中国的文化问题和现实问题。美学理论的任务就在于，通过分析审美变形的特殊机制，说明文学艺术文本与社会文本的具体关系。因此，关于马克思主义美学理论的中国特色问题，首先是指基本问题的特殊性，在这个基础上，才谈得上理论主题的特殊性和理论倾向的特殊性。而只有对这些问题做出确切的说明，才真正谈得上马克思主义美学理论的现代发展。

与西方马克思主义美学的基本问题相比，中国马克思主义美学是在阐释大众文化的审美意义这个基础上研究审美意识形态理论的。在审美意识形态诸多理论问题中，审美意识形态与社会经济基础的关系在新的历史和文化条件下正在发生一系列新的变化。20 世纪 30 年代以来，中国文学艺术实践最突出的特点就是社会主义文学生产方式的雏形已经形成并不断发展，这就为中国马克思主义美学深入研究马克思所提出的问题，努力解答历史和现实所提出的美学问题提供了十分重要的条件。

毛泽东美学思想的核心问题也是审美意识形态的现代作用问题。

20 世纪三四十年代，在西方马克思主义美学深入研究大众文化的同时，毛泽东等中国马克思主义者从另一个维度开始了关于大众文化的研究。所不同的是，西方马克思主义学者研究和剖析的是资本主义生产方式上的大众文化，其基本问题是审美意识形态与主流意识形态的关系；中国的延安学派则是从半封建、半殖民地以及被压迫民族的解放和社会进步的立场出发，着重探讨了审美意识形态在建设新的社会关系方面的积极作用，其基本问题是文化（意识形态）的特殊性和反作用性。在这种文化模式中，审美意识形态成为改造社会关系的范型和先导。在毛泽东的美学思想中，审美意识形态成为人民大众手中的精神武器，而且精神的力量能够转化为物质力量——因此，审美意识形态的最终目的是把握可以实现的未来。

国外马克思主义理论中，有关审美意识形态的复杂性和特殊性问题，经过布拉格学派、法兰克福学派、阿尔都塞学派以及英国马克思主义学派的发展从不同角度对问题的思考，审美意识形态的多层次性及其与现实生活的多重关系等理论问题都得到了较为充分的论证和说明，事实上已成为 20 世纪马克思主义美学理论的中心问题。然而，西方马克思主义美学各流派对审美意识形态问题的研究，主要侧重于研究审美意识形态与占统治地位的支配性意识形态的共谋关系，强调审美意识形态与资本主义生产关系的内在一致性。西方马克思主义美学虽然也深入研究了审美启蒙在异化的社会生活条件下产生的多种可能性等十分重要的问题，从美学角度批判和解构了现代性与资本主义的文化制度，但是对审美意识形态的积极作用以及其中所包含的创造未来的可能性的研究则相对薄弱。在审美意识形态积极作用的理论阐释方面，虽然英国马克思主义美学和文论研究对此有所贡献，相比之下，中国马克思主义美学和文论中的理论问题则出现了新的因素，因而更值得注意。

社会主义文学生产方式的出现，是 20 世纪马克思主义美学和文学理论史上具有重要意义的现象。社会主义文学生产方式决定着与此相应的审美意识形态的性质和特征。在中国新民主主义革命时期，秧歌、二人转、民歌等民间艺术形式，呈现出一种直接表达情感、合作性的审美经验模式。在这些艺术形式中，当下的艺术经验就直接体现了人与人之间的一种新型关系。这种新型关系经过艺术表达，成为人们现实生活关系更理想、更强烈的表达，成为未来生活的“原型”①。艺术与生活的关系不再是分裂和对立的，艺术和审美体验成了未来生活的“预演”；审美和艺术的核心机制不是将个体从日常生活经验中“震惊”和“断裂”出来的“陌生化”，而是把情感和朦胧的理想放大、显影的“典型化”。从学理上说，这种“典型化”与亚里士多德式“典型化”存在着区别，这种区别就在于，后者是以历史的或然性为基础的，而前者却是以历史的必然性为基础的。在社会主义文学生产方式的基础上，现实美以及对现实美的体验从可能变成了现实。

对于马克思主义美学的建设而言，中国的美学问题在两个方面具有重要的理论意义。首先，当代中国的社会结构和意识形态结构非常特殊，不仅多种生产方式相互碰撞或彼此重叠，而且在意识形态方面似乎汇集了所有艺术生产方式和形象话语，构成了一个巨大的反应堆和试验场。在现代传播媒介的帮助下，西方文艺舞台上刚刚出现的艺术创新，用不了多久就有可能融入到中国的艺术生产过程中去，而其他的情感模式和艺术话语因具有现实基础而仍然保持着生命力。这种多话语共存以及不同形象体系彼此叠合的状态，极大地刺激了 20 世纪中国文学艺术的创造力，也向美学理论提出了寻求内在统一性的要求。其次，中国艺术表达机制的特殊性，在多重话语叠合与碰撞的状态中显示了它的某种优势，即以碎片表征整体、以寓言性的形象表征生活的本质、以余音缭绕的缠绵托起历史的沉重和生命的悲剧性。从理论上说，中国文化传统中以交感为特征的审美模式、以韵为内核的艺术表达机制，有可能改造深陷在肉体化感知模式中的现代西方文化的价值导向。②

对于文学艺术来说，表征社会主义生产方式的要求，促进人的全面发展，既是社会发展的现实要求，也是“美的规律”的要求。因为在经济全球化的社会和文化条件下，对“未来”的感受和思考已成为一个全球性的问题。在把审美与现实生活对立起来的西方现代文化中，审美的乌托邦不具有现实的必然性，现实的审美文化（审美意识形态）又不具

---

① 此处的“原型”不是荣格的精神分析概念，而是以现实关系某种新的因素为基础的、新的形象和新的审美关系，近似于雷·威廉斯的“新兴文化”的内涵。

② 特里·伊格尔顿、弗·詹姆逊都注意了这一点并做出了自己的分析。参阅伊格尔顿《文化的观念》、詹姆逊《跨国资本主义时代的第三世界文学》等。

有伦理的合理性。而相比之下，社会主义初级阶段的中国文学艺术因其来自于现实的要求，是对现实生活的“更高、更强烈，更有集中性，更典型、更丰富，更理想，因此，更带普遍性”① 的表达。

三　当代中国审美意识形态研究中的具体问题

当前关于审美意识形态问题的理论论争涉及对意识形态的理解以及马克思主义对审美问题的理解。对审美意识形态理论的理解，应在马克思主义经典作家论述的基础上，充分吸取卢卡契以来国外马克思主义研究的积极成果。其次，关于审美问题的理解。由于改革开放以来中国的具体社会条件和文化语境，在关于审美的性质及意义的理解方面，一些学者倾向于在马克思主义的理论框架中引入康德理论的思维模式和概念系统来论证马克思主义的美学问题。事实上，马克思主义的美学理论与德国古典美学的关系极为复杂，绝不是简单的继承和发展。例如关于“美的规律”，马克思的思想显然不同于莱辛《拉奥孔》里的论述，也显然不是在康德理论框架中所能真正阐释的。在马克思对浪漫主义美学的论述中，我们过去往往只注意到其论说的显在一面，即浪漫主义美学与资本主义生产方式的敌对关系，却忽略了马克思的言外之意——既然浪漫主义美学是西方工业文明的产物，那么它的哲学基础、理论成果乃至论说方式就与而且只与西方文化的某一发展阶段相联系。马克思主义美学在充分重视和强调经济关系对审美关系的决定性作用的基础上，突出地论证了人在现实关系压力下巨大的文化创造力，以及这种创造力对社会发展的积极作用。同时，马克思主义美学也重视艺术与日常生活经验的关系，强调艺术所具有的启蒙能力和解放作用的根据和力量最终都产生于现实的日常生活经验。因此，深入研究日常生活经验及日常生活经验所产生的审美需要，特别是研究作为文化创造者的人民大众的审美需要及其在当代中国文化中的表达机制，应该成为当代中国马克思主义美学的主要任务。

---

① 毛泽东：《在延安文艺座谈会上的讲话》，《毛泽东论文艺》（增订本），人民文学出版社 1992 年版，第 58 页。

马克思主义对美学问题的提问方式不是探究艺术作品怎样起源，而是思索并力图解答：通过艺术这种审美意识形态形式，现实中的个体是怎样与现实关系交流从而改变主体自身的。因此，从审美意识形态的角度来反思和建设中国马克思主义美学，审美意识形态的现代作用应该成为理论研究的重心。在马克思主义的理论视野中，审美意识形态的现代作用主要包括三个方面的内容：首先，在现代社会中，由于社会生活的异化，意识形态包括审美意识形态与现实生活关系必然发生某种程度的脱节甚至断裂，审美意识形态成为统治阶级利益和意志的体现，这就是审美意识形态最常见和最直接的内容与含义。在当代社会，这就是各种大众文化的主要意义，幻想化和形式化是其主要特征。其次，由于审美活动是以个体审美经验为基础的，在社会已经充分个体化了的现代社会，个体意识形态与主流意识形态必然形成诸多差异；差异导致视点和立场的游移与转变，这就为审美启蒙并且重新把握现实生活关系提供了可能。问题的关键在于说明为什么能够产生这类差异和意识形态的偏离，以及这种审美差异的社会意义，陌生化或审美变形（转换）是其主要的理论内容。再次，两种审美意识形态的关系问题。审美活动的一个显著特点是，审美经验的个体性与审美对象的共同性的有机统一。在马克思主义美学的理论视野中，这种统一的基础是审美关系，即由现实生产方式所规定或由一定意识形态所规范的情感模式，包括情感需要、情感表达和情感满足的一整套习俗或审美制度。在不同的生产方式、社会制度和文化传统的条件下，审美关系也互不相同。由于审美关系不同，共同的审美对象或文艺文本可以产生出不同的审美效果，在同一个社会中也可以产生出两种甚至若干种审美意识形态，这体现在理论上也就是审美意识形态间的关系问题。而在社会主义初级阶段文艺生产方式出现之后，在理论上则进一步提出了新的问题和理论要求。

在中国马克思主义美学的发展历程中，文艺与政治的关系始终是一个无法回避的问题。这个问题的复杂性受到“文革”极左思潮的影响，一度使当代中国学者对马克思主义的阶级分析方法和意识形态理论产生了某种误解和偏见，然而，从当代中国文艺实践来看，文艺与政治的关系仍具有现实意义。其一，文艺、审美必然具有政治性。这个命题所揭示的是，政治性只是审美、文艺的一个属性，但它决不等于文艺、审美必须为政治服务。文艺不被规定为“为政治服务”时，文艺仍然具有政治性或者意识形态性。其二，什么是“政治”？政治并不能被简单地界定为“党派政治”，政治并不狭隘地局限于政党之间的争权夺利。相反，当代社会直接的政治斗争具体、广泛地以文化冲突的形式在作品文本中得到曲折表现。在文化研究中，这种冲突以文化领导权的范畴取代党派政治。社会政治关注的核心是人际间存在的权力关系，这种权力关系只要有两个以上的人存在就必然存在，如不同社会群体间的权力政治、不同民族的种族政治等。其三，在马克思主义美学看来，现实生活中人与自然界、个体与社会、人的内在要求与外在现实相统一。马克思主义美学的重要性在于，它要求我们在正视现实矛盾的前提下，把生产力的巨大力量以及个体的心理内驱力转化为与人类幸福生活这个目的相一致的建设性力量。美学通过对艺术和审美现象的分析而把握现实关系，通过改变人们的价值观念、生活态度而实现对现实的改造。我们认为，中国马克思主义美学理论必须以具体的审美关系为基础，认真研究当代中国社会审美经验模式、艺术生产方式的特殊性及其在审美表征方面的体现，无疑是十分艰难的理论工作，任何对这种关系的简单化理解都将导致理论的偏差。

20世纪80年代以来我国一些学者关于审美意识形态的阐释带有较为浓重的康德美学和海德格尔美学的色彩，这种理论上的杂糅对于解决现实中的问题也许是有效的，但是，由于在基本理论方面的暧昧态度，造成了理论的内在的矛盾性和不彻底性。在美学和文艺学研究领域，对马克思主义美学基本理论问题做深入研究，事实上是非常困难的工作，其困难不仅在于必须面对现实文化实践中所提出的问题，而且要进行细致、缜密的学理分析，在学术问题上的盲从只能使问题始终悬而未决，因此，我们有必要重提马克思当年的要求：“这里必须根绝一切犹豫；这里任何怯懦都无济于事。”①

（原文刊发于《文艺研究》2006年第8期）

---

① 《马克思恩格斯选集》第2卷，人民出版社1995年版，第35页。

中国审美经验的理论阐释与文艺美学的发展

中国文艺美学研究在热了一阵后，近年来逐渐降温，学者们开始认真面对一系列重要的理论问题。从中国古典美学中寻找具有现代美学理论意义的工作虽然十分重要，却碰到了重重困难，要将中国古典美学十分丰富的理论资源转化成为当代形态的文艺美学理论，成为在学理上具有不同于西方美学的传统和范畴体系，最大的困难是：要在学理上建立起一个不同于西方美学理论框架的中国文艺美学的理论框架，只有这个问题真正解决了，文艺美学才能摆脱徘徊不前的困顿，取得实质性的发展。

我们认为，文艺美学的进一步发展首先要摆脱两个观念上的混乱或者误区，否则研究工作很难得到实质性的进展。

第一，在目前的学科分类体系中，甚至在国务院学位办制定的学科目录的框架内讨论文艺美学的学科定位及其理论框架是误区之一。众所周知，文艺美学是20世纪80年代以来中国学者根据中国的美学问题和文化资源创造性地提出和发展的，有鲜明中国特色的美学学科。因为现实的需要以及一批学术界领军人物的积极倡导，文艺美学很快在制度化的学术体系中获得了自己的地位，这就是在中国语言文学一级学科下，文艺学二级学科下的一个三级学科方向并且被部分学者确定为新兴学科和交叉学科。目前关于文艺美学学科定位的许多讨论就局限在这样一个思路内。作为新兴学科和交叉学科，需要突破旧的学术规范和学术体制，不然，真正的理论创新将无从谈起。而且，随着后现代社会的发展，在现代人文社会科学的发展格局中，美学和文艺美学逐渐占据重要的地位，研究方法和理论流派也呈现多元化的格局。美学和文艺美学与心理学、社会学、认知科学等众多学科的学科交叉互动日趋活跃，因此，局限在“中国语言文学”，甚至“文艺学”的学科理念中讨论文艺美学的理论框架和进一步的发展，在某种意义上说很难成功。

第二，将文艺美学看作以研究艺术经验为对象，以研究文学艺术的美学规律为主要内容的理论学科，这种观点在学术界目前有相当大的影响，但笔者认为也是可以讨论的。笔者认为，这个研究思路把“美学”和“文艺美学”两个概念混淆了，实际上是用西方现代化过程以来产生和发展起来的美学理论来研究和阐述文艺美学。这样，文艺美学的特殊问题和特殊学理机制很容易被遮蔽掉，文艺美学很容易成为只是美学或艺术哲学的另一种名称或中国化的名称而已。王国维、宗白华、蒋孔阳等老一辈美学家开创的事业一直是努力找到中国美学的特殊性，包括特殊的问题、特殊的艺术表述机制以及特殊的理论形态。这种理论追求在20世纪80年代中国思想解放和现代化的大潮中明确化为系统的理论形态，这就是文艺美学。其理论追求十分明确：这就是建立中国形态的美学理论。因此，文艺美学的学理探讨应该以比较文化学和比较美学为基础。

因此，我们在研究和思考文艺美学的进一步发展时，首先，应对其学科归属有一个正确的估计和判断；其次，应该在深入研究当代中国文艺学、美学学科危机的基础上，对文艺美学的基本问题、现实意义、学科资源等问题作出实事求是的分析，在此基础上才可能谈到文艺美学进一步发展的有关问题。

文艺美学的基本对象是审美经验或艺术体验，这是学术界已经取得共识的看法。但是，把文艺美学当作是一种普世性的美学理论模式，还是一种以中国经验为基础、具有特殊性的美学理论模式等问题上，学术界是有分歧的。这个问题需要慎重对待，它涉及我们从事学术研究的理论立场和价值判断。我们的基本看法是：在西方以视觉性形象为基础，以“视觉性隐喻”为理论框架的美学理论，已经出现深度危机的情况下，建立在中国文化和中国审美经验基础上的以流动性的声音性形象为基础（乐、诗、词、曲等），以“韵”和“意境”为核心范畴和表征机制的“中国美学”具有越来越重要的理论价值和意义。

“中国美学”首先是对以中国文化为基础的丰富多彩的审美经验和艺术体验的理论概括；其次，从某种理论层面和某种意义上，如果我们能在现代学术方法和学术理念的背景下加以理论化和系统化，“中国美学”是具有普世性的，可以成为日益多元化的世界美学发展潮流中一种重要的学术资源和理论发展的动因。正是在这个意义上，文艺美学的理论研究具有十分重要的意义，这也是我们不同意将文艺美学的理论问题理解得过于狭隘或过于宽泛的原因。关于西方美学和中国美学在文化特征上的区别，我曾用“内卷文化”和“外播文化”两个概念作比较分析，在文化类型上，中国文化将审美经验和艺术体验置于文化的核心位置，使这种文化的呈现出丰富性、流动性以及在不同语境中“随物赋形”的文化机制，在文化全球化危机的社会历史条件下，中国文化，特别是中国少数民族文化中保存和延续着的文化资源具有十分重要的意义。在《美学研究的人类学转向和文学学科的文化实践——以南宁国际民歌艺术节的初步研究为例》一文中我曾作过一个简单的比较分析：

> 借用格尔兹“内卷文化”的术语，我以此来描述将宗教作为最重要的认同和表述手段的文化，而将以艺术和审美作为最重要的认同和表述手段的文化称为“外播文化”。与前者相比，外播文化因为较少受到宗教神圣性的束缚而具有更大的变异性和包容性，同时仍然保留了对现实生活的超越和批判。①

当然，这还只是一个初步的学术概括。我认为，中国文化作为一种具有较强开放性的“外播文化”，它的表征机制及其哲学基础还没有得到充分的研究。根据张光直的研究，音乐和美术性的特殊形象在中国早期文化仪式中具有十分关键的基础性作用，是“表征”和实现“天人沟通”的基本工具和媒介。据此可以认为，中国古代美学思想是建立在对感性经验的神秘性，甚至神圣性的解释基础之上的，具有强大权威性和认同机制的“仪式”在中国文化以及审美经验的表征机制

---

① 王杰：《美学研究的人类学转向和文学学科的文化实践——以南宁国际民歌艺术节的初步研究为例》，《广西民族学院学报》2004 年第 5 期。

方面具有关键性的作用。这与古希腊文化通过自然哲学的研究来获得整理和表征现实经验的文化传统不同。古希腊哲人认为，宇宙的法则具有最高的必然性，它是远离情感和日常生活经验的。这就为美学提供了一个形而上学的基础。因为，这种关于世界的一般理论，使人和自然相互之间紧密联系起来，根据人的行为和价值来判断世界，这就为建立关于美的艺术的专门学科奠定了良好的基础。① 比较而言，在中国，美学问题的提问方式不是从诗与哲学的关系或者内容与形式的关系这个角度来提出问题，而是以“象”（含音象、视象等）的神秘交流能力和超越能力的解释为开端，在中国古代文化中，艺术以及最高形态的美（“大音希声”、“大象无形”）与神话时代的祭祀仪式存在着密切的联系，这已经为人类学研究所证明。在进入文明社会和阶级社会之后，作为一个地域辽阔、人口众多的多民族的大国，对于中华文化而言，如何保持和加强文化的凝聚力和权威性就成为一个重大的问题。由于多方面的原因，中国文化通过阐释“象”的神奇力量，来证明审美经验的超越性和普遍性。因此，在中国文化中，少有哲学性的美学，却存在着十分丰富的与审美经验和艺术体验相联系的“文艺美学”，或者说文艺美学的前学科形态。

在中国文化中，“仪式”从未真正解体和消失，只是以不同的形式存在和发挥作用。关于仪式，在人类学的研究中事实上有很多种类型和模式，“外播型文化”也建立在某种仪式的基础上。在中国文化中，与审美活动相联的仪式是以“祭天”仪式为基础的，“天”以自然为本，但又是一个超自然的存在。通过“仪式”的作用，审美的力量得以激发和强化，个体内在的情感得以投射并按照一定的模式加以表征和对象化。在我看来，在中国传统文化中，最重要也最具有现代美学意义的审美表达机制是“韵”。它不是一个简单的美学和文论范畴，也不同于西方文化中的“移情”、“视觉性隐喻”，它是中国文化特殊性的审美和情感表达机制。

---

① 吉尔伯特、库恩：《美学史》（上卷），夏乾丰译，上海：上海译文出版社 1989 年版，第 14 页。

韵的学理分析是一个非常困难又十分重要的理论问题。① 从美学的角度讲，韵是“大象”的一种形式，它以优美和“自然”为特征，我们知道，作为人的内在世界的形象化表征，审美幻象是个体与外在世界相联系的关键，它既是主体与外在世界进行交流的桥梁，也是主体自我确证、进行再生产的根据。从理论上说，关于韵的分析主要包括两个方面：首先，韵的特殊性以及学理根据；其次，“韵”这种艺术表达机制在不同的历史条件、生产方式以及文化背景中的变化与更新。

王国维已经开始从近现代哲学的角度对韵这个审美范畴的特殊性作出思考了。他在《人间词乙稿序》中写道：

> 文学之事，其内足以摅己，而外足以感人者，意与境二者而已。上焉者意与境浑，其次或以境胜，或以意胜。苟缺其一，不足以言文学。原夫文学之所以有意境者，以其能观也。②

关于境界，王国维强调了两个要点：内在世界与外在世界的统一；对象化的存在。关于内在世界与外在世界相统一的境界，王国维又划分为三个层次，在第三个层次也就是最高的层次，达到“非归与归与之叹与”③ 的状态，用一个具体的意象来描述便是：“众里寻他千百度，回头蓦见，那人正在灯火阑珊处。”④ 这种境界作为一种审美表达机制也就是韵。

王国维之后，韵的特殊性问题引起了许多学者的重视，钱锺书释之为“远出”的声音；宗白华释之为“潜伏着”的“音乐感”；周来祥、孙玄常释之为“和谐与节奏”⑤，他们不约而同地都涉及了韵的一

---

① 韵既是一个中国古典美学的概念，也是一个现代西方美学的概念，当然在内涵和外延等方面都有很大的区别，但在学理上也有一致的地方。在瓦尔特·本雅明的美学中，“韵”就是一个重要的概念，可参阅《机械复制时代的艺术作品》、《发达资本主义时代的抒情诗人》等。亦可参阅田明《论技术与光韵之间的张力——对本雅明重建审美经验的思考》，载《马克思主义美学研究》第10辑，中央编译出版社2007年版。

② 王国维：《人间词话新注》，济南：齐鲁书社1986年版，第106页。

③ 同上书，第3页。

④ 同上书，第2页。

⑤ 参见宗白华《美学与意境》，人民出版社1987年版；周来祥：《论美是和谐》，齐鲁书社1987年版；孙玄常《美术史论丛刊》1982年第3期。

个重要的学理根据——时间性。

审美经验在时间（历史）中的状态是一个从理论的角度很难把握的问题。审美幻象的流动性事实上是个体内在欲望的流动性、现实世界的历史性以及意识形态镜像的“永恒性”相互作用的结果。在不同的文化背景或同一文化的不同发展阶段，由于意识形态镜像的不同，欲望流动性的转换方式也不相同，我们也可以用审美变形的典型媒介来标志欲望与历史的不同联结关系。在确定性的视点之外，必定存在着一个视线的消逝点，在视线消逝点之外，存在着一个无限的世界。对于主体来说，这个世界是一个充满着死亡阴影的难以与之交流的世界，也是现实生活关系的藏匿之地。在西方文化中，透视规律的发现及其在艺术和现实生产中的普遍运用，正好与人的存在从自然人逐渐转化为劳动力的过程同步，这绝不是历史的一种偶然。视觉性思维的特点是外向的，它指向外在的自然和客体化的现实，在这里，颠倒成像的机制以一种较为直接的形式存在着，艺术与日常生活世界的二元化关系是非常清晰、明确的。比较而言，听觉性思维的特点是弥散性和回旋式的，它既不简单指向外在的自然或客体化的现实，也不简单指向主体性的自我，它以回旋式的对象化方式在放弃中收获，以冷淡表达激情，以简单实现丰富，以“远出”达到日常生活中不可能实现的交流。在这里，虚幻的非现实世界成为欲望的目标和价值指向，在颠倒化机制的作用下，审美幻象呈现为一种特殊的“自然”。由于这种颠倒化机制是内在的和隐蔽的，因此，艺术与日常生活状态似乎可以重合。中国古代文明最为基本的观念是天人合一的宇宙观。在这个宇宙世界中，自然界的一切，从一粒石头、一片落叶到朝代的更迭和世事的沧桑，都与混沌的、具有内在连续性的“天”密切联系，从而彼此联结成一个博大精深、无限宏大的宇宙有机体。

关于“天”这样一个神秘的幻象体系，《道德经》是这样描述的：

> 有物混成，先天地生。寂兮寥兮，独立不改。周行不殆，可以为天下母。吾不知其名，字之曰道，吾强为之名曰大。大曰逝，逝曰远，远曰反。

因为它混沌而包容一切，所以，一方面，个体既在这个幻象体系之内，又在这个巨大而又神秘的世界之外；另一方面，它的存在，既是个体的内在世界，又是个体的外在世界。和谐是一种超个体生命的存在，这个存在是个体生命、人生幸福以及社会价值的根据。对于现实中的个体来说，最为根本的交流目的就是与这个世界相沟通，最大的恐惧是与这个世界相分离。在古代中国，掌握着进入这个世界的媒介和手段是一种重要的权力，而幻觉性则是这种媒介和手段的基本特征：

> 鬼神的降临和巫和王的升天须以何种方式完成，尚不十分清楚，但音乐和舞蹈显然是这种仪式的一个组成部分。饮酒也可能与此有关：殷人就以奢酒而著名，许多商代青铜礼器都为酒器的造型。或许酒精或其他药料能使人昏迷，巫师便可以在迷幻之中作想象的飞升？①

在这里，欲望与对象的关系是建立在祭祖先神和祭“天”仪式的基础之上的。在这种仪式的基础上，情感和欲望的价值指向与社会历史的现实发展方向正好相反。情感和艺术在天人沟通中的重要作用，决定了艺术在中国文化结构中处于较为关键的地位。这种与外在世界自然规律正好相逆的情感表达机制，却使个体在恶劣的历史条件下，利用最小的条件来实现内在世界与外在世界的联系，建构起“中间性的形象”。

在中国的文化传统中，音乐和舞蹈是祭天仪式或者祭祖仪式的重要组成部分。音乐对情感有刺激作用，能够把具体的身体和物质性的场景幻化为精灵性的存在和流动性的形象，成为与祖先相沟通及其他非现实性存在交流的基本媒介。“大音希声”、“大象无形”，欲望的表达借助于幻觉而深深地楔入存在的本体，这既不是视觉性形象的“再现”，也不是主体性情感抒发的“表现”，而是一种交感性②，始终粘联着感性经验的“远出”。视觉性形象的“远出”，结果是物象纯化为精神性的心象，而在交感性的“远出”机制中，通过形象的幻化回

---

① 张光直：《美术·神话与祭祀》，辽宁教育出版社1988年版，第42页。

② 关于交感范畴的内涵和演变，刘纲纪先生在《中国美学史》、《周易美学》中均有论述，可以参阅。

旋，从而达到“味象”的感性丰富。① 味觉是身体与世界具体接触的感官，它与人类的现实经验直接联系着，味觉式的交感形象在“远出”的机制中升华为优美纯粹的形象，达到“大象”的超越性存在的和谐。这种存在在主体方面对个体提出了很高的要求，在审美效果方面则具有极大的弹性，能够在极端险恶的历史条件下，为主体提供一种依托，保持住美好、善良的人性。

在中国文化的发展过程中，随着欲望的表达，媒介逐渐从音乐、舞蹈转向诗词，“味象”的概念也就逐渐转化为“韵”和意象。研究和分析中国古典文化审美表达机制，要注意到这样一个悖论：在以“韵”为核心的审美表达机制中，为什么“远出”不仅不会趋向冷漠化，或者抽象为纯粹精神性的概念，相反，它却回旋向主体，更深地楔入主体的内部，唤起更大的激情，获得更加感性化和更为经验性的形式？这是一个有趣的现象，用西方的美学理论模式显然无法作出说明。在西方艺术的漫长历史发展中，基本的思维路线是从缺乏和空无开始，经过对象性的真实而达到情感化的存在。相反，中国古典艺术表征机制却从完满与和谐开始，经过缺乏和虚静这个中介而达到另一种境界的完整与和谐。

我们这里尝试从个体与对象关系的角度，对中国艺术表达机制的特征及其学理根据作微观的分析，因为，个体与对象的关系是文化的最微观的表达，从这个角度分析研究，较容易直接进入问题的实质与核心。

在柏拉图的著作中，有一个关于人的古老寓言。说的是在很早以前，人处于一种两性同体的状态，后来不幸被神一劈两半，其中的一半只有在另一半中才能找回他自己的完整性。在奥维德的《变形记》中，这个寓言形象地转化为艾科和喀索斯命运的故事。个体与对象的关系，在哲学中是认识与真理的关系，在审美活动中是欲望和形象的关系。柏拉图认为，日常生活现象本来是散乱而蒙昧的，由于纯粹的精神或美的“理式”而获得某种秩序。最高的“理式”如同一块磁

---

① 美国解剖学家戴维·玻利拿已经从人的皮肤细胞中分离出了信息素。科学研究的结果表明，人类和大多数动物一样可能会通过皮肤散发大量无嗅无味的化学物质：信息素，也叫外激素。这种化学物质可以向其他人传递信息。在不知不觉中，人类的很多基本的行为都受到这种化学物质的影响。参见 1994 年 5 月 5 日《中国科协报》。

石，把散乱的现象联结成一个完整的链条，循着从低级向高级的阶梯上升。“美本身”存在于世俗性世界的界限之外，在个体欲望和终极目标之间，存在着难以逾越的屏障和鸿沟。在古希腊文化中，喀索斯和艾科的形象表征了对于这种矛盾的两种解决方式。喀索斯是自恋性的，他的欲望对象就是他自己的形象，只有当这个对象存在于自己的身体之外时，欲望才能得到对象化，只有拥有这个对象，才能实现身体与欲望的再度结合。喀索斯因迷恋自己水中的影像而落水身亡，转化成了水仙花。在现实生活中自恋的对象是虚幻的，所以，自恋的欲望永远也不可能得到实现。艾科属于另一种类型的存在和欲望表达方式。由于受到不公正的惩罚，艾科只能重复别人对她说过的话，对于个体的欲望表达来说，这是令人绝望的悲惨命运。她只能倾听，通过复述话语中丰富的歧义来表达自己的欲望，并且唤起交流。喀索斯的拒绝态度在于他看不到外在世界的美好和丰富。如果说喀索斯的不幸在于自恋，那么艾科的不幸则在于爱上了喀索斯。对于喀索斯，艾科只能执著地固守，因为，她的存在以及欲望的表达都依赖于外在的力量，艾科对喀索斯说：“放弃了你的力量，也许我会死去的。”喀索斯落水而亡后，艾科的身体也逐渐消失，转变成一种精灵般的声音在空旷的世界中飘荡。①

喀索斯和艾科的悲剧，归根结蒂在于他们不能用完整的感官去感受世界并完整表达自己的欲望。这种不完整性不仅与主体的价值目标和价值态度相联系，而且也根源于他们两人关系之外的强大力量。喀索斯的自恋是对现实深感失望的结果，而朱比特的非分欲望和朱诺的嫉妒则决定着艾科欲望要求的难以表达。在现实生活中，现实关系是一个摆脱不掉的阴影，它强有力地控制着现实的个体及其欲望表达。艾科的可贵之处，就在于她努力反抗这种无形的强大力量，由此呈现出人性的光辉，体现了温情和善良的价值和意义。艾科这种女性化的欲望表达方式，近似于中国古典文化中怀柔守拙的传统以及对韵的强调。在西方文化中，美本身被推向无限遥远的幻象屏幕之后，欲望表达的目标与具体形象的关系因此而断裂，分裂为两种相互矛盾的表现

① 有关喀索斯和艾科关系的分析，参阅佳·查·斯皮瓦克：《论艾科》，凌学东译，《马克思主义美学研究》第 8 辑，广西师范大学出版社 2005 年版。

形式。在中国文化中，“韵”的基本词源意义指和谐的声音，在《文心雕龙·声律》篇中，刘勰是这样说的：“异音相从谓之和，同声相应谓之韵。韵气一定，故余声易遣；和体抑扬，故遗响难契。”由此可见，韵的现象学特征，一为和谐，二为“远出”。所谓“余声易遣”、“遗响难契”之“余声”、“遗响”均是“远出”的具体形式，通过“远出”而达到和谐。这种“远出”是一种回旋的声音，即所谓余音绕梁，它以交感式的欲望表达方式为基础，把感性的存在转变成具有灵性或神性的审美对象。这也许是中国艺术表达机制的特殊性所在。

以“视觉性隐喻”为基础的欲望表达机制，其基本前提为主体与对象之间的空间距离，社会通过一系列的制度、仪式，以及话语规范等意识形态形式，来调节不同个体欲望之间以及个体欲望与社会发展方向之间的对立和冲突。在视觉性形象的审美表达中，通过对客体的模仿，主体得以摆脱物质性和身体性的缺陷和局限，达到精神升华的目的。那么，在听觉性形象的审美表达机制中，为何其基本的价值手段不是缩小乃至弥合分裂和对立之间所存在的距离，而似乎正好相反呢？我认为，形成这种区别的原因之一，就在于审美表达媒介的不同。欲望的视觉性表达机制以透视规律为基础，主体与对象、精神和身体、欲望和欲望目的在透视规律的作用下自然地划分开来，其优点是真实、清晰、准确，缺点则在于静止而僵硬、主体的自由度相对较小。在听觉性的形象表达机制中，声音的流动性、浸润化的特点，以及声音与身体的直接联系使欲望的流动性、弥散化的整体性都得到较好的保留，然而缺乏外在性，在中国艺术的审美表达机制中，这种特点是很明显的。在学理上，如果艾科也陷入自恋性状态，不仅难以自拔，而且外在的力量也难以对之进行拯救。艾科式的主体若泯灭欲望，放弃对象化的冲动，其结果是真正灾难性的。至悲莫过于心死。由于中国文化和艺术重内省而又偏于混沌性的特点，对于审美形象来说，把物质性的声响与精神性的音乐区分开来，使声像获得外在性，就成为个体欲望和审美经验得以表达以及实现交流的关键。

从学理上说，把声响和音乐分开有两种可能的方法和途径：其一是通过技术的进步及乐器的发明和改进，使声响得以纯化和形式化，从而增加其精神内含以及审美丰富性；其二是通过内省性的修炼，排除欲望的杂质和非人性的内容，用内在世界的和谐来呼应外在自然的和谐，从而达到天人合一的交融境界。因此，“虚静”和“远出”就成为中国审美经验基本的表达手段，成为欲望升华的前提。

在后现代文化条件下，中国艺术面临着特殊的挑战和困境，其尖锐程度是空前的。然而，从另一个角度看，危机和压力同时又为中国化的艺术表达方式的自我更新创造了可能和条件。后现代主义文化事实上就是喀索斯文化的极端形态①，它的最深刻的危机就是“表征的危机”，或者说交流的危机。在后现代主义文化场景中，“影像”作为对现实的复制，在现代技术手段的基础上，简单的模仿机制被推向无以复加的极端。形象的无节制膨胀正如货币的无节制膨胀一样，其结果只能是现实感的丧失以及内在自我的萎缩。因此，探索形象的意义，重建个体审美经验与人类整体目的性的联系，就成为人类获得拯救之可能性的追问和思考。在这个意义上，艾科的话语所拥有的人性内涵，以及“韵”与现实生活关系的内在联系，就成为我们仍然有能力穿越人欲横流的幻象集市，达到苦难而又真实的现实的一种凭证。对于中国的艺术和艺术表达而言，只有保持住抒情风格中真正属于人的、不可摧毁的东西，在无情的荒漠中恢复温柔的对视和倾听，我们才会重新聆听到来自历史深处、来自现实底层的声音，具体地感受到世界只是为我们而存在、仅仅因为我们的存在而具有意义那样一种真正属于人的幸福。在我看来，文艺美学的建设和发展，使我们对这种幸福的追求具体化了。

（原文刊发于《江西社会科学》2008年第2期）

① 克里斯多夫·拉斯奇，《自恋主义文化》，上海文化出版社1988年版。

关于文艺学和美学的现实性问题

作为人文科学的文艺学和美学是有意识形态属性的，有趣的是，对于现代文艺学和美学研究来说，努力超越或者解构意识形态，一直是一个基本的目标和努力的方向。20世纪的英美新批评和形式主义美学主要是用语言的客观性和非意识形态性来超越文学艺术的意识形态属性；结构主义通过文化的客观表达机制和人类存在的内在“结构”来证明“经济决定论”的错误；精神分析的美学则通过证明人类世界存在着一个不受现实原则支配和控制的心理世界来说明文学艺术的非意识形态性。其实，正如路易·阿尔都塞所证明的意识形态是人类社会生活，包括文学和艺术等精神现象和精神生产的一种必然的现象和机制，没有意识形态，人类社会无以实现交流和沟通。值得注意的是，自后现代主义兴起和发展以来，审美现象和文艺现象与意识形态的关系从反对和敌对关系转变成了一种包容关系和合作关系，由此带来了许多理论上的困惑和难题。在当代学术语境中，以浪漫主义美学和文艺学的理论框架，显然难以解决现实中十分复杂的审美问题和艺术评价问题。浪漫主义美学的基本原则是“非现实性”，按照马克思的表述，它是与资本主义生产方式“相敌对”的，对功利性的原则以及追求不断“进步”的现实持批判和拒绝的态度。在当代社会生活条件下，国内外的社会实践以及理论发展证明这种美学态度和理论原则是软弱的和虚幻的，在后现代和全球化的强大“帝国”中，情感、审美经验，以及形形色色的艺术都已经被意识形态化了，成为服务于、协调于经济基础和社会现实的“审美文化”。

对于当代理论而言，意识形态、审美意识形态、审美文化、美学意识形态、艺术这几个概念的内涵及其关系恐怕是不能回避的，这些问题不解决，理论上的困惑与混乱恐怕在所难免。1960 年代，路易·阿尔都塞曾经分析和论述过文学艺术既是意识形态又不是意识形态的命题，在学术上引起了一连串的思考和回应。文学艺术是审美意识形态，是以情感为实体的意识形态，在这个意义上，文学艺术不是一般意义上的意识形态，或者说，不是政治上和理论上的意识形态。另一方面，文学艺术这种审美意识形态具有“指认”和“感悟”一般意识形态或者政治意识形态虚幻性的功能和作用。阿尔都塞指出，文学艺术指认和颠覆一般意识形态的作用，是在与意识形态形成一种特定的关系时获得并实现的，因此，文学艺术表达和超越意识形态首先是以对意识形态的利用或挪用为条件的，审美意识形态的复杂性和多重意义，因而就具有了十分重要的意义。当代美学和文艺学的关键点和难题之一就是，怎样在理论上说明这种复杂性并成功地区别真正的艺术和虚幻的艺术（审美的意识形态）。在阿尔都塞之后，保罗·德曼和特里·伊格尔顿分别有名为《美学意识形态》的专著出版，从美学理论现象的辨析而不是审美经验研究的角度分析和论述了审美意识形态的复杂性，以及审美意识形态与现代化进程的“共谋”关系。

现在看来，关于审美意识形态的研究，路易·阿尔都塞的理论方法具有过于理论主义的弱点，阿尔都塞从理论批判入手，通过严谨的哲学思辨去把握审美活动和艺术作品中的真理，正如特里·伊格尔顿后来指出的，审美和艺术上的真理性不是认识论意义上的问题，而是感情论和价值论意义上的问题。伊格尔顿认为，“身体论的美学”和“情感论的人类学”是深化审美意识形态研究的一种方法和途径。在《再论基础和上层建筑》等近年来的论文中，伊格尔顿认为，以情感为基础的幻想和想象也许是人的本质规定或人类学意义上的规定。在当代学术条件下，历史唯物主义理论应该重点研究超出人类生物性需要的更丰富、更复杂的情感需要和精神需要的有关问题。历史唯物主义与现代人类学在许多方面是相通的，我们应该吸取其积极成果。

在我看来，将从人类学方法和理念引入审美意识形态问题的研究，可以使马克思主义在对历史唯物主义重新理解的基础上对审美意识形态的复杂性研究获得理论上的发展。事实上，马克思在他的晚年就认真深入地开展了人类学研究，力图结合人类学的发展和研究成果，改造和发展历史唯物主义的基本理论。对于现代美学研究而言，用人类学田野调查的方法研究审美经验，我们可以实现美学从哲学性的理性思辨向实证性的现代社会科学的转折，借鉴现代人类学对社会组织和文化多样性的研究方法，我们可以对审美制度的多样性以及审美意识形态的复杂机制进行更深入而细致的研究和阐释，引入生态人类学和情感人类学的方法和理念，我们有可能对审美活动的物质基础进行系统的观察和研究。在此基础上关于对审美意识形态理论的研究就有可能脚踏实地，并对全球化时代复杂的文化现象和审美现象作出具有理论力量的思考并回答现实提出的问题。

关于理论的价值和意义，马克思曾经说过，理论只要彻底就能说服人，理论的力量只能来自它自身。对于当代中国的美学和文艺学而言，我们认为，质疑和探索理论的现实性，恐怕是最为重要的理论向度。理论的责任是解释现实，通过阐释现实中人们因为各种利益、思想和习惯所屏蔽了的真实的需要，从而影响和改变现实。没有现实性的美学和文艺学只能是插在花瓶中的花朵，虽然好看，但终归不能结出果实。理论的现实性是美学和文艺学一种十分微妙而复杂的属性，它是理论真正的灵魂。对于马克思主义美学和文艺学而言，这是一种自觉的姿态和立场，乔治·卢卡契、安东尼奥·葛兰西、路易·阿尔都塞、米·巴赫金、瓦·本杰明、雷·威廉斯等，他们的理论之所以让人过目不忘，就因为把握住了他们所生活于其中的时代并且发出了自己的声音。

关于中国现当代文学的现实性，弗·詹姆逊用了“民族寓言”这个概念来表征。如果这个概念基本上是正确的，那么是不是对“民族寓言”问题作出理论阐释的美学和文艺学就具有了理论上的现实性呢？我认为，也许会，也许不是。审美意识形态不是一面光滑的镜子，对审美意识形态的认识和把握仍然会受到意识形态机制的作用和影响，但是，即便如此，对于当代中国的美学和文艺学研究而言，似乎还没有一种理论全面而深入阐释“民族寓言”问题，这应该说是理论的失职。另一方面，毛泽东的重要著作《在延安文艺座谈会上的讲话》无疑具有强烈的现实感和现实性，但是，在理论建设方面，在当代现实的社会环境和文化语境中重新阐释《讲话》，使其获得对当代文学艺术现象的解释力，应该说这样的研究和著作相对说来仍然显得薄弱。在审美意识形态已经成为主流意识形态的条件下，从获得现实感和达到现实性的角度说，美学和文艺理论比文学艺术要更为困难，因此，科学的研究方法以及适合学者个人特点的研究路径也就显得重要了。

（原文刊发于《文艺报》2005 年 10 月 13 日）

《野性的思维》中的乌托邦观念

在今天看来，列维－斯特劳斯的《野性的思维》无疑是20世纪下半叶极为重要的人文科学著作，这本书的影响早已超越了人类学的范围，对哲学、艺术史、文学研究以至于心理学研究都产生了广泛而深刻的影响。在今天，列维－斯特劳斯不仅以神话学研究和结构主义方法的倡导者而著称于世，事实上，在迅速发展的文化研究、解构批评和后殖民主义理论中，列维－斯特劳斯始终是一个讨论和对话的“在场者”。在我看来，《野性的思维》独具魅力的重要原因，在于它用系统的实证方法不容置疑地证明了野性思维的特殊机制及其对于现代文化的价值意义，为无家可归的现代学人标指出了一个凝聚性的话语中心，使处于风雨飘摇中的乌托邦情结获得了“重建”的根据。

《野性的思维》是结构主义思潮的开创性著作，以客观性和科学性为基础，论述的对象却是与科学性原则直接对立的野性思维。在我看来，即便在文本结构上，《野性的思维》也是一个值得注意的范例。该书通过简短的“前言”把该书与学术发展的链条连结起来，在第一章则明确提出了问题，把野性思维（具体性的科学）的重要性通过与现代思维原则加以比较而凸现出来。列维－斯特劳斯在这一章里所作的关于“修补匠”（修补匠的特征是野性思维在实践层面的表现）与工程师的比较分析在某种意义上已经成为当代人文科学话语中的一个经典。在这个隐喻的背后起支撑作用的，除了卢梭关于野蛮人与现代文明人的对比之外，事实上还站立着马克思关于蜜蜂与工程师比较的著名比喻，以及瓦·本杰明同样十分著名的关于外科医生与巫医比较的重要比喻。

《野性的思维》的主体部分详细分析和论证了与近代科学思维十

分不同的神话思维的性质特点及其运用原则。值得特别注意的是，作为一个结构人类学家，虽然列维－斯特劳斯以自然与文化、野性思维与分析理性的对立为基本框架，但在第一章《具体性的科学》的最后几页，列维－斯特劳斯在严格区分两者的基础上，分析和论述了介于这两极之间的中间形态：游戏以及艺术的特点，包括它们与野性思维的区别。

艺术与神话的确具有太多的相似性，而且由于历史的原因，很多原始文化时代的用品和产品在我们的文化习惯中自然而然地被作为艺术看待，因而人们习惯于不加辨析地混合使用这两个概念。在列维－斯特劳斯看来，这是错误的。艺术是一个近现代文化的概念，神话则是古代文化的范畴。艺术可以看作是野性思维在近现代文化中的保留地和“例外”。由于整个文化背景和文化根基不同了，所以艺术所起的作用与神话的作用并不相同。与许多哲学家和美学家对艺术的高度评价（超现实性、超异化性）不同，列维－斯特劳斯对近现代艺术的评价并不高，他把理想的文化形态的荣誉给予了古代的神话。在我看来，列维－斯特劳斯的神话概念可以理解为无文字和无阶级社会时代的意识形态。在无文字和无阶级的时代，文化并不像现代人想象的那样简单、直接。列维－斯特劳斯告诉我们，在无阶级的社会中，人与自然之间、不同的部落之间、男人与女人之间存在着深刻的对立乃至冲突，需要一种复杂的文化机制来加以连结和转换。这种转换的基础就是野性的思维。神话是野性思维的具象化表征。在列维－斯特劳斯看来，神话能够把普遍性与特殊性、现实经验与个体的内在体验用一种很自然、很简洁，同时又具有充分的完整性和丰富内涵的符号化对象表达出来。也就是说，虽然在物质生活水平和分析性思维能力方面神话时代的先民们远逊于现代人，但在文化形式的合理性、在文化系统的表达能力方面，野性思维则优胜于危机重重的现代方法论。

关于野性思维的性质，长期以来，一直存在着种种理论上的混乱和误解，其中一种观点就是认为神话思维是一种表象互渗性的思维，列维－斯特劳斯通过事实否定了这个观点。列维－斯特劳斯指出，野性思维是建立在自然与文化、男人与女人、有限时空和无限世界的严格区分和对立的基础上的。正是在这一事实的基础上，列维－斯特劳斯论证了十分著名的二项对立原则。虽然在后现代主义和解构主义流行的今天，为结构主义的二项对立原则和方法说好话似乎是不合时宜的，但是我仍然要说，二项对立的分析方法对于研究人与自然相互联系和转化的方式以及文化的基本机制来说，的确是一种行之有效而且是十分必要的方法。如果没有关于文化、社会关系以及社会制度的结构性研究，那么要想研究和说明历史上变化着的文化和人的具体性，事实上将是不可能的，因为人与自然之间对立的确是一切文化得以产生并且不断发展的根源。

列维－斯特劳斯把自然看作是本体性的，野性的思维作为以自然性为基础的思维，它的功能和作用是分析理性不可能取代的。相对于文明社会的种种难以摆脱的矛盾和困境而言，未开化的部族社会不仅是合理的，而且修补匠的文化方式简直就是理想的。对于掌握世界的要求以及不断发展的历史过程而言，这种观念的确是理想化的。通过理想化的方式来获得超越和批判现实的立场，应该说是近现代人文科学的一个传统。自从卢梭等启蒙时代的思想家以来，逆时间而上追溯历史的起源阶段，寻找曾经存在过的合理而健康的社会或文化形式，的确为人文科学的发展提供了巨大的活力和无比丰富的话题。然而，这种选择或者说这种思想习惯本身是否包含着某种情感性的因素呢？如果有，是否也必须用批判的眼光去分析和审视呢？我以为答案应该是肯定的。

（原文刊发于《民族艺术》1997 年第 3 期）

全球化时代文化多样性的意义

随着全球化进程的加速，各国家之间、民族之间、不同地区之间的文化接触和碰撞，将不同文化如何相处，文化多样性的意义等问题提出来了。在我看来，文化多样性的意义是当代文化理论研究面临的关键性问题之一。

联合国教科文组织第31届大会于2001年11月2日在巴黎通过的《联合国教科文组织文化多样性宣言》指出："文化在不同的时代和不同的地方采取了多样化的表现形式，这种文化多样性体现在组成人类的群体和社会特征的独特性和多元性，作为一种交流、创新和创造的源泉，文化多样性对于人类就像生物多样性对于自然界一样是必不可少的，从这个意义上说，文化多样性是人类的共同遗产，应该为了当今和未来时代人类的利益而予以承认和肯定。"《宣言》还进一步指出，文化多样性也是发展的动力之一，它不仅是促进经济增长的因素，而且还是个人和群体享有更加令人满意的智力、情感和道德精神生活的手段。由此可见，在社会结构和社会关系中，文化多样性的意义问题是一个十分复杂而矛盾的现象，不同的理论角度和不同的研究方法可以作出十分不同的理论解释。

本文以中国经验的个案材料为基础，试图在理论上说明，文化多样性的意义可以成为在理论上研究和说明这个重大问题的关键点之一。

一 全球化时代文化多样性的形式

文化是当代生活中使用频率很高，但又很难定义的一个词，不同的学者有不同的理解。关于文化的实质和意义，英国学者雷蒙德·威廉斯的观点比较具有代表性。他在《文化与社会》中指出，“文化”最初是指“培养自然的成长”，此后类推为人类训练的过程。到了18世纪至19世纪初期，“文化”已经有四个基本的含义：“心灵的普遍状态或习惯”、“整个社会里知识发展的普遍状态”、“各种艺术的普遍状态”、“文化是一种物质、知识与精神构成的整个生活方式”。并指出，“‘文化’一词含义的发展，记录了人类对社会、经济以及政治生活中这些历史变迁所引起的一系列重要而持续的反应”。[①] 随后威廉斯在《漫长的革命》(1961) 中对文化的观念做了进一步发挥：“文化是对一种特殊生活方式的描绘，这种生活方式表达某些意义和价值，但不只是经由艺术和学问，而且也通过体制和日常行为。依据这样一个定义，文化分析就是对暗涵和显现于一种特殊生活方式即一种特殊文化之意义和价值的澄清。”[②] 在《文化分析》中，威廉斯归纳了文化的三种定义，进一步强调了文化作为特殊的生活方式的含义：“文化一般有三种定义。首先是‘理想的’文化定义，根据这个定义，就某些绝对或普遍价值而言，文化是人类完善的一种状态或过程。”“其次是‘文献式’文化定义，根据这个定义，文化是知性和想象作品的整体，这些作品以不同的方式详细地记录了人类的思想和经验。”“最后是文化的‘社会’定义，根据这个定义，文化是对一种特殊生活方式的描述，这种描述不仅表现艺术和学问中的某些价值和意义，而且也表现制度和日常行为中的某些价值和意义。”[③] 从威廉斯对文化的理解和定义可以看出，文化是一个复数概念，是指不同民族以及这些民族不同时期的一种“独特的生活方式”。

与威廉斯从人类学的意义上把文化的实质理解为“一种独特的生活方式”不同，特里·伊格尔顿更强调了文化的美学意义。他在《文化的观念》中写道：“文化作为一种有特色的生活方式这个观点的起源，与对于受压迫的异国社会的浪漫主义的反殖民主义倾向紧密联系

---

① 雷蒙德·威廉斯：《文化与社会》，吴松江、张文定译，北京大学出版社1991年版，第18—19页。

② Raymond Williams, *The Long Revolution*, London: Chatto & Windus, 1961, p. 41.

③ 雷蒙德·威廉斯：《文化分析》，见罗钢、刘象愚主编：《文化研究读本》，中国社会科学出版社2000年版，第125页。

在一起。”① 这种独特生活方式的文化人类学意义正是随着19世纪殖民主义的到来才开始占据支配地位的，它具有文化还原论的色彩，忽视了文化是“需要一定的社会条件，而这些条件可能关系到国家，文化还会具有政治的维度”②，结果遮蔽了文化本身的批判性。因此，伊格尔顿反对威廉斯将文化的概念复数化，因为那样“不那么容易与保持其积极的职责相容”③，而且“将人的生活世界定义为一种文化，这冒着使它相对化的危险”④。在伊格尔顿看来，文化不再是对一个人是什么的描述，而是对一个人可能是什么或过去是什么的描述，应该包含一个切实可行的未来，而文化因此可以成为一种形式的内在批判，“通过用现在所产生的标准来衡量现在，以判断现在之不足。在这种意义上，文化还可以统一事实与价值，既作为对现实的说明又作为对理想的预示”⑤。这样，他对文化的理解是：“文化这个词，通常被认为指称一种社会，实际上却是想象该社会的一种标准化方式。它还可以是按照他人的模型想象自己的社会条件的一种方式，要么是历史上的丛林人，要么是政治上的未来。”⑥ 我以为，在我们理解和阐释文化多样性的意义时，伊格尔顿的观点具有特别的重要性。

在关于文化与社会之间关系的问题上，如果说雷蒙德·威廉斯强调了文化的人类学意义、特里·伊格尔顿强调了文化的审美人类学意义，那么托尼·本尼特则强调了文化的政治和社会实践意义。托尼·本尼特关于文化的观念不再停留在理论的层面，而是注重从实践的层面，结合具体的文化政策和治理性来理解。正如他在评价威廉斯的文化定义时指出，虽然威廉斯把文化的定义从利维斯的精英主义的统治中解放出来，但又把“文化构建为一个优越的位置，让文化评判目前的经济、社会和政治秩序在道德和美学上的不足…… 这一切付出的代价是重复康德文化批评的深层结构的倾向，高估了文化的作用，

---

① 特里·伊格尔顿：《文化的观念》，方杰译，南京大学出版社2003年版，第14页。

② 同上书，第11页。

③ 同上书，第16页。

④ 同上书，第29页。

⑤ 同上书，第24页。

⑥ 同上书，第28页。

相应地低估了有组织的政治的意义”①。托尼·本尼特的目的是：“将文化作为一种生活方式的概念与它通过在文化研究中的运用所积累起来的抵抗的资格分离开来，并且将它与那些既重视不可避免进入到文化领域机构中的管理成分、又强调伴随它而来的改革规划的文化观念相联系起来。”② 在托尼·本尼特看来，如何组织和使用文化资源的方式在一定程度上建构了人们的生活方式，因此，他主张“在给文化下定义时，需要将政策考虑进来，以便把它视作特别的治理领域”③。这样，托尼·本尼特既避免威廉斯的人类学意义上的文化定义，也避免伊格尔顿的只停留在精神层面上的文化定义，而是强调文化的实践层面。他说：“如果把文化看作一系列历史特定的制度地形成的治理关系，目标是转变广大人口的思想行为，这部分地是通过审美智性文化的形式、技术和规则的社会体系实现的，文化就会更加让人信服地构想。”④ 在这个意义上，文化应该被看作既是政府统治的工具又是统治的对象，文化和政府在同样程度上既在同一方又是对立面。

因此，文化事实上是与社会现代化同构的，是一种治理性和“惯习”（habit）相结合的构成性存在。由于惯习以文化经验和审美经验为基础，因此，以文化差异性为基础，构成了不同的文化现代性和审美现代性，它们都以现代性的治理性为基础，但又表现为不同的文化形态并且具有十分不同的社会意义和文化意义。按照马克思主义文化理论的分类原则，在全球化时代，文化多样性主要表现为以下四种形式：

1. 区域性和地方性的文化。区域性和地方性是一个与全球化相对立又密切结合的概念。这是一个以人类学为基础的概念。在政治上，全球化与地方性文化的关系一般表现为殖民主义与反殖民主义两种文化力量的矛盾与斗争。在中国经验中，后殖民主义的文化现象与十分复杂的民族主义情绪相联系，这是一种多义的和复杂的文化现象和文化生态。简单的文化相对性理论是不能说明其中的复杂性和矛盾性的。

---

① 托尼·本尼特：《文化与社会》，王杰等译，广西师范大学出版社 2007 年版，第 17 页。

② 同上书，第 127 页。

③ 同上书，第 158 页。

④ 同上书，第 163 页。

在美学和艺术的维度上，有许多事实可以证明，在全球化的压力和冲击下，地方性审美经验呈现一种“被撕裂”的现象，因此引发了强烈的反对全球化的情绪。①

2. 物质性和非物质性文化遗产。首先，作为一种对于人类文化具有一般意义的物质性文化遗产和非物质性文化遗产，具有对人类社会的普遍价值和意义，就像马克思在一百多年前在谈论古希腊神话具有永恒魅力时所说的，是一种人类文化的普遍价值，而且在某种意义上是高不可及的范本。② 物质性文化遗产和非物质性文化遗产都是前资本主义生产方式的文化遗迹，表征和传达着某种不同于资本主义生产方式的价值观念和文化理念。由于历史的作用，文化遗产往往以残缺和废墟化的形式，将文化中最为内在的精神理念保持和传承下来。这种最内在的精神理念往往与人性在不同文化模式中的表达模式有关。例如，作为世界物质性文化遗产的南京明孝陵就是中国人信仰、人生观、生死观的再现和表达。作为一种文化遗产，朱元璋本身的历史和他作为个人存在的意义相比较而言，已不重要了。其次，物质性和非物质性文化遗产，也就是雷蒙德·威廉斯所说的“剩余文化”。在全球化条件下，这种“剩余文化”往往被纳入现代文化的生产和再生产的机制中去，在具体的生产过程中作为一种文化符号和文化原料，可以与具体的文化产品发生无数的组合，形成不同的价值和意义。在陈凯歌拍摄的电影《霸王别姬》中，我们看到京剧这种非物质文化遗产在不同的历史语境下呈现出十分不同的文化意义和审美意义。最后，物质性和非物质性文化遗产作为某种文化典型的代表，往往较为集中地保留和传承着不同文化的文化基因和文化密码。文化遗产的多样性的文化基因和文化密码为新文化的创造，为抵抗简单以经济和技术为基础的全球化运动，为超越这种全球化的平面性和单一化，无疑都提供了十分重要和非常珍贵的基础。

3. 以新技术为基础的新型文化。正如马克思曾经描述的，技术的进步和发展既是资本主义生产方式高速发展的动力，也是资本主义生产方式的解构和破坏性力量。对于全球化运动而言，情况也是如此。

---

① 王杰：《地方性审美经验与文化认同》，载《文艺研究》2010 年第 9 期。

② 《马克思恩格斯文集》第 8 卷，人民出版社 2009 年版，第 35 页。

互联网和新媒体的迅速发展，一方面加快了全球化的进程和全球化渗透的范围和领域，另一方面互联网技术和新媒体也正在成为不同于一般意义全球化的另外一种文化形式和文化力量。[①] 例如，在汶川地震中，中国网民所表现出来的无私奉献和强烈的人类同情心和责任感就明显超越了发展主义的文化逻辑。以技术为基础的文化发展在全球化过程中愈来愈清晰的一种声音是对科学文化的反思和批判。科学技术进步的强大力量为发展主义提供了社会的和文化的基础，但是科学技术片面发展所呈现的非人性甚至反人性一面正在全球化过程中呈现出来。对科学文化的研究正在成为一种新的文化，这种文化正在成为文化多样性中十分重要的一个方面。例如，科技伦理学、生命现象学研究所作出的理论分析，以及现实中绿色和平组织从事的文化运动等。

4. 以抵抗全球化压力为基础的激进文化。对于后发展的民族和地区而言，全球化是一种强大的压力，在政治、经济、文化等方面必然引起本土化的反抗和抵制。这种激进文化的基础是民族主义。在当代社会生活条件下，民族主义是一个十分复杂的现象，可以向不同的方向发展，呈现出不同的意义。例如，中国新儒家文化的发展就有这样一个社会和文化背景。在我看来更值得注意的是激进文化中那种反对资本主义生产方式的不合理性，努力利用现代技术和现代管理方式提供新的可能性，实现社会生产方式的跨越式发展的可能性问题，也就是马克思在19世纪末思考的跨越资本主义生产方式的“卡夫丁峡谷”的可能性问题。事实上，这是一种带有乌托邦色彩的文化，在不同的国家和区域或隐或显地存在着，对这种激进文化的研究和引导事实上是当代中国文化建设重要的组成部分。

值得特别注意的是，在当代文化格局中，这四种文化形式很少是以单一的形态存在，而是在不同的社会关系和文化条件下产生不同形式的多重组合，从而形成十分丰富复杂的文化形态和文化生态，由此产生的意义也是复杂的、多样的和具体的。我们需要从具体的分析中掌握新的文化产生的条件和可能性。这种新的代表着未来发展的可能性的文化形态是我们应该重视的研究对象。

---

① 约翰·B. 汤普森：《媒体新视界》，载《马克思主义美学研究》2009年第1期。

二　从两个个案看全球化时代文化多样性问题

在全球化的条件下，不同于欧美文化模式的审美经验和文化认同模式都发挥了极其重要的作用，由此提出了一个重要的理论问题：在全球化的进程中，在艺术和审美的维度，文化多样性有什么特殊的价值和意义，对于地方性文化和地方性审美经验而言，哪一些经验和价值是普遍性的，哪一些经验和价值是特殊性和地方性的？这些特殊性和地方性文化在什么意义上具有一般性的价值和意义？在前几年的研究工作中，笔者对广西壮族自治区那坡县黑衣壮的民歌文化和审美文化做了持续性的田野调查，形成了一些初步的看法和结论，可以作为研究和思考全球化条件下文化多样性意义的一个具体个案。

黑衣壮是世居在中国与越南接壤的广西那坡县境内的一个壮族支系，因为过去长期以来身穿自己染制的黑色土布衣服而得名。他们长期生活在大石山区，自然条件十分恶劣，环境封闭，社会发展相对落后，长期不为世人所知。在全球化的条件下，现代经济和传媒文化逐步渗透到黑衣壮地区，黑衣壮也逐步为外界所知。黑衣壮独特的族群服饰和山歌文化引起了一些学者的注意，在当地政府的支持和帮助下，黑衣壮文化在短短几年内迅速成为广西继“刘三姐”之后的一个文化品牌，先后登上南宁国际民歌艺术节和各类大型艺术活动的舞台，并成为全国非物质性文化遗产。① 从文化作为一种符号系统的角度看，黑衣壮的山歌文化实现了跨越“卡夫丁峡谷”的飞跃，不仅实现了与当代大众文化的结合，也不仅是以一种十分特殊的形式实现了某种意义的产业化，而且从黑衣壮族群的教育、经济和社会发展在一定程度上开始融入现代化进程等现象来看，黑衣壮山歌通过南宁国际民歌艺术节与全球化现象的结合无疑是一个有参考价值的个案。同时，我们也应该看到，黑衣壮文化的“现代化”发展和“进人现代化”都是在当地政府的积极投人和政策支持下实现的。这是一种在整体的结构不变的情况下将个别地区迅速提升和发展的个案，地方政府是这种发展

① 王杰：《地方性审美经验与文化认同》，载《文艺研究》2010 年第 9 期。

的重要基础。作为一个前工业化文明的少数民族族群，黑衣壮至今也没有发展起现代工业，但是黑衣壮山歌文化却明显带动了当地的社会和文化发展。这个事实告诉我们，在当代社会和经济结构中，文化可以成为社会发展的引领性力量。当然，如果社会的发展和进步不能迅速地跟进的话，也会造成“地方性审美经验”被撕裂这样一种社会现象，由此呈现出一种十分复杂的文化意义。

关于文化多样性的意义，我还想再举一个例子说明它的复杂性和多义性。2008 年上半年，我在英国曼彻斯特大学做高级研究学者。在曼彻斯特期间，有幸认识了德国青年艺术家汤玛士·雅可比。他的一组关于中国题材的绘画作品从形式到内容都吸引了我。在画展的“前言”中，汤玛士写道：

> 2005 年秋，通过中德艺术家交流计划，我初次来到福州。我的福州朋友把我带到一个他们称之为“德园”的地方，我被那里带有欧洲风格的建筑景观所震惊。据说那里是 19 世纪外国人居住以及工作的地方：包括商业特区、办公楼、大使馆、学校、教堂、医院以及花园等，显示了当时欧洲人在那里生活的社会结构以及对于该城市的重要性。如今，我们只能看见少量的旧房舍以及残存的痕迹。中国城市的巨大转变带来一种建筑知识与传统的失落，把先前历史的存在抹去了，但这种残存建筑的存在却提供了先前历史的经验。关于我们所处社会的历史定位问题，只是被简单地在特意选择的地图、照片、书籍以及博物馆展览有所展示。我的取名为“德园”的中式挂轴试图以纪录的方法来把“人类学的现场”转化到我的作品中。拓印刻在石头上的书画一直是中国的传统，在这里成为引起一种意识的材料，这就是历史本身以及依托于历史的物质文化。历史是活的记忆的过程，对我而言，她塑造与追溯人类的思想、激情以及行为，从而有利于确定我们自己在世界中的位置。

“德园”是一组以中式挂轴的形式呈现的作品，作者努力用最朴实、最中国式、最物质性的方式来呈现和再现对现实的感悟和对历史记忆的追溯。这一组作品的创作时间大约从 2005 年持续到 2008 年，创作的手段主要有两种：一种是用中国传统的拓印石刻的方式拓印历史的遗迹以及现实中残存的物品，以这种方式把过去和当下联系起来，也把西方当代艺术与中国传统文化结合起来；另一种创作手法是将历史遗迹中的砖瓦等建筑材料研磨成粉制的颜料，通过大写意的刷涂，形成某种简单的审美形式。这些作品以其特有的质感和“空虚”，向我们呈现出历史中某种深沉并且仍然在向我们不断言说的东西。

中国的现代化过程不同于德国，因而中国人和艺术家解读历史的“视角”，或者说对历史的选择也不同于德国人，这是可以理解和应该尊重的。我想，汤玛士·雅可比用他的一系列作品向我们提出来的问题是：人们对历史和生活的感受是否会因为现实的利益而遮蔽一些东西呢？如果存在着这样一种现象，那我们是否可以用艺术的语言去恢复历史本身，或者说去激活历史的记忆呢？在我看来，德国艺术家眼中的中国文化以及历史是十分复杂的，在他的艺术表达中，不同文化的结合以及对现实和历史的表征，从而呈现出一种新的意义。关于中国的现代化、关于中国现实中的各种社会现象和文化现象，不同的社会群体和社会集团自然有不同的看法和意见，在目前和今后很长一段时间内，这种分歧都会存在和持续。汤玛士·雅可比这一组艺术创作用最物质性的材料和质朴的艺术语言来实践意识形态和文化观念上的分歧，这种努力建立在严谨思考和推理的基础之上，无疑富于创造性和现实的文化意义。

汤玛士·雅可比的拓印包括当年福州“德园”门楼上“德园”两个字，“德园”建筑墙面的拓印、搓衣板的拓印、院内人们留言的拓印，以及各种动物的拓印等。通过对历史残存物品的拓印，汤玛士·雅可比将这些已经被历史过程湮没和冲刷掉的“存在”以形象的方式重新呈现在我们面前，给观众带来视觉上的冲击和心理上的悬念：这些是什么？这些东西与中国的过去和现在是一种什么样的关系？

在中国的福州，“德园”于2007年已被拆毁，没有列入福州市的历史文化保护的范围之内。汤玛士·雅可比对“德园”感兴趣也许首先是因为这里曾经是德国人居住、生活和工作过的地方。其次，也许还因为“德园”以一种特殊的方式表征和呈现了中国近代以来现代化进程的特殊性和复杂性。可以同样说明问题的是汤玛士·雅可比“德园”系列的另一幅作品，这幅作品源于对一件木制日常生活用品的拓印。搓衣板是中国社会现代化之前大部分中国家庭中都有的日常生活用具，用于搓洗衣物，它是与汉画石像、碑刻等完全不同的日常生活用品。随着洗衣机的普及，搓衣板已退出大部分中国人的日常生活，仅仅在语言遗迹等文化形式中残存。汤玛士 ·雅可比对历史残存物的“拓印”类似于人类学家的“田野调查”，可以把失落了的过去的“存在”和被尘封的“记忆”重新呈现在我们面前，成为我们思考、反思中国现代化的一个标本和参照。

在美学上我更感兴趣的是汤玛士·雅可比 2007—2008 年创作的仍然题名为“德园”的那些作品。这也是一个系列，但作品不是具象式的拓印，而是用中式挂幅，用来自中国历史遗址的破砖碎瓦研磨成粉作为作品的颜料，用类似于泼墨的大写意的方式所创作的作品，这一组作品所营造的意境以现代艺术语言的形式，把古老中国文化中那种“丰富性的简朴”和“空白性的丰盈”很好地呈现和展示出来了。在这种用既不是自然的又不是人工的颜料写意性涂抹的构图中，我感受到了这位艺术家对中国历史和文化的独特理解以及独具个人风格的艺术“再现”。

作为一个德国艺术家，汤玛士对中国在现代化过程中对某些特殊的文化遗迹的处理方式并不认同，他希望用自己的艺术把这种文化遗迹转变成文化遗产。他认为在全球化的今天，这种遗产是具有价值和意义的。作为学者我理解并且认同汤玛士的努力，他的艺术作品的价值也正在这里。虽然福州市的德园作为一个历史遗迹不能像上海的外滩那样得到保护并且融入中国社会的发展，但是汤玛士的艺术做到了这一点，他的艺术使这种特殊的文化得以保存，并且以自己的方式和我们交流与对话，启示我们从不同的角度去理解我们的过去、现实和未来。

三　全球化条件下文化多样性的矛盾结构

在全球化的条件下，文化多样性的问题也就不再是地方性和区域性的问题，而成为某种具有普遍意义的问题，在理论上，文化多样性呈现出十分复杂的矛盾结构。这是一个动态的结构，因此，其意义也呈现出多变性和不确定性。如果把过去、现实、未来三个维度同时加以考虑，研究和说明文化多样性的内在性结构关系，有可能超越文化相对主义的理论框架，在较为深刻的理论层面上，呈现出文化多样性最为重要的本质规定。我们先从文化多样性的内在矛盾入手。在全球化的条件下，文化多样性现象的内部，事实上存在着三种基本的矛盾关系：

1. 地方主义、民族主义要求与全球化的趋势和要求的矛盾。这个矛盾的实质就是文化差异性和文化普遍性的矛盾。当代文化理论研究已经证明，文化的丰富性和差异性与自然界物种的丰富性和差异性一样，是系统进化的结果。文化就是生存方式，每一种文化都有自己存在的土壤和合理性，用欧洲中心论的标准和尺度来衡量其他文化事实是殖民主义文化观念的体现，在理论上是错误的。正像不能根据国内生产总值（GDP）的水平和技术水平来评价文化的价值一样，我们也不能用某种所谓的“高级文化”去衡量和评价其他文化。文化问题涉及每一个民族的核心价值，对于个人而言，涉及每一个人的尊严，这是应该得到尊重并鼓励充分发展的。马克思在论及共产主义观念时曾经谈到，每个人的充分自由发展是一切人充分自由发展的条件；同理，每一种文化的充分自由地发展，也是世界不断进步，不断向更合理更美好的方向发展的基本条件。

2. 生态危机、伦理危机与全球化的基础也就是发展主义的要求相矛盾。全球化是建立在经济和技术不断进步的基础上的。在资本主义生产方式的基础上，这种不断进步的要求形成了一种阿里夫·德里克称之为“发展主义”的意识形态和文化观念。① 在“发展主义”的驱动下，人类社会在外在方面正在形成日益严重的生态危机，在内在方面则蔓延开来以享乐主义为基础的伦理危机。这两种危机的发展已经严重地影响人类社会本身的存在了。科学技术进步的至上性正在引起严肃知识分子越来越深刻的质疑。保护和促进文化多样性事实上是对发展主义的最好的调整。以科技和市场经济为驱动的全球化的发展，把人类的生存和发展问题以十分尖锐的形式提了出来，对自然资源的

① 阿里夫·德里克：《关于后革命马克思主义的思考》，载《马克思主义美学研究》2008年第1辑。

过度开发，自然环境的日益恶化已经严重威胁着人类自身的生存。

3. 全球化与世界主义的矛盾。其实质是资本主义生产方式与超越资本主义生产方式的社会诉求之间的矛盾。文化全球化是以文化产业化的形式来实现的，文化的产业化是一种矛盾的当代文化现象。随着大众文化的发展，文化已经成为一种可以产生巨大利润并且拉动GDP发展的产业，这是一种审美原则与经济原则相结合的现象，使日常生活也直接成为审美对象。审美活动的批判性，审美对象的理想性和超越性使文化多样性恰恰成为全球化的一部分或者说一个方面。但是艺术和审美作为人类掌握世界的一种基本方式，总是可以通过创造新的表达方式来表征现实以及现实生活关系，表达人在现实的重压下的倔强和信念，这是生活中真正有意义的东西，也是文化多样性在与受到质疑和批判时可能呈现出来的意义。例如，美国电影《阿凡达》对科学文化的质疑和批判，中国电影《三峡好人》对发展主义的质疑时所呈现出来的意义。

全球化是一个深刻的社会运动，它本身就是一个辩证的过程。在这个过程中随着全球一体化程度的提高，文化多样性的价值和意义也越来越凸显。在理论上，许多理论家认为文化多样性是作为全球化的对立现象而存在的，从中国经验提供的材料上看，这是一个过程的两个不同的方面。

因此，它们具有大致相同的内在结构，这种结构在根本的意义上是受资本主义生产方式支配和影响的，但是由于文化的特殊性和复杂性，文化多样性问题本身也呈现出十分特殊而复杂的矛盾结构，因此其意义也就具有超越资本主义生产方式的因素。当代文化理论的一个重要任务，就是对文化多样性复杂意义作出理论上的解释和阐释。

四　全球化条件下文化多样性的意义

文化差异以及丰富的审美经验始终与日常生活经验相联系，它保持着我们文化上的个性和人格上的特殊性。在文化方面，全球化过程的一个重要特征是它可以把文化差异性有效地纳入全球化的机制中，成为文化丰富性的一种表征，但是却有效地消解了文化多样性中潜在包含着的文化抵制和文化反抗的含义。全球化过程的这种巨大包容力和文化同化力类似于资本主义文化对激进的先锋艺术的包容和同化能力。这是现代性的巨大力量，也是现代化过程的必然现象和必须面对的事实。按着阿里夫·德里克的说法，这也是一种“多元的现代性”，“它意味着全球多元文化主义，它将文化具体化，目的是为了使文化和政治上的不一致可以被管理；也就是说在全球范围内实现多样性管理”。① 在当今世界，文化多样性已经成为后现代文化景观的一部分，本土化的努力在全球化运动“他者化”的机制中成为全球化运动不可分割的一部分，这是文化多样性这种“特殊的共同性”的第一层意义。在这个意义上，文化差异性和文化多样性在不同民族不同文化的交流中可以互相补充、互相促进，共同推动一个多样化的世界向前发展。值得注意的是，从文化现代性的角度研究问题，我们可以发现在文化现代性内部包含着深刻的内在矛盾：现代性的必然性、合理性以及对一般意义的现代性的否定和批判。无论从理论还是从现实的情况看，现代性不等于全球化，全球化过程中所包含的剥削、压迫、不公正和不平等现象理应受到深刻的质疑和批判。文化现代性的一个重要理论目标就是对资本主义生产方式所带来的不合理性进行批判。在早期马克思主义理论阶段，把生产力的不断发展看作超越资本主义生产方式的基础和可能性。在科学技术本身也迷失方向的当代社会，当代马克思主义者把超越资本主义生产方式，也就是超越简单的全球化的希望转向文化，转向人性和人的内在世界。因为人是世界的主体，也是改造世界的主体。人的内在的善良、同情、对自由的追求以及面对巨大挑战的勇气是人的本质属性，也是人类社会不断进步的动力。对人性与伦理关系的研究可以打开我们对曾经锁闭的理想世界的新的希望。

事实上，“特殊的共同性”有两个重要的基础：一是现代性的共同性，另一个是人性的共同性。把两种全球化区别开来的应该是人性的共同性。在资本主义生产方式中，现代性的共同性和人性的共同性是相互矛盾的，在简单现代化的过程中，我们处处看到对人的伤害，

---

① 阿里夫·德里克：《我们认知方式：全球化——普遍主义的终结》，载《马克思主义美学研究》2010 年第 1 辑。

对情感等人情化世界的伤害。马克思当年把这种矛盾表述为资本主义生产方式与文学艺术的矛盾性。① 特里·伊格尔顿在他近年来的著作中多次指出，社会主义的目标可以通过对艺术和文学的分析中，从人性与伦理的关系中找到根据和学理依据。我认为在当代社会十分复杂多样化的格局中，事实上已经产生一种新的基础，在这个新的基础上，人性的共同性和现代性的共同性这两种现代化社会最重要的文化力量可以协调起来，由此改变全球化的目标和性质。当然，到目前为止，这仍然是一个理想，仍然是一种理论上的研究。但是应该承认，广西那坡县黑衣壮文化成功走上南宁国际民歌艺术节的个案，德国艺术家汤玛士的"拓印中国"的绘画艺术等现象的存在，证明了这种理想的现实性。

在我看来，与地方性审美经验相联系的"特殊的共同性"是根植于人类学基础的现实经验，在全球化的条件下正在呈现出一种新的意义：对以简单经济发展为基础的全球化的否定，以及对不同于以资本主义生产方式为基础的另一种全球化的"审美呈现"。

（原文刊发于《学术月刊》2011 年第 7 期）

① 《马克思恩格斯文集》第 8 卷，人民出版社 2009 年版，第 34 页。

第四辑

直面现实：现代美学的价值指向

关于黑衣壮审美文化研究的缘起及其思考

在刚刚结束的2004年南宁国际民歌艺术节上，黑衣壮的山歌及其服饰宛如一道亮丽的风景线，横穿“风情东南亚·相聚南宁2004”、“大地飞歌——中国—东盟博览会暨南宁国际民歌艺术节开幕晚会”、“东南亚国际时装秀”、“美丽的壮锦大型文艺晚会”、“绿城歌台”、“2004年南宁美食文化节”、“中华情——南宁国际民歌艺术节闭幕式”等大型文艺晚会，黑衣壮的山歌均以十分突出的形式呈现在国际性艺术舞台上。

在这些晚会上，我感受到一个明确的信息：黑衣壮的山歌已经成为广西民族文化的一个新的符号，成为继刘三姐之后广西民族文化的一个新的代表。黑衣壮古朴而神圣的美与现代社会华丽而流淌的美结合在一起的时候，其杂糅效果是惊人的。直到现在，我还处于2004年11月3日晚上在“东南亚国际时装秀”表演现场感受到的强烈的文化震撼之中。因为开幕前在场外接受《南方周末》记者的采访，我是在音乐响起之后才仓促入场的。首先看到的是，在震耳欲聋的音乐声中，弄文屯姑娘李丽娜独自站在T型舞台的右上角，身后是LED大屏幕的壮锦图案。大屏幕上壮锦的艳丽和巨大映衬着黑衣壮姑娘的朴素和柔弱，当音乐骤然停止时，李丽娜唱起了对我来说较为熟悉的《敬酒歌》。这歌声本应该把我带回到距离南宁十分遥远的大石山村寨，但现场闪耀着的彩色激光束却阻断了我想象的翅膀。正当我忙着将这个古朴与时尚结合的场景拍下来的时候，四下响起了黑衣壮少女们歌唱的应答。有一队黑衣壮少女就在我身边，她们突然站起，身着黑衣壮的服装唱起古朴的山歌，手中摇着印尼、越南、老挝等国的国旗，笑容可掬，十分可爱。她们手上银手镯的声响与歌声形成一种奇妙的交响，我相信，在这里呈现出来的美是活生生的富于朝气的。不知不觉中李丽娜已退下舞台，国际名模身着泰国、印尼、韩国、新加坡、越南等国家和中国内地以及香港、澳门时装师设计的时尚衣裙，款款走上 T 型台。与黑衣壮少女们灿烂的笑脸不同，这些模特佳丽们衣着时尚却面无表情，把美丽的形体呈现给观众，但似乎远离尘世，不食人间烟火……

在晚会结束回程的路上，我看到手机上显示有两个未接电话，打过去才知道是我去弄文屯调查时的房东大嫂打来的，她说在现场直播电视里看到我在镜头里转来转去，就给我打电话了。这使我真切地感受到现代技术以及南宁国际民歌艺术节已经非常神奇地把古朴、原始的文化与时尚的现代文化结合起来了。这种结合创造了美，但它所产生的文化震荡对大山里的黑衣壮族群会产生怎样的影响呢？演出虽然已经过去十天了，我却一直在想，以道德严谨、禁忌繁多著称的黑衣壮少女们，在这场国际名模的时装秀中感受和体验到了什么？这些东西对大山里的黑衣壮姑娘会产生什么样的影响呢？这种影响在黑衣壮族群的社会和文化发展中又会起什么作用呢？这的确是一个值得深入研究的问题。

对我们课题组来说，选择广西那坡县黑衣壮的审美文化作为研究的对象是有学理依据的。早在 1997 年，在广西师范大学中文系迎接教育部专家组对文科基地建设进行的中期评估时，若干专家的建议引起了我们的思考。这些专家指出，广西有十分丰富的少数民族文化资源，广西师大中文系的学科建设该以对这种资源的研究为基础，走培育学科特色的发展道路。大约从 1998 年开始，中文系美学、文艺学、少数民族语言文学、文化人类学、民俗学等学科的学者们着手开展了审美人类学的跨学科建设。在经过一定的理论探讨之后，课题组于 2000 年开始对南宁国际民歌艺术节开展田野调查。在 2001 年 11 月的“大地飞歌——南宁国际民歌艺术节”开幕式上，黑衣壮歌手的无伴奏合唱《山歌年年唱春光》，以古朴、优美的山野风格引起了音乐界乃至整个社会的关注和好评。这个现象随即引起了审美人类学课题组的注意。经过一段时间的准备，2002 年 12 月底至 2003 年元旦期间，我们的第一个田野调查组一行 5 人赴那坡县开展了为期 5 天的田野调查。这个调查组的负责人是贺晓武（现为温州大学瓯江学院文法分院院长），成员有向丽（现为云南大学副教授）、覃守达（现为广西教育学院教师、南宁黑衣壮文化开发有限公司总经理）、欧卫军、杨小芳。这次调查带回了不少研究资料，也初步建立了广西师范大学中文系与那坡县弄文屯黑衣壮村民的良好友谊。2003 年国庆期间，弄文屯黑衣壮师公黄绍福、农日权和歌手李建光、黄丽波、黄丽俏、黄丽美、陆星辰一行 7 人到广西师范大学作了一场专场演出，产生了意想不到的热烈反响。在第二天举行的座谈会上，许多老师和同学就黑衣壮文化的现代审美价值、黑衣壮文化的保护与开发发表了各自的看法。应该说，正是这一次座谈奠定了这本集子的基础。

2004 年正月，一些同学放弃了回家过年的机会，一些同学则是大年初二就赶到了学校，大年初四清晨，由广西师范大学中文系和广西文艺理论协会部分专家组成的多学科联合考察组一行 25 人出发，赴那坡县开展黑衣壮审美人类学的田野调查。这次调查以黄绍福家的大型脱孝仪式为主要对象，广泛调查了黑衣壮山歌文化、服饰文化、建筑文化和祭祀文化等。整个调查过程中，调查组成员与村民同吃同住，一同娱乐，收集了大量的第一手资料。在田野调查后期，在县委、县政府的支持下，在那坡县城召开了“那坡县黑衣壮文化保护与开发”研讨会，各位专家、学者和研究生都踊跃发言，百色市委宣传部长罗红同志也专程到会并发表了重要讲话。收在这本集子里的许多论文就是以这次调查和研讨会为基础撰写的。

2004 年 4 月下旬，应弄文屯群众的热情邀请，广西师范大学审美人类学研究课题组的师生、音乐系许燕老师和何政荣老师、广西民族学院壮族研究专家覃国生教授、广西文联作家潘荣生以及广西师范大学研究生等一行 24 人再次赴那坡县考察。这次调研的重点是弄文屯的扫邪活动，因为时值黑衣壮的“风流节”，组员们也参加了其他乡的民歌演唱活动。其中弄文屯的歌舞给我们调查组师生留下了深刻的印象。这次调查正值雨季，条件十分艰苦，但老师和同学们发挥了惊人的吃苦耐劳精神，较好地完成了任务。部分同学还将毕业论文的选题确定为对黑衣壮审美文化的不同方面的研究上。

关于黑衣壮审美文化的最近一次调查是在 20 天前。2004 年南宁国际民歌节期间，民歌节组委会举办了一个东南亚国际时装秀，那坡县黑衣壮的山歌《敬酒歌》被选为时装秀的序曲。研究生尹庆红、钟明杰、刘萍、杨丽斌等同学追踪了节目排练的全过程，每天与黑衣壮姑娘们一起排练，与她们交朋友，向她们了解黑衣壮文化的方方面面。说来有趣的是，我们对黑衣壮审美文化的田野调查是从2001年南宁国际民歌艺术节开始的，经过3年时间又在南宁国际民歌艺术节上相遇，画了一个完整的圆，可以说这标志着第一阶段的研究的结束。收在这本集子里的，就是我们这一个阶段调查和研究的初步成果。

我们把这本论文集取名为“神圣而朴素的美”，是因为我们关于黑衣壮文化的研究主要是从审美文化的角度切入的，着重研究了黑衣壮山歌、舞蹈、服饰、建筑、祭祖仪式中的审美现象和审美经验，努力研究和说明这种神圣而朴素的美的文化基础、具体机制，以及其向现代文化转化的可能性。我们期望通过我们的调查和研究可以大致准确地描绘出黑衣壮审美文化的特殊性，并就民族艺术在全球化语境中对社会和文化发展的意义做准确地把握；或者说，对黑衣壮文化在全球化条件下的发展变化问题作出初步的研究和思考。我很希望通过我们的研究，一方面对黑衣壮山歌和服饰在现代社会为什么引起人们强烈的兴趣作出理论上的说明和阐释；另一方面，也希望我们的研究能唤起更多有责任心的学者来关注和研究在全球化语境下、在文化帝国主义的强势压力下，像黑衣壮这样的少数民族文化的保护问题以及现代转型的问题。

两年多的调查和研究，使课题组对黑衣壮审美文化的学术价值有了一些初步的看法和共识，我认为起码有以下三个方面：

首先，从我们调查的材料可以初步证明，黑衣壮作为壮族的一个分支生活在自然条件十分艰苦的大石山区，在社会的现代化进程中，特别是在全球化的强大压力下，其民族认同机制受到了强烈冲击。黑衣壮山歌在南宁国际民歌艺术节上唱响之后，民族艺术的现代审美价值反过来强化了黑衣壮族群原来已经逐渐消解的民族认同机制，并且在一定程度上拉动了黑衣壮社会文化的发展。由于艺术的特殊性，也由于民族艺术在全球化文化版图中特殊的审美价值，这种牵引和提升的作用可能是十分巨大的。在这方面的个案，云南有纳西族的古乐，在广西黑衣壮的山歌可算其一，并且由于黑衣壮的研究以及民族认同关系的变化，以及黑衣壮与南宁国际民歌节的关系都是近年来的事，这便于我们收集资料，做较全面、深入的研究。

其次，探讨古朴的、前工业化社会的文化与现代信息化社会大众文化相结合的条件和可能性。通过调查，我们发现黑衣壮族人普遍抱有很强烈的现代化的要求和愿望，同时，也非常执著地坚持本民族文化的传统。这两种看起来矛盾甚至相反的要求和愿望得以结合在一起，关键在于黑衣壮族群对现代文化机制的“反利用”手法，他们自觉吸取了现代文化机制中对他们而言有益和有用的东西，利用这些“现代”文化机制来发展自己的族群文化。在调查中我们发现，在那坡县，民间自制的山歌光盘十分畅销，通过现代传媒这个有效工具，山歌能得到更快、更好的流传。与2001年“大地飞歌”开幕式上黑衣壮山歌的表演是政府行为不同，2004年南宁国际民歌艺术节期间“东南亚国际时装秀”上唱起的黑衣壮山歌是群众自发的行为，没有用政府的投资，也不是由政府组织的。也就是说，黑衣壮村民已经认识到了打造黑衣壮文化品牌对于本民族向现代文明过渡具有重要的作用，因而他们放下手中的工作和学业，到这样一个国际舞台上展示自己的形象、发出自己的声音，从中体现出来的民族自觉意识是值得重视的。以黑衣壮审美文化研究为个案，我们可以更深入、更具体地了解这种“反利用”机制的有关问题。

最后，关于民族艺术的现代意义问题的研究。后现代社会把文化问题，特别是审美问题的内在矛盾推到了极致。虚拟文化、时尚文化都是没有根的文化、脱离现实的文化，但它们却是现代文化的主流，支配和影响着人们的情感模式乃至价值判断。民族艺术，特别是少数民族族群的特殊艺术是一种内容与形式相融合的文化，它的基础是整个少数民族族群的生活与文化，因此，这种艺术具有强烈的情感力量和文化力量。真正的民歌一定是能够打动这个族群的所有人的。问题在于，这种审美力量往往超出族群和国界，具有一种美学上的普遍性。我认为，无论是从人类学的角度还是从美学的角度，这种现象都值得认真研究，并应当给予理论上的说明和阐释。从这个意义上说，黑衣壮的审美文化是一个很好的标本，值得我们下大力气去调查和研究。

（原文刊发于《神圣而朴素的美——黑衣壮审美文化与审美制度研究》，广西师范大学出版社，2005年）

看不见世界的美丽呈现

——简评话剧《在看见以前》

我们所生活的世界是一个高度视觉化的世界。常识告诉我们，因为这是一个可视的世界，因而是一个“美丽的世界”。在“眼球经济”的时代，时尚的形象影响和支配着人们的观念和生活。在后现代的景观社会中，“看”的权利和能力是与消费的权利、享受的权利以及自由、尊严等人的根本权利和能力直接联系在一起的。这种权利和能力的被剥夺，也就必然意味着某种生存状态的被剥夺或者被改变。古希腊罗马时代因为双目失明而获得的预言能力和精神特权的祭司在现代社会并不存在。在长篇小说《白鹿原》中，在白嘉轩“气血攻心”而双目失明之后，他的人生状态升华到一个平静而洞悉世事的境界，似乎双目失明是在悲剧性的现实世界中获得平静和达到幸福的一种方式。从现实主义的角度看，这其实是一个浪漫主义的幻象，因为失明并没有割断主体与现实世界的联系，世界的严酷和冲突不会因为我们看不见而有所改变。从美学的角度看，由景观化的日常生活世界进入到一个看不见的世界，一个“空虚”的世界，无疑是一种古老而常新的陌生化方式，自然会生出许许多多的戏剧性事件。从人类学的角度看，双目失明使人从自然的生命状态转入到非自然的生存状态，在这里，痛苦和混乱是不可避免的。个体将在这里经受一种新的考验，个体可以“自由”地对待这种新的经验，不同的方式可以感受到不同的人生意义，从而达到各不相同的人生境界。

今年5月，南京大学文学院戏剧影视艺术专业的师生排演了台湾青年剧作家刘美钰的新作《在看见以前》，为我们提供了一个分析当代中国社会生存状态的一个艺术文本，通过“看不见的世界”和“看得见的世界”并置，看得见的日常生活世界和“看不见的”非日常生活世界发生了某种戏剧性的颠倒，通过看不见的世界，我们得以“看见”日常生活世界中看不见的存在。在这个意义上，《在看见以前》成为我们观察当代社会现实生活关系的一个文本，这是这出戏剧特别吸引我的地方。通过戏剧性事件的呈现，复杂而充满矛盾的现实生活关系成为可以感知的，并因为它的真实的悲剧性和主人公的勇敢而深深地打动每一个观众。

《在看见以前》以我们既熟悉又陌生地生存状态的转折开始：观众区灯光熄灭之后，剧场内一片漆黑，全场在黑暗中大约安静了十秒，观众开始听到一个女人略为低沉且带有磁性的哼唱声，断断续续的旋律，没有任何歌词，然后女主角在黑暗中开始说话。

> 妃妃：“你试过在黑暗里听自己的声音吗？（顿）我说的是完全的黑暗，一片漆黑，就算里张开眼睛也看不见光，你是求上帝给你一点光线，一个影子，就算是一个想象的画面，都得不到任何回应。
>
> 那里是一个完完全全孤单的空间，我感觉自己好像做了什么罪不可赦的坏事，所以才被放逐到一个没有人的地方，我连自己都看不见，这里没有白天，没有黑夜，没有美丽与丑陋，我跟世界没有距离，因为，根本没有世界。完全黑暗的日子，感觉上是比一个世纪还长的漫长黑夜，我躺在病床上吸着带有药味的冷空气，我听见陌生病患的脚步声，护士例行检查的问候语，我可以想象他们面无表情的捏造出微笑和表示关怀的语气，再就是半夜的秒针声音，规律的。”

秒针声音响起，观众安静地听着，接着妃妃发出几个简单的声音后继续说话。

> 我有时会试着发出一点声音，好感觉我的存在，只有我……顺便消灭那脑中不时出现的鬼怪幻想，我也会哼一哼歌，告诉自己还在现实里，这里有我陪着我自己。

这种无助的恐惧，失去自我的焦虑的生存状态是我们在现代社会日常生活中所熟悉的，只是因为女主角的突然双目失明而将这种状态更为凸显出来。接下来，我们看到了一个漫长而痛苦的挣扎过程，痛苦的原因不仅在于双目失明而导致的人生磨难，而且还在于当女主角陷入到人生特殊的艰难状态之后，女主角与自我，与她所处的世界，与自己的亲人的关系都因为扭曲而导致的更进一步的痛苦，这种痛苦使盲眼妃妃在绝望的泥潭中越陷越深而难以自拔。

概括地说，《在看见以前》的基本剧情十分简单：妃妃是一个在表演事业上十分成功的女演员，在她事业不断上升的爬坡期，突然遇到双眼视网膜脱落的巨大打击，从此她陷入到混乱而痛苦的生存状态之中，盲眼妃妃与母亲、恋人、弟弟、医生、护士、病友乃至整个世界的联系都发生了很大的变化。悲剧导致人际关系的扭曲，人际关系的扭曲又使冲突像破碎瘟疫一样蔓延开去。在经历了与母亲的冲突，与弟弟的冲突，与朋友和同事的冲突，与恋人的冲突和破裂之后，盲眼妃妃陷入到了人生的低谷，她绝望了，她诅咒上帝，诅咒一切。

妃妃的悲剧在于心灵的创伤，因为这个创伤她以一种敏感而且防御性的态度对待自己和自己身边的世界。初始的伤害来自十余年前家庭的一个悲剧：妃妃曾经拥有一个十分幸福的家庭，爸爸事业有成而且十分爱她，妈妈温柔贤惠，还有一个好奇心重而又善良的弟弟。这是一个看上去很完美，令人羡慕的家庭。然而，随着社会的某种转型，海归等人才的加入，爸爸在公司中的地位发生了很大的变化，从高管转变为普通员工，在一次因感冒看急诊的过程中，医生的不负责任和处理不当使慈祥的父亲猝死在全家人的面前。欢乐的家庭罩上了一个浓重的阴影，年幼的妃妃在学校曾经是欢乐的好学生，并且具有很好的歌唱天赋，少女的天真和美丽又遭到色狼老师的再次打击，从此，妃妃转变了：不再爱唱歌，十分敏感，高度自我，为了成功可以不顾一切……接下来的是妃妃在事业上的成功，捕获了善良能干的男演员的心灵和情感，在事业上的成功似乎填充了心灵上的巨大空洞时，悲剧却从天而降：妃妃因太忙、太累，双目视网膜脱落而陷入人生的低谷和悲惨的人生状态之中。

躲避崇高？
——《赵氏孤儿》观后谈

一　这还是悲剧吗？

王杰（上海交通大学人文学院特聘教授）：通过一个学期的学习，我想大家对马克思主义的悲剧理论应该有所了解，现在我们用所学的理论来讨论陈凯歌的电影《赵氏孤儿》。在我看来，陈凯歌是中国最优秀的导演之一，是比较有思想的一个导演，也是我最关心的一个导演。这部电影有很深的历史文化根源，他想表达一些对现实的思考，在电影中他也做出了思考和努力。我们是在学校菁菁堂看的，那天人数爆满，在看的过程中出现很有意思的现象，作为一个悲剧电影，观众却笑声不断，我不知其他同学在影院看的情况怎么样，是不是也有很多笑声？这样一个蛮有意思的现象，值得我们讨论。

孙澄（上海大学影视戏剧系博士）：我是昨晚才看的，由于是夜场，观众不是很多，可能笑的氛围不是很强。只有两个笑场，一个是韩厥抱着孩子往外冲，被鱼滑了一跤，滑得很优美，这个镜头被定格，观众就笑了。还有一个就是最后两个人正在对峙复仇时，葛优把门打开，观众笑翻了。作为普通观众，最直观的感受是，这个题材正如您所说是个很好的题材。我虽然是学电影的，也不一定经常去影院，常常是通过 DVD 来看的。这次要去看这部电影，也是因为这样一个题材，因为陈凯歌这样一个导演对我有所感召，我们才走进电影院的。而且，我们同学之间也有过讨论，看过的同学和没有看的同学之间都能形成一种对话，因为有历史文本这个潜文本存在。陈凯歌在选材上是独具慧眼，这跟他本人一贯的艺术品格和风格是有关的。大家都知道陈凯歌是第五代导演的重要代表，在第五代导演的群体中，他有其特殊性，他有一种人文意识，而且这种意识是自觉的。他在对自己的总结中也谈到这点。从他的创作史来看，都贯穿了这种人文意识，包括对民族、家国、历史、传统文化、人性等问题的思考。具体到电影《赵氏孤儿》，我的第一个疑问是陈凯歌给我们展示的是不是一个悲剧？至少到目前为止我认为它不是悲剧。如果说它是悲剧，那么对我来说是“悲剧”，因为我想看到的是一个悲剧，但我没有看到。《赵氏孤儿》在《左传》《史记》和元杂剧中，它是非常著名的悲剧文本，到了法国被改编成《中国孤儿》，也是中国戏剧作品被传到西方产生重要影响的一部悲剧。在这样的前提下，从我个人的期待视野来看有点失落。具体来讲，与《史记》、戏剧中的文本相比较，感觉历史被抽掉了。影片的英文名是“sacrifice”，是“牺牲”的意思，而电影恰恰没有体现这两个字的内涵。无论是牺牲还是献祭，都有点文不对题。在以前的文本中，是以牺牲与复仇为主题的，悲剧带给我们的美感和力量来自牺牲这个主题，在于“士”的阶层舍生取义，为了忠义可以牺牲生命。但经过陈凯歌的改编，他对历史人物的角色设置进行了改编，主题有了很大的改变。他认为原来文本中的舍生取义等价值观，现代观众不一定能接受，这是他出于商业上的考虑。在原来的文本中，程婴、公孙杵臼、韩阙三人共同完成一个舍生取义的事件，三个人其实是一个人的形象，一个统一的“士”的形象。三个人是一种死亡接力，韩厥以自杀的方式放走了庄姬，而程婴、公孙杵臼通过策略的牺牲自我来保护赵孤。在《史记》中，公孙杵臼与程婴有精彩的对话，“是死容易还是把孩子养大容易”？程婴说死比较容易，公孙杵臼说那容易的事情交给我，我去死，你把孩子养大，正是这样一种对“义”的价值的认可和追求是文本的悲剧力量所在。但在电影文本中，这种角色就变了，程婴就不是一个门客和朋友，而是一个普通人，在偶然与被动之中，卷入了这个时代的风云之中。

王杰：我其实是很欣赏和敬重陈凯歌的，他的《黄土地》和《霸王别姬》都是很精彩很耐看的，是可以构成经典的，值得深度阐释，而且具有大量的象征和隐喻。在这部电影中，他也运用了这些手法。

在电影的开头有个钉门的细节，不知道大家注意到了吗。按照我对陈凯歌的理解，后面一定有很多故事，后来也拆了这个门，展示的是一个死亡了的家。从这个意义上讲，他是想讲一个家的故事。按照我的理解，陈凯歌是在历史与观念中挣扎，我有种理论的直觉，陈凯歌可能受詹姆逊的“民族寓言”理论的影响太大。其实在国外马克思主义的研究中，“民族寓言”的理论也受到很多批评的，至少是有分歧的。陈凯歌受其影响，想表达很多在他看来很重要的思想。他有点“席勒式”的，他有很多很好的想法，想用一个很好的文本来重新表达对中国历史的思考。《霸王别姬》的开头也是很有象征意义的。程蝶衣的母亲带他去砍掉一个多余的指头，给他一个很大的创伤，整个电影就是在讲这个孩子在童年的最美好时期就受到创伤，然后他通过自己的努力去填补这个创伤，最后他又把自己给伤害了。电影的开头就是一个寓言，整个的电影就是在演绎这个寓言。

孙澄：我觉得您对电影的这个细节的留意很好。我们也发现在这个电影中，好像是两张皮，前面是一部分，后面是一部分。前面是很好的好莱坞式的大动作影片，节奏、剪辑、影像非常干净利落，具有典型的一般大片的要素：阴谋和战争，后面却是拖沓冗长的文艺片风格。

王杰：影片中还有爱情，我看你们的作业都只谈了阴谋，没有谈到爱情。其实这部电影里是有爱情的。屠岸贾的仇恨其实也包含着爱情的原因。那个皇帝说，如果你当初娶了她，这个荣耀今天就是你的了。这里面也包含着爱情。但在后来的现实中爱情就没有了，只剩下仇恨。爱情、仇杀都是大片的要素，也是很激动人心的，能抓住观众眼球的、也是神话的基本要素。我不知道陈凯歌为什么选葛优来演，他给人的印象就是个喜剧演员，很有幽默感，观众一看到他就笑。

唐启翠（上海交通大学人文学院博士后）：但在《霸王别姬》里，葛优的幽默就起到了很好的促进悲剧效果的提升。在法庭那样庄严的气氛里，他突然来一句“后脖梗子”的一句话，引起了笑声，但这个笑声起到了烘托效果的作用。而在这部电影里，他的笑就变成了很无聊的笑。

王杰：陈凯歌自己设计的情况与观众的反映是不对应的。他设计的是悲，而观众却笑。其实陈凯歌把自己设定在一个很高的位置上来拍好电影是很难的。莎士比亚从来没有说他的戏剧要代表社会的良心、人类的进步、拯救民族的灵魂等。他从来没有以这样的想法来指导他的戏剧创作，他就是写那些让人愉快的东西，反而写出了好作品。而席勒、拉萨尔就是现在的陈凯歌，就是想通过电影、艺术来拯救这个时代，让人懂得很深刻的道理。这其实有点违背创作规律，他是有点主题先行的味道。我认为他的主题先行就是受詹姆逊的影响，如果说中国导演拍不出好电影，这就是其悲剧所在，没有好的理论指导。他认为詹姆逊的"民族寓言"的理论是最好的，是最能反映当代现实的。其实詹姆逊的理论在中国的流行是80年代后期，而且现在詹姆逊自己也放弃了这个理论，虽然詹姆逊的理论在当代中国学术界还是很流行。陈凯歌还停留在这个理论阶段来思考当代的问题，如果他运用伊格尔顿的理论来思考当下的问题，用拉康的理论来写悲剧，用这样的理论来指导当代的创作和分析当下的问题也许比较好。

孙澄：詹姆逊的理论对中国的电影评论影响很大，但陈凯歌是否受其影响我们不知道。从他的访谈里看到，他反对的恰恰是要主题先行，他说他不探讨历史，不要给他扣历史的帽子，他就是要探讨人性，将英雄还原成一个普通人，他的出发点应该是这个。

王杰：在《霸王别姬》中，还有现实的维度，但在电影《赵氏孤儿》中没有现实的因素，虽然他有对现实的思考。我们首先得弄清历史，这个故事背后有中国文化的很多方面。这种复仇没有一点犹豫，不像哈姆雷特的复仇，他的复仇是很痛苦的，挣扎的，而这种复仇是没有任何犹豫的。同样是复仇在不同文化中的差别还是很大的。

尹庆红（上海交通大学人文学院博士后）：我在看电影前就在猜想，按照陈凯歌的风格，他应该会借鉴《霸王别姬》的成功经验，站在现代的价值立场上，用一种全新的方式把赵氏孤儿的故事原型和元杂剧、京剧中的故事文本以及当代现实中的某些问题结合起来改编和组合，从而表现他对当下现实问题的思考。但在看的过程中，发现他并没有从一个纵深的历史的角度来彻底改编故事的基本结构，也没有增加现实的维度。在看到快要结尾时就在想，按着他设计的情节发展逻辑，在结尾复仇时赵孤应该会有一种思想的挣扎，如果模仿《哈姆雷特》的话，赵孤应该有一种复仇还是不复仇的思想斗争。因为一个是15年的养父，另一个是感情很深的"干爹"，他又是家族仇人，在这种二难选择中体现悲剧的张力。但在电影中，赵孤不假思索地去复仇，程婴说一些无关痛痒的话，屠岸贾原本是愿意放程婴和赵孤走的，最后葛优像仙风道人把门一推开，引来观众一片笑声，两个人剑一刺，干脆利落，复仇就结束了，悲剧的力量不可能产生。

唐启翠：18 世纪，传教士把赵氏孤儿的故事介绍到欧洲，伏尔泰把它改编成《中国孤儿》，给欧洲观众带来了震动。欧洲当时的评论家认为赵氏孤儿中的主人公是程婴和屠岸贾，原来的名字叫“搜孤”与“救孤”，所有的矛盾冲突都来自这两个人物身上，西方观众对悲剧的认同也来自这里。在西方人看来，中国人是集体至上，没有个体的观念，而这两个人的自我选择恰好与西方观众对中国的理解一致。我就在想，中国土壤中的这样一个故事，能够给欧洲观众以冲击和震撼，为什么在陈凯歌改编后却成了闹剧，本来是哭的故事为什么成了笑，这原因在哪里？从三个方面来思考：一是解构既有的范式，重构新的范式。陈凯歌想解构旧的范式，建构一个新的范式。他想解构什么，建构什么呢？二是故事的历史原型。原本是讲春秋时期一个家族的血案，在《左传》和《史记》中，故事原型发生了变化。对西方观众而言，矛盾冲突来自于搜孤与救孤的冲突。三是故事本身到底是否是悲剧。根据不同的悲剧理论，从命运范式到亚里士多德的英雄悲剧，这属于见识不明或者是失误，然后到弗洛伊德的俄狄浦斯情结，然后到由于道德的秩序或者道德的力量而产生的悲剧，然后到荣格和弗莱的原型悲剧。这里有多种悲剧的范式，当我们在谈论陈凯歌的《赵氏孤儿》时，我们是在哪个意义上去谈的，这也是一个问题。人类学一般把它归类到“仪式”，而悲剧的仪式就是酒神狄奥尼索斯的仪式，或者是如剑桥学派在探讨悲剧仪式时，直接追溯到金枝国王的仪式，这种原型的悲剧仪式背后是个人的生存困境导致了悲剧产生的力量和终极力量。陈凯歌如果要改变《赵氏孤儿》原来的结构，可能就要在一个很高的层面上来理解悲剧，他试图将原来是在历史裹挟中间而又有个人自主选择的悲剧改为普通人物直接就被历史裹挟着而个体又毫无任何力量去改变。这里面可以探讨的问题很多。

尹庆红：不管我们从哪个角度来理解悲剧，也不管什么范式的悲剧，但悲剧一定有其基本的要素和结构，而且一定是能给人带来悲的感受，而这个电影没能产生这种悲的效果，更谈不上悲剧所引起人的思考。在以往的历史文本中，赵氏孤儿的悲剧力量来自个体在君与臣、忠与义、生与死，个人的生存与整个时代的限制等二难中选择，而陈凯歌把这些都去掉，他认为这些高调的东西在现代社会不会被观众接受，他想表现普通人的人性，在某种意义上说他是想躲避崇高。但这个故事文本的结构就是表现崇高，如果要回避这个主题则要彻底打破原来的故事结构，可他的改编只是抽掉了文化背景，却又没有新的框架立起来，整个影片表现出前后矛盾重重，他的这种矛盾来自对历史价值与当代消费市场的误读。

王杰：导演把问题复杂化了，一个电影不能承受那么多的东西。陈凯歌是喜欢历史题材的。他过去的成功与他的理论诉求是有关的。他与张艺谋不同，张艺谋更多地强调视觉的美感、形式上的美感，陈凯歌还是有内容上的诉求，还是有象征意义的。我是觉得陈凯歌会不会是这样想的，他就是想用一个古装的形式来反映当代的现实。这个故事本来应该有个确定的历史背景，在电影中其实也是有所表现的，但是淡化了。中国现在好几部古装戏都是采取这样的形式。

孙澄：他可能有几个层面的考虑吧。一是淡化历史，二是想回应现实，三是关于舍生取义的价值观念。用自己的孩子去换对方的孩子，他觉得现代人不能理解和接受，他的故事就讲不下去。还有就是他作为一个电影导演，他想出新，想改编，他不愿意按照原来的模式把它影像化，希望有所创新吧。

王杰：我们也可以设想一想，如果我们来拍这个《赵氏孤儿》，应该做什么样的改编。神话是有生命力的结构，应该在现实生活中有它的表达，陈凯歌肯定也是想做到这点的，他的雄心可能也在这里。

唐启翠：神话的力量不仅在于讲述中间，更在于直接干涉现实并且引导现实，这在影片中是比较欠缺的。我觉得他有点低估观众的接受能力了，为什么“舍生取义”的故事我们现在的观众接受不了呢？我们有一个共同的历史的脉络，共同的历史情感，或者说是有一种共同的根脉，我们在这个语境中间是可以理解的，并且在这个可理解的基础上再将它进行一种深度阐释和提升，我想这个悲剧的效果可能就很好了。

孙澄：对。就是说他对悲剧的净化功能和升华功能信心不足，就是因为他看到当代社会的利己主义的行为逻辑，如果还原到历史文本中，他认为当代观众不能很好地理解和接受，故事要坍塌掉，所以他不能按照原来的样子来讲故事。实际上当代现实的确是这样的一种现实，但是恰恰是因为这样，也许我们更需要你来讲一个悲剧，来讲一下忠义。

王杰：其实中国现在真的是需要好的悲剧，需要好的悲剧作品。中国现在悲剧现象很多，其实悲剧作品的作用是在悲惨的现实中能够引导人的升华，这是悲剧作品最重要的作用。

汪誉（上海交通大学人文学院研究生）：我认为《赵氏孤儿》是一场个人悲剧的盛宴。在历史记载中，《赵氏孤儿》反映的矛盾根源是君权和臣权之间的抗衡。当时的士大夫们非常重视生产、发展经济、屯田养兵，不断充实自己的实力，士大夫集团的强大成了诸侯国国君最大的威胁。即使历史上没有屠岸贾这个人物，晋国国君还是会想方设法除掉赵盾家族这个心腹大患的。屠岸贾设计将赵家满门抄斩，公孙杵臼和程婴舍命救出赵氏孤儿，后来赵孤长大，在韩厥等人的帮助下杀死屠岸贾，恢复了赵氏宗位主持晋国国政。后来赵魏韩三家分晋，赵家就是赵武的后人，韩家就是韩厥的后人。所以，赵氏孤儿的悲剧是政权更迭、君权与臣权相互斗争的产物，可以说是一个历史的悲剧。在陈凯歌的影片中，他把程婴设计为一个普通人物，其悲剧性主要体现在人物个体的悲剧人生。程婴作为一个与赵家没有任何关系的平民医生，被迫卷入时代风云，迫不得已用自己的亲生孩子救出赵氏孤儿，其妻子也因此被杀。后来，程婴为了让赵孤给自己的儿子报仇，忍辱投奔屠岸贾门下。终其一生，程婴都是处于“两方面”的斗争和痛苦之中，之前的丧子和救孤，之后的抚养和复仇大计。我们在影片中看到的只是一个不能主宰自己命运而失去人生意义的一个小市民形象。我觉得陈凯歌有意弱化程婴的身份是合理的，正是因为他是个小平民，他的形象没那么高大，他就做不到庄姬临终前嘱托的“把这孩子养大，不要告诉他的爹娘是谁，不要告诉他的仇家是谁”。他做不到这一点，他就要复仇，最后给自己带来悲剧性的人生。屠岸贾的形象是有血有肉的，他策划了阴谋、发动了政变、篡夺了王位，以为自己没有了敌人，却不料被他一手教大，喊他“干爹”十几年的“干儿子”最终成了自己的致命敌人，屠岸贾的悲剧是他自己一手酿成的。赵孤的悲剧本应该是这部电影应该大力渲染的主题，可我觉得陈凯歌并没很好地实现它。从一出生就失去了自己的亲生爹娘和所有亲人，在他成长过程中，跟他最亲近的两个人，一个是“养父”，养他是为了复仇；一个是“干爹”，是与他有着血海深仇的仇家。最后虽然赵孤报了仇，却也就变成了真正意义上的孤儿。电影中的这些主要人物最后都是悲剧性的，整部电影也就是个人悲剧的盛宴。

盛丹（上海交通大学人文学院研究生）：刚刚听了大家的讨论，我觉得作为一个导演是真的挺不容易的。花了那么大的血本，又要在短短的两个小时内集中表现那么多的东西。其实我在看的时候，是有被感动的。看到最后一幕，赵孤一剑刺死屠岸贾的时候，我还哭了。我把自己设想在那个情境之中，其实我能够体会到他情感的挣扎，一个是与你有着十几年感情的干爹，他教会你武功，教会你做人道理，一个是有着养育之恩的养父。

王杰：而且我觉得影片里面的阴谋有些显得失真，那个像蚊子一样的东西能够那么快地令人致死，这个从医学的角度讲，有没有根据？就是在现代有没有这样的可能？蚊子不可能有那么大的力量啊！

裘宗慧（上海交通大学人文学院研究生）：为什么那只蚊子偏偏就叮那个地方？而且关键是你把它控制得那么好，就在那个时候马上就叮住他。

王杰：因为他脖子后面有蚊子喜欢的血，前面是有交代的。但是这个蚊子有那么大的毒力，我觉得不是很可信。历史上这个血案是怎么引发的？

唐启翠：这个我倒是觉得可以忽视它，但是现在人家怀疑的是那个放蚊子的人是屠岸贾的随从，他不是当时晋灵公的随从。他是给还原到晋灵公的随从上去了。在晋灵公的朝堂之上，竟然可以随便绕到朝堂的后面去，我觉得这个细节处理得非常弱智。虽然说春秋时代的君权已经有了很大的削弱，也不至于说在朝堂之上，一个弄臣可以随随便便如入无人之境，这太可笑了，没有尊重真正的历史语境。这个真实的血案是晋灵公在桃园游乐的时候，被他的姐夫赵川给杀了，赵川就是赵盾的异母弟弟。当时赵川陪同在晋灵公身边，所以他有机会杀掉晋灵公。当晋灵公被杀的时候，赵盾在哪儿呢？由于赵盾总是说晋灵公这也不对，那也不对，晋灵公忍无可忍，就派刺客去杀赵盾，几次刺杀都没成功，于是赵盾就逃了。当时的史官董狐记载赵盾是

“亡不越境”，就是说赵盾逃亡没有超出国境，还在国内。作为士大夫，赵盾就有义务为君复仇，但是他回来后没有为君复仇，于是董狐就直接记下一笔，在朝堂上宣读“赵盾弑君”，这个罪名太大了。赵盾就很不满意，董狐解释说，你当时逃亡了，本已与你无关，但是你没有越出国境，这就与你有关了。同时你作为一个大臣，回来后反不讨贼，没有惩罚赵川。而且赵川还是作为使者迎接晋襄公的弟弟，就是当时晋文公最小的一个儿子，出生的时候就有胎记说他是守卫禁军的这么一个传奇人物，迎接回来就做了下一个国君——晋成公。赵盾弑君的罪名，是因为他作为一个大夫，作为一个臣子，他是应该回来替君复仇的，但他没有，反而任用了这个贼——赵川，而赵川又是他的弟弟，所以晋景公当年翻案的时候，就利用了这一条罪名，因为赵盾弑了君，所以就要满门抄斩。

王杰：看完电影，我觉得中国的政治太可怕了，在中国搞政治简直没有安全感。

尹庆红：从另外一个角度来说，这恰恰说明历史上的政治斗争更复杂、更阴险、更残忍，这个电影反而是太简单了。中国文化中的很多成语，如忍辱负重、养虎为患、斩草除根、放虎归山、君子报仇十年不晚等都是来自于政治斗争的故事。而武侠小说、黑社会电影的盛行和普遍受到喜爱，以及民族主义的高涨，无不与复仇的基因有关。这是中国的政治悲剧，没有法制和民主作为保障，人治的结果就是为了争权夺位，一个比一个心狠手辣，一个比一个算尽阴谋，厚黑术一代比一代发达，两千多年的朝代更替、政权变换，始终没有走出那个政治悲剧的循环，这种政治文化是走向现代政治的障碍。

唐启翠：赵氏家族和晋国王室的关系的错综复杂在影片中体现了一点点，那就是“功高盖主”，用这一点将整体平面化了，比较简单了，没有力量了。这部电影就是在该复杂的地方没有复杂，在该简单的地方又复杂化了，但又复杂得不到位。

王杰：对。把一个本来很丰富饱满的故事简单化、平面化了。我觉得这就是受到某种理论的毒害。陈凯歌在报纸上说，不要让那些高调的理论继续毒害观众，我觉得他自己就是受到高调毒害的悲剧。我在思考一个现象，在我写博士论文的时候，我发现中国近代以来，重要的文学作品都缺乏母亲。第一次让我产生这样的印象是《边城》，我很喜欢《边城》，里面的翠翠是没有母亲的，在整部作品的结构关系里是没有母亲的。这个《赵氏孤儿》也是没有母亲的，还有很多作品可以拿来例证。如果这个判断是成立的话，那应该是一个很有意思的现象。中国的文化可能确实是父权和他者的力量占统治地位。这个电影的剧照很有代表性，我是这样解读这个剧照的：这是一个分裂的父亲，两个父亲，分裂的他者。我在想这个图案的细节，这个小孩按理应该倒过来爬，两个父亲，他爬向哪一个父亲，这样才具有戏剧性。可他往前爬，按理说应该有个隐在的东西存在，他往前爬的动力是什么，从孩子的角度讲，或者前面有美食，或者前面有美女。但是对一个孩子来说，这都不太正常。他应该倒过来爬，这么选择就很有戏剧性了。可是究竟是什么力量吸引他像机器人一样往前爬，陈凯歌完全没有交代。在后来打开封存的家的场景中，程婴似乎应该有某种新的发现，某种他当时遗忘的东西，能够勾起以前的回忆。这样也比较符合好莱坞的电影逻辑。但是影片中只有很简单的处理，前面设计很好，后面力量没有积聚。也有同学注意到赵武在最后成了彻底的孤儿，以前还有养父、干爹，但是后来就是真正的孤儿了。如果那场打斗是在原来的那个“家”进行的话就很好了，其实完全有可能的啊。按理讲随便在屠岸贾家里打斗是不太可能的，因为屠岸贾家肯定有侍卫等，没那么容易在他家里打斗的。如果屠岸贾因为某事去程婴家追究，然后揭开真相，再进行打斗就更好了。

孙澄：这个细节捕捉得好，这需要细读。因为电影开始前的钉门的敲击声的确让人印象很深刻，这告诉观众这一定是一个很重大的信息。这个故事文本本身的力量很强，而陈凯歌的力量相对有点弱，把握得不太好。他把历史的东西磨掉之后，来试图写敲打声，写人性、写家，但是又不能很好地把握它、营造它。

王杰：钉门的细节的视觉形象、听觉效果都很强烈，应该要把这个戏做足。其实在重新打开家后，我印象很深的就是那个摇篮。摇篮其实是一个很好的象征，是母亲的另一种存在形态。而且这个孩子长大肯定要有个女性来照顾他，程婴把孩子交到屠岸贾手里后，屠岸贾肯定会安排侍女、奶妈等照顾他，但电影都不做交代，我觉得这个剧本的创作人员不太理想。还有影片中，程婴说要让屠岸贾生不如死，当时我觉得这会是一个很大的悬念，但是后面完全没有实现。之前我看过一部影片叫《神秘的眼睛》。故事一开始是讲一个奸杀的案子，一个很幸福的家庭，漂亮的女主人被残忍地奸杀了。案子很难破，后来死者的丈夫发现在死者生前的合照中有一个人一直盯着死者看，然后顺藤摸瓜找到凶手。丈夫找到凶手后，没有交给警察，而是把他关在一个偏僻的房子里，给他吃饭，让他活着，就是不跟他讲话。每次当这人来送饭时，凶手苦苦哀求说"和我说句话吧"，这真是一种生不如死的折磨。但是在这个电影中没有看到生不如死的场景。

唐启翠：在这样的背景下发现事情的真相，震撼力就更大。导演其实是想赋予孩子一种爱的，但是这样的爱是不存在的，太空洞了。影片是矮化了程婴，因为影片中程婴不是自己主动献出自己的孩子，不是自主选择的壮举，影片中是他不由自主地被外在的力量裹挟而不可逃，他的复仇就是为了让自己的老婆、孩子不要白死。这里面就没有了一种悲剧的力量。

孙澄：这只是一种普通的复仇，而不是悲剧了。

二　人性应在细节中体现

王杰：休息一下，还是继续讨论？你们要多发表你们的看法，你们自己的感受，你们自己捕捉到的细节，其实电影是很讲究细节的，包括影像、声响，包括声音和画面的结构关系，有时候是错位的，而这种错位会产生一些新东西。我觉得陈凯歌也不是一无是处，还是有可取之处的。

王一然（上海交通大学人文学院研究生）：听了刚才的讨论，我有不同的意见。你们觉得如果程婴主动把自己的孩子献出去可能会收获到悲剧的效果，我是同意这个观点的。因为这很符合我们中国人所理解的悲剧，舍生取义是我们的一种传统观念，会给观众带来崇高感。可是我觉得陈凯歌是在故意颠覆这一点，只是想反映一个普通人无意中陷于波折。我觉得他讲的就是人性，只是没有讲好，让人有很不到位的感觉。

钱静（上海交通大学人文学院研究生）：我觉得从陈凯歌对《赵氏孤儿》的改编来看，他是想要突出人性的主题。他的《霸王别姬》

就是把历史和人性很好地结合起来了。我在看《赵氏孤儿》时，很欣赏前半部分的宫廷政变，在那么短的时间里，他将情节处理得有张有弛，但是我对后半部分很失望，简直就是拉家常、太平淡了。他在表现人性时，故意弱化了政治方面的东西来突出人性。元杂剧《赵氏孤儿》在西方上演时，西方观众很惊讶程勃会那么义无反顾地去复仇，因为中国人从来就把人性放在低于“义”的位置上，但在这部电影里，陈凯歌想做的是把人性放在“义”之上，其实是符合西方人的口味的。就好像莎士比亚的《哈姆雷特》中的复仇，会思考要不要去复仇。但是程勃在知道屠岸贾是自己的仇人后，没有进行过丝毫的思想斗争就去复仇了，他本来应该表现出程勃的思想斗争的，这样可以更加凸显人性。而他没有处理好，这样的处理其实是一种失败。另外，刚才大家从不同的理论角度来讨论这部电影的悲剧性，但我觉得首先应该注意到这部电影其实是不成熟的，因为前后部分的剧情很不连贯，下面我举几个细节来讲。第一个是皇帝被杀之后，出现了一个小皇帝问屠岸贾“什么是好人”，以后这个新君就再也没有出现过，那么这个新君的出现有什么意义？我觉得这个新君应该传达出要表达的意思，如果从马克思主义历史真实顺应、反映历史趋势的角度来说，最后屠岸贾死了，那么这个新君会怎么办，影片中没有交代。如果只是回答什么是好人，什么是好的臣子，那完全没有必要设置新君的情节。第二个是程婴作为一个普通人卷入了历史政变之中，但是我好奇的是海清扮演程婴的妻子，应该只是一个目不识丁的村妇，不懂什么国家大道理。那为什么她在面对屠岸贾的时候，能够很平静地回答出他的问题，我认为作为一个真实的村妇，她应该歇斯底里地哭喊出“这是我的孩子，不是赵家的孩子”。作为一个男人都不能忍受把自己的小孩交出去，何况是一个刚生完孩子的村妇？我觉得这是不符合人性的，是不可能的。

孙澄：她应该不算村妇。她丈夫也接触过宫廷中的人，她应该算是赵国国都中的人，不应该是村妇。而且她藏在墙壁里时，抱着自己的孩子，她肯定会想被发现时，别人问她时她要怎么回答。你讲的第一个细节我很认同，但是程婴妻子的应激反应还是在情理之中的。

王一然：那如果处理成“这是我的孩子”不是会更好吗？因为这个孩子最后肯定会死，母亲无论做什么都改变不了孩子的命运，那就按照母亲的天性处理不就好了吗？程婴后来又去当了屠岸贾的门客，我就在想，屠岸贾都杀了他的妻子，又怎么会把一个对自己有仇恨的人留在身边呢？还有韩厥，也不知道他在干什么？

唐启翠：其实这里处理简单的不是孩子的母亲而是屠岸贾。母亲在这里只是为了凸显屠岸贾，母亲紧紧地抱着孩子就说明了母亲和孩子之间的血肉相连。所以这里被简单处理的是屠岸贾而不是那个母亲。

钱静：《赵氏孤儿》和《黄土地》《霸王别姬》根本就不能比。我想如果是张艺谋找范冰冰来拍《赵氏孤儿》会怎样，他不会像陈凯歌那样没有好好利用范冰冰，他不会让范冰冰生完孩子就死了，他会大做文章的。另外，从屠岸贾身上也体现了情节的不连贯。从宫廷政变来看，屠岸贾是个很有手段、很有野心的政治家，包括后来他让程勃从房顶上跳下来，他没有接着，这表明他是个不相信任何人的政治家，那为什么他在知道两个孩子中，有一个是赵氏孤儿，而另一个不是赵氏孤儿时，他还会去辨别？他有那个心能把一百多个婴儿都杀掉，为什么两个孩子他还要去辨别，还留了一个活口？然后把孩子他妈杀了，把孩子他爸留着，这个是不太符合常情的。而且程婴将赵孤带出来的场景也不能让人信服。在元杂剧里，是公孙杵臼和程婴共同设计了一出苦肉计，才真正让屠岸贾相信那个孩子就是赵氏孤儿，但是影片中将此弱化了。还有其他的细节，如那么大的一个贵族家里，一个仆人都没有；屠岸贾死了，他的兵呢？最后我想讲一下影片的主题，这部影片的剧情不连贯，人物的单面性，把一部本来很有深重历史感的电影变成一个半成品。陈凯歌的起点很高，出发点很好，他想突出人性，可是没有处理好。以程勃的转变为例，屠岸贾受伤时，程勃找程婴拿解药，说“你不给我解药，我就和干爹一块儿去死”，可见这是一种非常深的父子情谊。可是后来当他知道屠岸贾就是自己的杀父仇人时，想都没想就复仇去了。我觉得一个正常的人在经历这些事情的时候都会需要一个思想上的斗争后再做选择的。这么处理了，不管结果怎样，杀或者没杀，都是一个悲剧。我知道陈凯歌最后肯定会安排屠岸贾死的，因为中国自古以来就是“善有善报，恶有恶报”，屠岸贾杀了那么多人，你不让他死，观众是不会买账的，所以陈凯歌一定会让他死，但之前应该把戏做充足。我就觉得好像在陈凯歌那儿，一切都变得非常容易，非常肤浅。可以看到陈凯歌在《霸王别姬》里是有一种感情的，他不是在客观地叙述一件事情，但是在《赵氏孤儿》的结尾，我觉得他好像就是在讲述一个和自己无关的不痛不痒的故事，看不出导演的感情，不知道导演要表达什么。他要表达人性，可是没处理好；他要不想表达人性，而表达政治又不是他的出发点。所以我只能说他的出发点比较好，可能是剧组合作方面的问题，因为情节的不连贯和风格的差异是让人很不欣赏的。还有，在看《霸王别姬》时观众会笑，可是笑完后会哭，那是一种藏在笑容后的悲哀。笑得越开心，越能感受到影片的悲剧性。可是《赵氏孤儿》，最后程婴出现在两人决斗中的场景只是引人发笑，但不会让人痛定思痛。

王一然：本来是有一点悲伤的感觉了，就被那些笑点给降级了，就是永远达不到悲剧的效果。

王杰：那我们讲的这些弱点会不会是陈凯歌故意设置的呢？以此来达到对悲剧的颠覆？

钱静：不管怎么说，这部《赵氏孤儿》是商业电影，像《无极》他需要票房，他面对的不仅仅是大学生，不是高校的老师，他面对的是普通大众，他要博得噱头，这是可以理解的。

伍月（上海交通大学人文学院研究生）：这部片子呈现出的这样一种状态，是因为陈凯歌在拍这部片子前，就确定了一个观点，他是要拍一部可信的故事。他说忠义是很好的，但是离现在的观众很远，他说他的这部片子是取自人心，这个人心就是现在观众的人心，他不追求宏大叙事，追求的是个人表达和大众接受的渠道。

王斌（南京大学文学院博士生）：从纪君祥的《赵氏孤儿》到这部影片，我特别注意到里面的血缘关系。程婴和赵孤之间，是靠朋友之间的信义来支撑的，但是后来所维护的赵孤跟屠岸贾之间也产生了一种很紧密的关系。只是因为他们之间没有血缘关系，所以他在知道真相后，毫不犹豫地杀了屠岸贾。也就是说，不管你对我有多么大的恩情，一旦涉及血缘关系，血缘关系胜过一切。这样来看程婴的行为很可笑，我牺牲自己的妻儿，去努力维护另一个不相干的人，而这样一个人为了自己的血缘关系，可以把救自己的恩人杀掉。赵氏孤儿在面对天然血缘关系的仇恨与象征性血缘关系的亲情之间的冲突的时候，自我放逐应该是一个恰当的选择。但是影片遵从传统，安排赵氏孤儿最终完成复仇，舍弃象征性的血缘关系，重返天然的血缘关系。这样的结局直接否定了影片中、后段的价值选择。而且影片在价值选择方面所表现出的犹豫和迟疑，也造成了影片自身的悲剧。我觉得原因可能中国人与人之间的关系主要不是靠契约、信任，而是通过血缘关系来维持。

唐启翠：关于王斌讲的这个问题，为什么中国历史上实际意义上的忠义故事很少，但在文学作品中却得到了补充，比如清官。其实历史上的清官是很少的，为什么历史上惊天地泣鬼神的故事要被反复翻演呢，就是因为那个社会缺少这个东西。什么东西被提倡得越响，就说明这个社会越缺少这个东西。比如说我们提倡礼仪，老子就说了所有的社会争论的根源就在于礼仪；孔子不这么认为，孔子认为治理所有的社会乱的根源就在于礼仪。这一治一乱之间都是一个“礼”，那么到底是哪个？像我们现在每年的教师节，教师被重视吗？每年我们都要过三八妇女节，可妇女被重视吗？还有高唱环保、尊重人的尊严等。就是说，我们每天都在唱高调的东西，实际上就是我们极度稀缺的，但又是我们希望拥有的。这就是为什么所有的国君都希望自己的臣子安分守己要忠诚，因为他希望有这些东西，一旦出现一两个这样的例子，必然会被极大地提高、宣扬，然后上升到一个标本的地位。这正是古时候成君、成圣的圣人的理想，孔老夫子最大的一个贡献就是普通人也能够成圣，所以我们都有一颗向善、向高的追求心。这才是人活着的终极力量和终极意义。所以原来的赵氏孤儿的故事能够焕发出中西方都能认同的悲剧的力量就在于向善的力量。在过去的忠义观念中，“君叫臣死，臣不得不死”，这是过去人们都接受的一个情感结构。在这种文化背景里，程婴、公孙杵臼、韩厥，他们选择牺牲是有根基的。程婴的义举是被人接受的，同样是感动人的，就在于谁是舍生取义的人呢？公孙杵臼。谁是忍辱负重的人呢？程婴。程婴是以出卖自己朋友的方式，让自己变成一个恶人，用这样的方式骗取了屠岸贾的信任，保存了赵氏孤儿。后来在韩厥的帮助下，赵孤重新恢复了公侯的爵位之后，程婴选择了自杀。他说原来的忍辱负重是为了救孤、为了尽忠，现在的自杀是完成另一项使命，就是为公孙杵臼死，向他谢罪。这个悲剧的力量在于人不是被迫裹挟进来的，而是一种自主的选择。这才是西方悲剧里面最重要的一点，就是人的命运是注定的，但是人是可以选择的，人的主体力量是可以选择的。俄狄浦斯王的命运是神安排的，自己没法改变，但他可以承担，可以去反抗，最后达到一种怜悯和恐惧，达到一种升华。我觉得陈凯歌是想做这样一个事情，可是他没有做到。他想颠覆过去既有的范式和结构，想重新建构一种新的结构，但是很显然这种结构是嫁接的，是嫁接西方的“尊重生命”这样的一种价值观念，但是在中国，我们也提尊重生命，可是我们尊重生命吗？我是想说他想建构的这么一种范型在中国缺乏土壤，但他为建立这个范型所做的努力是崇高的，想法是好的，但是他的土壤与他自己的能力和能量都是有限的。

王杰：《赵氏孤儿》作为中国历史上的悲剧原型，陈凯歌可能在拍的时候就是想解构它。那么，他就是把一个悲剧作品还原成一个普通人的故事，从这个角度上讲，我们用悲剧理论来解读它的模式有点不太合适，我们就把它当做是一个普通的电影、普通的故事来解读可能更加合适。包括他用葛优来做主要演员，葛优本身就不是一个悲剧演员，可能他的意图就是这样。如果我们跳出悲剧理论来思考，我们可以再讨论《赵氏孤儿》是成功还是不成功。我觉得他想解构“义”这个观念。

唐启翠：这要看我们要用什么样的范式来解读这部电影，每个人都会有自己的理解。还要先看陈凯歌想要干吗，然后他有没有达到这个结果。葛优在《活着》里面演得很好，葛优看起来给人感觉比较滑稽，其实葛优是一个笑里含泪的演员。他不可能跳出“义”，因为这个故事的人物关系就是一个“义”，最后剩下来的几个人物，都没有血缘关系。

孙澄：我觉得他回避不了。虽然说他想跳出来、想解构、想创新，但是回避不了。因为这个悲剧的本质让他回避不了，跳出了这个“义”，这个故事就不成立了。刚才说到葛优，其实《活着》这部片子在大陆是禁片，因为涉及“文革”时期的一些情节，“文革”对他本人的影响很大。

尹庆红：如果说陈凯歌的出发点是为了表现人性，躲避那种“大忠大义”、牺牲、英雄等崇高的东西，我认为这个出发点是好的，而且他可以有两种方式来达到这个目的。一是彻底解构赵氏孤儿的故事结构，包括放弃复仇，放弃愚忠，这完全是可能的。按照电影中庄姬的话，故事的结尾就应该是程勃可以复仇但最后放弃了复仇，而是选择了做一个普通的人好好活着。通过大胆地改编故事结构，用最彻底的方式来解构复仇和忠义思想。在元杂剧中，赵孤就最后放弃了复仇。二是陈凯歌完全可以从现实的立场出发，编一个新的故事来消解忠义等崇高的东西，让观众在看了这个电影后不相信他们原来所相信的东西。2007 年的电影《投名状》就很好地解构了歃血为盟、不求同日生但求同日死的哥们义气的“高调”。在西方很多电影中，犯罪的人最终忏悔、请求宽恕，而受害人也最终放弃复仇、原谅他人。显然电影《赵氏孤儿》并没有达到导演所希望的那种效果。

王杰：所以我觉得，陈凯歌的这部电影里也有“文革”的影子，《霸王别姬》也有“文革”的影子。陈凯歌本人也经历过“文革”吧？陈凯歌原来也是高干子弟，他们家也被打倒了，他自己原来也是红卫兵。我估计他自己可能在现实生活中也遇到过电影中类似的情况，但是可能没有影片中那么大的血海深仇。访谈上说陈凯歌考虑到外国的销路，拍了个古装片，但是我觉得他是用了詹姆逊的理论对“文革”进行重新思考。尤其是我们现在思考“文革”这个话题，就会发现我们和德国人不同。德国人会对纳粹当年犯下的罪行进行反思和忏悔，我们很多人在“文革”期间做了很多不好的事，但很少有人站出来忏悔，这是中国人应该思考的，也没有太多的作品直接反思这些历史问题。

唐启翠：因为现在人们都把自己的责任推给历史，推向社会，都认为个人是被裹挟的。其实我认为陈凯歌的这个思想是有问题的，人必然是被历史裹挟的，但是人是可以选择的，就是说世界是荒诞的，但人是自由的。这个影片里面他把所有的人的自由选择的责任推到社会、推到外界世界，这是不负责任的。这就是为什么没有人为“文革”的事情忏悔，因为所有的人都认为我当时是迫不得已的。所以陈凯歌设想的背景就是小人物的历史，我们每个人都是被裹挟的，命运都是注定的。其实有很多东西不是注定的，是他设置的一种场景把它变成了一种注定的命运，一种不可选择。在访谈中可以看出陈凯歌还是有想法的，第一个是尊重生命；第二个是不要告诉赵孤他的仇家是谁，让他在爱里长大，但是后半部分没有处理好这个爱恨的纠葛。陈凯歌《赵氏孤儿》的主角不同于元杂剧里的主角是公孙杵臼和程婴，他想突出的是孩子的爱恨纠结，但是实际上没有突出出来。程婴说他自己既是受害者，同时又是加害者。但影片中对“加害者”、“受害者”的本身表现也不充分。还有我觉得他对“义”的理解是有问题的。所以导致了他最后的格调上不去。他仅仅把“义”理解成《三国演义》里面的那种拔刀相助，这样“义”的含义就非常世俗、非常平面化。

王杰：陈凯歌的设想就是程婴作为一个普通人物被裹挟进政治风波中。影片的情节不连贯，前面讲的是程婴，后面讲的又是赵孤，转折又没有适当的逻辑关系。他对“义”是批判的，他认为是封建的意识形态。

王一然：可能陈凯歌觉得封建时代的那种“义”并不符合人性中的“仁义”。他只是想讲一个生命价值平等的故事。其实那两个小孩是平等的，为什么要把那个小孩献出去送死，而把这个小孩留下呢？他也是在反思这个问题啊。

唐启翠：我觉得他的反问是很好的，他的出发点是很好的，但是最后有没有表达好，这就是个问题。举几个情节来说明，赵孤得知真相后内心应该是有挣扎的；程婴钉房子的细节其实是有语言的，当时他整个人就像死去了一样，那个小孩被放在旁边，其实正是因为这个小孩，他才会被裹挟进来，这个小孩带给他的是苦难，是他自己破碎的家。后面他又说不能让自己的孩子白死，他要复仇。是复仇的力量让他活了下去，让他封存了那个家，封存了过去美好的记忆，然后再重新开始另一段生活，就是带着这个孩子去投奔屠岸贾。所以这个处理还是有叙事的，但是后面的情节就没有什么力量了。电影应该是个紧凑的结构，任何一个场面，任何一个符号，任何一个人物都应该有回应的。

钱静：其实第五代导演基本上是从“文革”过来的，所以他们的作品基本上是在解构传统的东西，像张艺谋的《大红灯笼高高挂》就是对父权的一种解构。所以我觉得《赵氏孤儿》一定不是对“义”的肯定，一定是一种颠覆和解构，就是他们要表现人性。

唐启翠：但是《大红灯笼高高挂》包括《霸王别姬》，正是借助于过去，借助于历史的画面，借助于过去的那些元素的叙事来颠覆它本身，而《赵氏孤儿》正好没做到这点，所以他的解构就没有力量。

江维萍（上海交通大学人文学院研究生）：我觉得《霸王别姬》

中巩俐的形象就比庄姬要更真实。巩俐的形象就是一个传统的女性形象，为了保护自己的家庭，她想办法让霸王与程蝶衣分开，后来程蝶衣吸食鸦片，包括在“文革”中的颓废，巩俐搂着程蝶衣的那个画面很温暖。我觉得陈凯歌对巩俐饰演的这个女性形象的处理就很平淡很真实，没有宏大的描写，只需要几个镜头，拥抱程蝶衣的镜头，对张丰毅说的那些话，还有程蝶衣在窗外听到的那些话的那些镜头，其实就已经表现出人物形象从青楼时期到“文革”时期的变化，我觉得这个形象是很完整的。而在《赵氏孤儿》中庄姬是一个虚无缥缈的人物，穿着肥大的衣服，从一个房间到另一个房间，画面很美，但是没有真实的存在感。庄姬作为一个母亲的形象是不够真实的，尽管最后她为了保护小孩一刀自杀，但是这样的自杀的镜头没有任何冲击力。一般电影里的死亡情节都会带来反思和强烈的冲击力，但是庄姬的死没有任何力量。

王一然：可能这个电影本身就关注于形而上的东西，他不像张艺谋那样关注女性的美，因为女性的美大部分还是在外形上的美，可能他只是交代一下这个情节。而电影中庄姬和程婴妻子这两个母亲的死都没有带来很大的感触。那个小孩也蛮可怜的，没有得到过什么真正的爱。程婴好像也没太爱这个赵孤，反而屠岸贾看上去比较爱他。

孙澄：如果是张艺谋来拍这个电影，女主角同样是范冰冰，他肯定会发挥范冰冰的美貌。实际上他们都是我们在电影批评中说的“电影作者”，他们的个人风格都很鲜明。张艺谋可能对女性的感触和描写非常多，他的故事主人公从来就是女性，而在陈凯歌的创作中，女性是缺席的，就是讲男人的故事。他在讲这个故事时，也表现出他个人的特点，他抛开那些宏大的悲剧和义的观念，不由自主地就讲成了几个男人的故事，一个孩子的几个父亲，生父、养父，可能还有一个精神上的父亲韩厥。巩俐在《霸王别姬》里的那个角色其实是比较次要的角色，《霸王别姬》还是讲两个男人的故事。女主角是张国荣，女配角是巩俐。在《赵氏孤儿》里，应该出现女性的地方没有出现女性，始终看不到女性的身影。

王杰：巩俐的加入使这两个男人的关系复杂化了，原来程蝶衣和她有很深的情感关系的。当然程婴不会真心地爱这个小孩，因为他自己家的悲剧就是因为这个小孩而造成的啊。但是屠岸贾很爱这个小孩有点让人不太能理解。

尹庆红：如果没有赋予人性得以展示的恰当的情节，那么这种人性就是种空洞的人性，或者只是导演个人的主观意愿，没有做到马克思所说的典型环境中的典型人物的性格。这个小孩的爱是怎么获得的，屠岸贾为什么要收他做义子，这需要一些合理的情节来铺垫。但是电影中没有真实感，导演的设计很突兀。因为没有母亲的形象，而且程婴抚养他的动力就是为了报仇，所以程勃得到的爱也是不完整的，是扭曲的或残缺变形的，这就必然导致程勃的行为的不合逻辑性。其次，陈凯歌对生命的尊重不够彻底，他对中国文化中复仇基因是既批判又肯定的。他只看到复仇是人性血性的一面，没有看到复仇理性的一面。在法治社会、自由民主社会，错误和罪行都有合理的途径和机制来惩罚，任何个体的复仇行为都是不应该提倡的。陈凯歌不能放弃复仇，因为他认为屠岸贾滥杀无辜，不应该被原谅，恰恰说明他对人性的理解还是不够全面的，对生命的尊重没有贯彻到底。这些价值观念的矛盾，决定了他的剧情取舍的矛盾，以至于电影想表达的很多，但主题不够清晰，任何一个都不够彻底，在一团混乱中自然也就削弱了某一主题的力量。

江维萍：听了今天的讨论，我觉得他想表现的东西太大了。我们讨论了很多，讨论了“义”等中国传统文化，但是我们恰恰忽略了最真实的感情是什么。如果我们放低自己的观察角度，作为一个普通的观众在观看电影时，我们可以感受到一种悲痛感，丧子之痛、丧妻之痛，在抚养这个孩子的过程中，难道真的一点感情都没有吗？平民百姓是不太可能把亲情、感情这样的情感提升到一个很高的高度上去评价，比如说“义”，是不是陈凯歌想过于表现这个东西了。还有作为一部商业片，需要有噱头，在功利化的社会中，制片方和投资方同样会影响影片的拍摄，会忽视了影片最真实的东西。为什么大片越来越多，但是失败的也越来越多，而恰恰像《三峡好人》这样的小电影往往能拍摄出最平实、最真实、最感动人的东西来。而像这样大制作的电影，在大肆宣传后，还是很空泛的，还是一部失败的电影，我觉得这个很值得我们思考。

王一然：有很多人都说陈凯歌是一个放不下身段的人，他拉不下脸，他想把一个历史故事还原成普通人的故事，但是他做不好，这样就让故事变得不可信，又没有深度。

盛丹： 其实我觉得有部分是演员的原因，因为是范冰冰，可能观众不会注意到她内心情感的变化，如果换一个演员，可能大家会有更多的认同感。还有，中国有那么多的戏剧，为什么只有《赵氏孤儿》在西方引起了巨大的轰动，像《牡丹亭》《西厢记》都没有，其实剧本传递的理念和西方的文化比较接近，比如哈姆雷特复仇，另一个是善有善报、恶有恶报的观念也是西方人比较容易接受的。

钱静： 其实西方观众喜欢的不是剧中人物的感情，而是戏曲的程式，中国的戏曲和西方的话剧是不一样的。要说感动，有一个就是赵盾在逃的时候，有个侍卫用自己的身体当车轮，抬着赵盾的车子往前跑。影片最后程婴妻子抱着小孩的镜头不太好，但是背景音乐还很好。

唐启翠： 赵盾后来能逃也是因为民哲这个人物，民哲原来是晋灵公的侍卫，后来赵盾在路上给了他一顿饭吃，所以在赵盾逃亡的时候，他倒戈护送了赵盾。

尹庆红： 这是属下对主子的忠诚和牺牲，这些东西是感动人的，受人滴水之恩，当涌泉相报。我觉得影片可以提前 5 分钟结束，最后程婴在街上走了 5 分钟没有任何意义。即使是为了表现他在幻想中看到了自己的妻子，那也可以躺在原地出现幻觉，不明白程婴最后走出来是什么意思。那个背景音乐可以在他死后，灯光暗下来的时候放就可以了。

江维萍： 这个不符合常理，一个年纪那么大的人，受了伤还能走那么久。还有影片花了很多的镜头拍程婴深夜画画的情节，把所有的仇恨画下来，但是画的画到哪儿去了呢？给了那么多镜头的画后面也没有交代。

裘宗慧： 应该是让那个小孩来问这个画，然后再告诉他真相，就比较可信了。

王杰： 对，应该让这个小孩自己发现事情的真相。他本意可能是想通过画来告诉小孩真相，但是后来小孩自己听到了。

唐启翠： 其实也是这个小孩自己发现的，他发现有一个刀疤叔叔半夜来找程婴，但是后面又没有交代，而且这个小孩也从来没有问过妈妈到哪儿去了。

尹庆红： 小孩自己无意中看到这样的画和听到那样的谈话，效果可能会好一点。陈凯歌说不能从小教育孩子仇恨，于是设计程婴用画画来记录这件事情，这也是发泄自己的悲伤和仇恨的一种方式，或许也提醒自己的使命，这是他能够忍辱负重的一个精神支柱。不管小孩后来在什么样的情况下看到这些画，然后去问程婴，他才会相信自己的真实身份。在影片中他有一个身份上的疑惑，开始程婴告诉他的真实身份，他是不太相信的，影片的处理都太简单了。

王杰：母亲的缺失是中国现代性文化的一个很值得思考的现象。在西方现代化过程中，女性和审美现代性、艺术表达是结伴而行的，是很凸显的，但是中国的现代化过程中不是这样。鲁迅的小说、《边城》以及陈凯歌的电影都表现出这个特点。这是我的感受。

钱静：我后来才知道，这部影片的前后不连贯是因为前半部分是一个团队制作的，后半部分是另一个团队制作的。因编剧和导演意见不一，所以临时换新的。

王杰：一部电影由两个不同的团队来做，这也是陈凯歌失败的一个重要原因。整个就是一个平铺直叙，没有用电影可以实现的时空切换，这完全就是一个线性的叙事，是很简单的模式，不够丰富。

王一然：我现在觉得这个可能是有原因的。前半部分的剧情本来就有戏剧张力，就需要一个比较快的叙事，但是后面的情节很平淡，可能就不需要用到电影的一些技巧。

孙澄：电影中也对政治有一种内在的反映，比如对“文革”的反映也是不太合适的。还有影片中的人物语言，如晋王、屠岸贾的谋士，他们讲话的腔调怪怪的。

尹庆红：电影前半部分的效果比较好，可能是在消费文化中，这是一种投其所好，包括搞笑的设计都是为了迎合市场的需要。我觉得它的票房应该不会很低，造势还是很大的。

王杰：除了在交大的这场是爆满以外，你们在外面电影院看，市场情况怎么样，上座率高吗？我们可以假设一下，要是前面的那个团队继续拍这个片子，会有什么样的结尾呢？

孙澄：应该说普通观众的评价可能不是像我们这样反思性的评价，我们是把它当作一种文艺批评，对普通观众的调查表明是适中的。

钱静：据说原来设计的结局是程勃本来是不想杀屠岸贾，最后是误杀了。如果没有程婴的帮助，程勃还是杀不了屠岸贾。

王杰：如果这样设计的话，那就会有一个挣扎的过程，即使最后是误杀了屠岸贾，给人的震撼会大些。现在电影的这个结尾没有什么逻辑的力量。今天的时间到了，我看大家之前也写了一些，今天的讨论之后还有什么想法，可以继续讨论，继续写。

（原文刊发于《马克思主义美学研究》2011 年第 1 期）

牺牲的意义
——从陈凯歌电影《赵氏孤儿》谈起

我曾在《也论“东方情调”的审美意义》① 一文中分析过陈凯歌的电影《霸王别姬》，针对国内的一些批评性意见，对《霸王别姬》的审美意义给予高度评价。陈凯歌是一个我喜欢的导演，但是他的新作《赵氏孤儿》的审美意义让我迷惑。在我看来，陈凯歌的《赵氏孤儿》想用古代的题材表达作者重要的现代思想，但是因为犯了类似于拉萨尔在一百多年前犯过的错误：简单地成了某种当代思想和观念的“时代传声筒”，因而并没有达到预期的审美效果。在电影中程婴因为偶然的机缘和对责任的担当，牺牲了自己爱妻、襁褓和一生的幸福；在现实生活中，陈凯歌却因为悲剧观念的错误和美学观念的混乱而牺牲了《赵氏孤儿》的审美意义。

《赵氏孤儿》是一个发生在宗法制度仍然占统治地位时代的传说故事，以血统为基础的忠义观念是整个《赵氏孤儿》的叙事结构基础：高贵的血统具有天生的优先权和巨大的社会资本，为了保证高贵血统的延续，任何牺牲都是可以接受的，或者说是应该的。在元杂剧作家纪君祥的剧本中，公孙杵臼因此献出了自己的生命，程婴则牺牲了自己一生的幸福。从人类学的角度看，在两千多年前的春秋时代，这个叙事逻辑是合理的，并且具有必然性。然而，在全球化时代，在网络传播已经成为基本传播媒介的当代社会，在后世博的中国，这种牺牲

---

① 王杰：《也论“东方情调”的审美意义》，《马克思主义与现代美学问题》，人民文学出版社 2004 年版。

与复仇的故事就显得幼稚和错位了。

事实上，电影《赵氏孤儿》中叠合着三个基本叙事结构：1.《左传·宣公二年》中的“弑君”及赵盾遭杀场景。据《春秋》经载“秋九月乙丑，晋赵盾弑其君夷皋”，《左传》对此有始源有详叙：晋灵公不像个国君的样子，赵盾三番五次的劝谏，惹得晋灵公起了杀赵盾之心，先是派了个叫钮麑的杀手去暗杀赵盾，不想杀手为赵盾的勤政忠贞所感动，自杀舍身而成全忠信；随后晋灵公宴请赵盾，而设伏放獒，欲置赵盾于死地，不想又为义士提弥明和卫士所救，而成功逃到了边境。不想此时赵盾的堂兄弟赵穿杀晋灵公于桃园，即所谓乙丑弑君事，赵盾看到危险过去了就回来主持朝政了。但史官依照“书法不隐”，写了赵盾弑君，而赵盾身为大夫，竟不得不为法受恶。①。而赵氏家族此次并没有被灭族。灭族事发生在成公八年，但不是忠奸争斗的悲喜剧，而是一场乱伦引发的灭族血案。而赵武也没有成为孤儿，而是跟着公主母亲在王宫里避难。②。电影《赵氏孤儿》显然糅合了史实，将灭族前情节移至晋灵公时代的君臣冲突中。2. 司马迁《史记·赵世家》以及据此而作的元杂剧《赵氏孤儿》忠奸争斗、搜孤救孤的故事框架，奸佞屠岸贾和忠义门客程婴、公孙杵臼的介入，整个故事重叙为奸佞当道，忠臣灭门，而门客舍生救孤取义的故事。电影版显然沿用了此一重叙框架：以自我牺牲为代价，保存赵氏遗孤并最终灭奸除害，弘扬正义的故事，悲剧的力量来自为了正义和国家的根本利益最优秀的人牺牲自己的生命或者长期忍辱负重，最终实现“永恒的正义”的胜利。3. 现代叙事视角的人物命运重构。将作为门客的程婴设置成一个市井医生，使之在偶然中陷入历史的旋涡，而成为被动的牺牲献祭者。一个荡气回肠的舍生取义的故事，改写成为现代版的尊重生命与实践承诺的努力：普通的草民为他人的利益和愿望，可以说是不由自主地牺牲了妻儿的性命和自己一生的幸福，故事在显现出人性的伟大和崇高的同时，也呈现了弱者的无奈和悲情。

---

① 详参阮元校刻《十三经注疏》，中华书局 1980 年版，第 1866—1867 页。

② 《左传春秋正义》载成公四年，晋赵婴通于赵庄姬，即赵婴是赵盾的异母弟，赵朔的叔叔，庄姬为赵朔妻，晋灵公、景公姐姐。鲁成公八年（即景公十七年）赵庄姬因赵婴之亡故，而对晋侯说赵同赵括将要作乱，因而赵家被灭了族。详参阮元校刻《十三经注疏》，中华书局 1980 年版，第 1901、1904 页。

在陈凯歌导演的电影《赵氏孤儿》中，这三个叙事结构是叠合在一起的，因此意义也就呈现出复杂和含混。陈凯歌的意图是把牺牲的意义，作为重新叙事和全部悲剧性的基础。程婴作为一个有着良好医德和高超医术的民间医生，因为得到贵人的信任，在危难时刻默默地担当起历史的重任，先是牺牲血亲的家庭，接着又牺牲自己作为一个感性存在的合理要求，以及社会存在的基本权利，最后实现了复仇，而且令人欣慰的是在实现个人复仇愿望的同时，也完成了历史的重任。在实际的观影过程中，我吃惊地发现，一个原本充满悲剧性的故事，在重叙中被演绎成了一部悲喜杂糅的“中国式悲喜剧”。

从人类学意义上说，陈凯歌的电影《赵氏孤儿》，是对中国古代叙事原型的一种现代表征，它通过重新叙事的方式，把当代中国社会深刻而复杂的社会矛盾转换成古老而动人的关于人性、关于爱、关于复仇、关于成长仪式的“世俗神话”。通过陈凯歌的重新叙事，当代社会中的权力斗争和社会矛盾的冲突，都“想象性地”转化成为牺牲的故事和忍耐的故事，正所谓“为有牺牲多壮志，敢教日月换新天”。在电影《赵氏孤儿》中，程婴的人格特点就是复仇，他努力让屠岸贾与自己敌人的血亲骨肉“相亲相爱”，要叫他感受到“生不如死”的滋味，最终目的是“等他长大了，我要把他带到屠岸贾面前，告诉他这孩子是谁，我是谁”。我们在影片中看到，程婴的这些豪言壮语是那样的苍白轻飘，连他寄予厚望的程勃也把他看作是软弱无用的“失败者”。在最后的较量中，程婴和屠岸贾都选择了放弃，程婴选择放弃复仇，屠岸贾选择放弃必须斩草除根的习俗，放赵氏孤儿和程婴一条生路。在这个转折点上，屠岸贾的人格得到某种升华，而程婴则退回到起点：庄姬的嘱托。在这个意义上，陈凯歌的叙事规则是混乱甚至矛盾的：既不是古老的血亲原则，也不是现实的权力原则，更不是“历史的必然要求”。

陈凯歌创作《赵氏孤儿》的初衷是有思考，有价值的。在2010年11月24日接受《南方周末》记者的访谈中，陈凯歌陈述了他自己编剧和导演意图：

> 人不管有多弱，他都有力量站起来说“不”。我觉得程婴最大的成功是，用15年对屠岸贾说“不”。所以我们的广告词是

“最狠的复仇不是杀人，是杀心”。屠岸贾最后所受到的是最大的羞辱，你想斩尽杀绝，我告诉您，这小孩就站在你面前，叫野火烧不尽，春风吹又生。程婴最后虽然死了，但是我觉得他是胜利者。我没有把《赵氏孤儿》完全堪称是一个悲剧，也不把感动作为电影追求的目标。

我觉得程婴是小人物，但他的心不小。在搜孤、救孤这个阶段，在没有任何危险的前提下，救一个孩子，常人也能做到。可是程婴15年抚养孩子报仇，未必人人都能做。从头到尾他没有以一个英雄姿态出现，也不是一个单纯的复仇者，原来怎么活着，现在还怎么活着，这个太难了。①

从这些论述中，可以看出，导演陈凯歌没有自己的悲剧观念，对弱小者的赞美是他的美学观念。

但是在电影的影像逻辑方面，显然这个意图没有得到实现。在现代理论中，人性是一个很复杂难解的命题，很难用一个普遍适用的模式来概括。在电影《赵氏孤儿》中，陈凯歌把人性表征为普通人内心潜藏着的“道德律令”，在特殊的情境中，人性中的美好和崇高的方面可以被激发出来，达到某种审美自由的境界。在电影中，程婴是导演努力塑造的一个形象，有趣的是，屠岸贾在养子亲情的感召下，也实现了这样的人性升华，这种情感逻辑其实是康德美学所论证的一个“审美幻象”。

在影片中，我们看到先是程婴在庄姬的感召下，被动地进入这个境界，然后是赵氏作为一个血亲关系为基础的社会群体与屠氏家族因为政治的原因结下血海深仇，在中国文化传统中，这种仇恨只有“以牙还牙、以血还血”才能得以结算，除非出现一种高于两个家族的共同利益，不然血债将一代一代遗传下去。陈凯歌选择以弱小平民为视角重构这个故事，并不能跳出这个传统。在陈凯歌的叙事中，程婴的救孤行动带着某种偶然性，他既不是赵家的门客，与孤儿也没有任何血亲关系。作为一个有道义感的市井医生，他感动于一个母亲以生命

---

① 陈凯歌：《别让那些“高调”继续毒害观众——站在价值观十字路口的〈赵氏孤儿〉》，载《南方周末》2010年11月24日，http：//www. infzm. com/content/52782/。

为代价的重托和对无辜生命的人道主义悲悯而援手相救，结果被推到了晋国社稷的祭台上，先后奉献出自己的儿子和妻子，接着寄人篱下卧薪尝胆，在最后又献出了自己的生命。在现代人看来真有点不可理解。在陈凯歌所构想的戏剧冲突中，历史必然性的冲突被淡化了，既没有不同社会力量的必然性冲突，也没有人物内心矛盾的苦苦挣扎，有的只是历史的无奈和对古代复仇故事的所谓现代表征，在这种表征中，“牺牲”的古代形式似乎具有了现代意义：个体的利益乃至生命是没有意义的。

在全球化的条件下，权力与弱者的关系，与神话时代和宗法制度占支配地位的时代，已经不同了。如果我们用古典时代的情感逻辑来表征当代人的现实关系和情感结构，很容易因为对其中不同叙事相叠合所产生的效果缺乏把握而失去悲剧艺术最重要的品格：生活中缺乏和丧失了的意义的重新呈现。

（原文刊发于《南方文坛》2011 年第 3 期）

明媚的暴力
——程贤章长篇小说《仙人洞》的人类学意义

关于中国文学中的现实主义问题，包括它的现状和走向的分析，我个人认为有两种可能的工作模式：一种是从大量的文学现象中归纳和概括出某种普遍性的东西；另一种是通过对某些个案的理论“深描”，再结合文化机制和社会结构的诸多因素，对当代中国文学的风格和走向作出某种阐释。因为文学艺术的特殊性，后一种方法不仅是可能的，而且对于当代中国文学而言，也许是文学批评最好的方法。

自从夏尔·波德莱尔提出女性的“纯粹美”可以成为一种象征暴力，并用诗歌的方式加以表现以来，以优美为主要特征的女性美在西方文化中就变得意义复杂而且充满矛盾了。① 在中国文化中，虽然自古以来就有“红颜误国”、“女子是祸水”等观念，但是对女性形象负面审美意义及其深刻的心理学内涵却鲜有文学上的描写和表现，人们似乎一直沉浸在贾宝玉式的“见了女子就清爽”的浪漫主义幻觉里，因而文学的画廊中少了一个重要的方面，现实生活中却多了若干惨痛的悲剧。在我看来，用文学形象将生活中某种深渊般的黑暗呈现出来，将其表现为一种文学典型，是程贤章最近出版的长篇小说《仙人洞》的主要特色及其成就。在当代中国文学色彩斑斓的画廊中，因为陈冬这个文学形象，《仙人洞》具有了重要的美学思想的价值，同时这部寓言化小说还具有了某种人类学的意义。

寓言及其寓言化是中国现代化进程中文学表达的一种重要机制，

---

① 安伯托·艾可：《美的历史》，台北：联经出版事业股份有限公司2006年版。

它既不同于西方文论中以“摹仿论”为基础的“文学典型”理论，也不同于传统中国美学中以“气韵论”为基础的“文学意境”理论。从某种意义上说，当代中国文学中的“寓言化”是这两种文学表达机制以某种方式结合或“杂糅”后形成的一种新的文学表达机制。在《跨国资本主义时代的第三世界文学》这篇著名论文中，弗·詹姆逊用“寓言”和“寓言化”来概括现代化进程中的中国文学的美学风格①，我认为是合理的和能够成立的。在理论上我们应该进一步解决的问题是，在学理上论证“寓言化”的理论基础，在文学分析和阐释的层面用丰富的文学类型和文学现象来论证和说明这种理论的解释能力。本文以广东作家程贤章的近著《仙人洞》为个案，从文学分析的层面作一些分析和论证。

当代中国社会正在高速现代化，这是一个“摸着石头过河”的痛苦过程。在GDP片面高速增长、基尼系数高扬、环境危机严重的同时，现实生活中不同类型人都受到创伤，演绎出不同形态的文化暴力和生活悲剧。在社会现代化的过程中，在努力建设和谐社会的过程中，通过人物形象所折射出来的文化—心理逻辑是很值得深入研究的。在社会矛盾相对尖锐的社会生活条件下，只有本着人道主义关怀的文学家和知识分子，对社会现代化过程中的文化矛盾和文化冲突加以理性的分析和阐释，使“底层”的生活经验和情感得以表达和释放，社会关系的改造以及社会的相对和谐发展才是可能的。表面上看，《仙人洞》是一部以土地改革为题材的小说，从一个侧面表现了土改工作的复杂性；但是，在我看来，《仙人洞》不是一部西方文学传统意义上的“现实主义小说”，仅仅从作品第一章“众神的花园”的寓言性表达就能说明这一点。另一方面，《仙人洞》又不是一个纯粹想象性的寓言式作品，它要表达的是作者十分深沉的人道主义关怀。在《仙人洞·后记》中，程贤章指明了这一点：

……我参加土改深深体会到，即使风卷残云的土地改革，依然有阳光普照不到的角落，依然存在一块“灰色地带”，依然有

① 弗·詹姆逊：《跨国资本主义时代的第三世界文学》，张京媛编《新历史主义与文学批评》，北京大学出版社1993年版。

人兴味索然，精神麻木。生活在底层的芸芸众生，他们的心灵的创伤是那样不可理解，那样可恨、可悲、可叹！不要把我的小说当做什么“土改题材”的小说来读。这样必然会使读者失望，那也不是我的初衷。我只是为当时生活在最底层的另类人作点无力的呻吟。①

发生在20世纪中叶的土地改革无疑是中国历史上一次最深刻的革命。在中国共产党的领导下，长期受剥削、被奴役的广大农民推翻了压在头上的“三座大山”，第一次实现了生产关系和政治依附关系的全面解放。对于许多被解放的偏僻山村而言，几乎在一夜之间，一些原本在政治上、经济上、文化上甚至情感上赤贫的农民获得了生杀予夺的权力。由于相应的现代民主制度一时没有来得及建立起来，文化和情感上的断裂和真空很容易导致政治、经济权力的滥用和扭曲，成为个别人畸形情感的表达工具。这个时候，“历史的必然要求与这种要求的不可能实现”之间的矛盾和冲突就十分突出了，成为许多悲剧性事件和情景的现实原因。在《仙人洞》中，贫协主席陈冬就是这样一个政治上获得权力，但在文化上和心理上极度贫乏和扭曲的人物典型。在新的社会秩序和管理制度尚未建立起来的真空阶段，陈冬这个被解放了的“俄狄浦斯”，把漫长岁月中受压抑的黑色情绪在欲望的亢奋和政治权力的滥用两种机制上同时表达、相互强化，编织出一幅人性“失重”状态下的欲望投射轨迹，成为一个值得“细读”和深入分析的“案例”和文学典型。

仙人洞是一个广东客家山村的村名，作为小说中故事展开的背景和环境，在我看来，它被作家“寓言化”了。在小说中，仙人洞的背景和环境，主要包括以下几个方面的因素：

第一，广东客家侨乡土地改革初期的情况。

第二，关于玉皇大帝命西天取经回来的孙悟空在仙人洞一带垦殖花果树木从而使该地成为花果山的神话故事。

第三，仙人洞张家围的祖先张三的两个妻子的传说，即“甜妹克夫，玉妹杀子”的传说故事。

---

① 程贤章：《仙人洞》，花城出版社2005年版，第233页。

第四，关于仙人洞的自然地理情况。小说的描写十分简略：

> ……进村第二天，我去瞻仰了向往已久的仙人洞。我的心情很好，因为，清军和太平军两次激烈的炮火，并没有摧毁土地的生命。仙人洞周围的山头，树木长高了，仙人洞也渗出潺潺流水，水是生命之源，有水必有草木，有草木必有禽兽。如果栽些果木，这里很快会成为花果山的。①

仙人洞作为一个自然村，有两个客家围龙屋，一个是仙人洞最早的开拓者张三的后裔们所居住的张家围，一个是客居仙人洞的陈氏家族居住的陈家围。张家围的居住者在政治、经济、文化上都较陈家围具有明显的优势。陈家围的人们较为贫穷，受苦更深重，因而在土改时很自然地成为工作队依靠的主要力量。在我看来，《仙人洞》的主要人物既不是工作队队长宋火同志，也不是“我”辉同志，而是贫协主席陈冬。在小说中，陈冬的面目十分神秘，无论是其长相、生活习惯、爱好，还是其家世等情况都没有被正面描写，但是，仙人洞土改工作过程中所发生的一切都与她直接有关。她神奇地掌控着仙人洞土改的进程，玩弄各类人物的命运于股掌之间。作为以性能力为主要资本的女人，陈冬的相貌应该是娇美明媚的。但是通过小说的叙事，这个形象给人的不是美感，甚至也不是快感，在小说中的陈冬整个形象渗透出一种从无底的深渊涌上来的阴森之气。

仙人洞的土改工作十分有意思的一个现象是，阶级关系和阶级敌人被想象性地放大。而这种想象性放大“敌情”甚至生造“敌情”的原因，既不是土改工作政策上和认识上的错误，也不是工作组工作方法失误造成的。其真正的原因是在当时特殊的意识形态氛围下，某些关键人物因为情感扭曲而产生的幻觉在仇恨和妒忌心理的驱使下，上演了一幕幕惊心动魄的社会悲剧，改写了许多人物命运的历史。工作组进驻仙人洞后，发生的第一件奇事是小说叙事者“我”的“三同户”张十三赤身裸体睡在韦寡妇家前廊的吊篮里，后被贫协主席陈冬与她女儿一道抬回张十三家。张十三是仙人洞有名的风流汉，该汉子

① 程贤章：《仙人洞》，花城出版社 2005 年版，第 18 页。

五短身材，相貌丑陋，无妻无室，靠开理发店为生。此人的特长除了理发之外还是一个采花高手，不时被耐不住寂寞的妇人装在吊篮中提回家去风流快活，此事已是仙人洞的一景，并不奇怪，令人奇怪的是，这一天夜里他被陈冬从美丽善良的韦寡妇廊厅下抬回来，直接结果是韦寡妇受不了流言蜚语的羞辱，投井自尽了。在小说的结尾部分，作者揭示了这一事件的因果关系。

> 小林（土改工作组的一名成员——引者注）说："我的婚姻很不幸，结婚第二年妻子生小孩的时候难产，大出血死了。我心仪韦寡妇，是她长相与我前妻极其相似。连双眉间有颗黑痣都一个样。当初一见面，我怀疑是妻子复生。我下了决心，待土改结束后她再不情愿我也要娶她。谁知她命薄，我无福。我还没有谋划好，她已命归黄泉了。""我"忙问："此事，你和村里哪些人说过？""我只是和陈冬简单说过，土改后若娶韦寡妇请她做大媒。""我"接连说："你这句话是一剂毒药，是一颗炸弹！是你这句话害死了韦寡妇！"小林哭了，泪流满面："我怎么知道世道人心如此险恶？我直到现在才真正觉悟。"

这真是一个让人震惊的逻辑。在土地改革这种暴风骤雨式的革命过程中，爱情在生活中的位置被边缘化了。土改工作组成员小林心仪寡妇韦兰香也还只是一个很朦胧的意向和念头，居然给韦寡妇招来大祸，最终致其命归黄泉。这种对非常弱小的爱意也生出妒忌并疯狂的破坏，扼杀的不仅仅是一对恋人可能的幸福生活，害死了美丽端庄的韦寡妇，甚至牺牲了当事人自己的姘头、采花高手张十三，更重要的是，这一连串事件所带来的恐怖氛围对生活在底层人们的巨大伤害。作为这一连串事件的逻辑结果，张十三最终死在贫协主席陈冬的铁锤之下。陈冬的心理逻辑和情感世界的阴暗实在让人触目惊心。在小说中，张十三是陈冬的性玩偶，随时被招去供消遣和玩弄。而陈冬利用自己的身体美貌，把土改前的乡长、两任土改工作组组长、张十三以及仙人洞任何一个有头有脸的人都纳入自己的"幸福"版图之中，建立起自己的"快乐大本营"，生理上和情感上的欲望都得到了某种程度上的充分满足。就是这样一个政治上权重一时、生理上饱食无忧的美貌女子，仅仅因为小林的一个富于人情味的念头和设想就动了杀机，策划并上演了一幕幕骇人听闻的惨剧。程贤章的笔端因此而触及了人性和中国文化深层中某种长期不被注意，但事实上不仅存在而且发挥作用的因素。因为这一类的人和事在我们今天的日常生活中仍然以不同的形式存在着，成为建设真正和谐社会的障碍，因而我们有必要研究并阐释其中的机制和文化逻辑。

从美学的角度看，《仙人洞》中的陈冬作为一个典型性的文学形象，既有人物主体的心理和文化的根源，也有典型环境所提供的外部条件。没有特殊的外部条件，这种美丽的剧毒毒菌是生长不出来的。仙人洞的土改因为领导者素质太低以及十分简单的阶级斗争逻辑，造成了一个十分奇特的典型环境，这就是革命爆发时期特有的独裁专政，这种暴力的直接结果就是文化以及富于人性的情感的暂时中止。陈冬正是在“没有贫农便没有革命，若打击他们就是打击革命，若反对他们便是反对革命”的简单公式化逻辑营造的意识形态氛围中登台亮相，并成为仙人洞土改工作的实际主宰者。在人物环境的营造方面，程贤章的《仙人洞》不是采用西方现实主义和批判现实主义细节真实的描写方法，而是从中国小说传统中的意境营造手法中采借了许多东西，通过神话传说、历史故事的铺垫，把故事的叙述放到“寓言化”的情景和意境中去展开和演绎，将小说的真实性建立在某种“天命使然”的文化逻辑基础上，因而简单的故事情节和白描式的人物描写，也能产生出真实感人的审美效果，使读者在人物形象的基础上感受到丰富而灵动的无穷意味。我个人以为，这样一种表现方法和美学风格是值得重视的，因为它具有文化上和学理上的合理性，同时又具有美学上的独特性。

从马克思主义美学的角度看，作为文学艺术表达对象的“虚空”指的是社会现实中的“现实生活关系”。因为社会生活的复杂性以及意识形态的遮蔽作用，“现实生活关系”只能以虚空的形式存在、言说并表达某种重要的信息和意义。中国文学传统和美学传统的一个重要特点，就是善于用寓言化的形象表达言外之意和象外之象，用文学艺术形象表征出现实生活底层始终被压抑着的存在以及他/她们的声音。寓言性的形象正因为表征了特定的典型环境中的典型人物，因而具有生活本质的意义和某种普遍性。在这里，情感和想象的轨迹或者说逻辑是其重要的文化基础，这种情感逻辑与现实关系逻辑的内在一致性成为这种艺术真实性的学理基础。在小说《仙人洞》中，南方侨乡客家人居住地的土地改革初期，由于土改工作组的左倾工作方针，形成了较为特殊的人际关系和意识形态氛围。正是社会转型期的这种特殊的社会条件和意识形态氛围，才使陈冬以及陈冬式的“贫农”在一个特定的时期取得了土改的领导权，并将政治权力转化为个人利益以及个人私己情感的表达工具。从理论上说，没有当时那种特殊的社会关系和意识形态氛围，陈冬这个形象的典型性也就不复存在了。

陈冬后来因为与第二任工作组组长宋火勾搭成奸，因怀孕使奸情败露，从而结束了她的权力与性欲同时显赫一时的人生喜剧。当我们结束文本阅读回到现实的日常生活的时候，我们清楚地意识到，作为一种文学典型，只要产生它的社会土壤和心理动因仍然存在，它就会以某种方式获得自己的文化表达，只是形式上不一定再具有典型性。陈冬作为一个贫农出身的土改骨干，在生产资本和文化资本都十分匮乏的条件下，因为土改的特殊政治空间，也因为其本人超强的“性能力资本”，在仙人洞的土改工作中大权独揽，肆意妄为，享尽了风口浪尖上的“无限风光”。从文学形象谱系的角度看，陈冬这个人物形象也把一种人格和心理类型较为典型地呈现给读者。正是在这个意义上，程贤章的《仙人洞》是成功的，在文学上和文化上都有其自身的价值和意义。从现象上看，陈冬的人格是极度的扭曲。在漫长的艰辛生活和不平等的人际关系中，饱受压抑的个体心理如果没有爱情、友谊等积极情感的滋润和呵护，会致使个体心理发生退行性改变，在一些极端的个体和案例中，这种退行性会导致人性的完全丧失。也就是说，个体在肉体上是一个人，在心理上则已退化为一个动物，《仙人洞》中的陈冬就是这样一个个体。

小说《仙人洞》的故事情节以仙人洞土改工作的进程为主线，贫协主席陈冬是主要矛盾的主要方面，她掌控着仙人洞的土改工作进程。矛盾的对立面是被想象性夸大的各种“敌对力量”，包括真正的贫农韦兰香、流氓无产者张十三、抗日时期第一战区后方留守主任张远安、伪巡官张远冲、伪乡长张远锋、疯醉汉阿敬及其母亲陈三婢、民族工业企业家张远香，等等。在小说的最后，斗争的锋芒指向了工作组中的“知识分子”、小说的叙事者“我”。在这些形形色色的“阶级敌人”中，有的是真正的敌人和应该打倒的剥削者，诸如张远安、张远冲、张远锋等，但作者的笔墨更多的是描写因为社会的复杂和人生的不幸而沉沦到社会底层苦苦挣扎在边缘状态中的芸芸众生，包括中国式的“波希米亚人”和被污辱和被迫害的善良的人们。陈冬作为一个文学形象的独特之处在于，即便是在她的内心深处也没有一丝人类的同情心和怜悯之情，她内心的仇恨和恐惧是如此之强大，湮没了哪怕一星半点的人性的火花。在小说的最后，陈冬为了陷害土改工作组的“知识分子”辉同志，唆使自己的亲生女儿在夜深人静之时袒胸露背地到辉同志的住处勾引辉同志。在这里，人类的智慧、意志力等重要的本质力量也服从于邪恶的欲望和阴暗的心理，从而使邪恶具有了更加强大的力量和破坏性能量。这是一种“坏的恶”，是反历史进步、反文化和反人性的，是一种让最勇敢的人也难以对抗的力量。当美的形象被用来作为邪恶和阴谋的诱饵时，美事实上已经消散而不再存在。

从当代人类学和分子生物学提供的研究成果看，“爱美之心，人皆有之”的观念和假设都是不完全的，对于一些严重退化的人类个体来说，这个命题是虚幻的。温情、善良、牺牲精神、正义感和责任心等人性化的情感并不是像启蒙主义时代的思想家所设想的那样天生存在于人的心底，历经现实生活的苦难磨炼而不改其初衷。的确，在人类历史上和现实生活中有这样一批人，他们是社会的脊梁，也是人类美好情感和高尚的评价标准的承载者。但是，历史和现实中的许多悲惨事件则一再告诉善良的人们，人类是一个十分复杂而且不断变化着的种族存在，在科技昌明、物质和财富的能量被极度开掘出来的全球化时代，弱小者的尊严和无权无势者的生命价值很容易被强势文化所忽视。GDP 和各种权力并不意味着人性的提高和丰富，抵抗的可能性不是简单存在于主体的内部，而是存在于历史之中，存在于对差异的坚守和拒绝非人性现象的勇气。

也许正因为用美的形象来彻底地否定美的存在，陈冬这个人物形象具有了重要的美学意义乃至人类学的意义。坦率地说，从小说创作的角度讲，陈冬这个人物形象并不是十分饱满的，小说的描写还显粗糙，叙事的线索也过于简单、直露。从文学的艺术性角度讲，《仙人洞》不算是一部非常优秀的小说。但是从社会性思考和人类学反思的意义上，我认为《仙人洞》塑造的陈冬这个人物形象是成功的。它揭示出在中国南方文化中，有一种女巫般的破坏力量存在于社会和文化的底层，在特殊的情景中，在外力的搅动下，它会浮出地表释放出惊人的破坏性力量。在这个意义上，《仙人洞》是有创造性和特殊的文学价值的，其中的特殊性不在于给人移情化的审美娱乐，也不在于给人以新的审美体验带来的“震惊”，而在于挑起和牵动我们的某根神经，使我们感受和“回忆”起日常生活中的一些“小事”和“怪事”，引起对其中意味深长的沉默的回味和思索，从而学会保护善良和弱小者的尊严。在《仙人洞》中，小说的叙事逻辑告诉我们，坚持正义和保持住善良和温情，最重要的不是智慧而是抗争的勇气。最后我想说的是，从马克思主义美学的角度看，所谓现实主义文学就是那些通过“感性的真理”① 引起我们思考现实，并唤起我们的温情和勇气的文本。

（原文刊发于《马克思主义美学研究》2008 年第 2 期）

---

① “感性的真理”指审美经验以及对象化形式中所表达的人类存在的真理性，它不同于理论的真理、具有感性经验的直接性和丰富性，中国古典美学中许多论著描述了这种现实。

后　记

近年来，美学问题和现代审美问题重新回归公共话题领域。在社会的大背景下，随着文化产业逐渐成为快速发展的经济体，文化，特别是以艺术为中心的现代文化产业事实上正在成为经济发展的重要驱动力，一种可以称之为“审美资本主义”的社会发展模式已经形成并迅速发展。在文化的内部，审美现代性的复杂性，辩证矛盾，审美现代性与“发展主义”的矛盾冲突，不同类型的审美现代性之间的相互冲突，以及对启蒙主义的重新研究和思考，等等，都使美学问题的研究重新引起人文学科和社会科学各个领域的高度重视。在美学内部，暴力美学和生态美学的兴起，不同文化、不同文明审美习性的自主性和合理性，时尚哲学，认知美学问题，大学人文教育问题，现代悲剧理论等美学的基本问题研究呈现出重新活跃的种种现象，美学正在回归当代人文学科的前沿。

2000年，人民文学出版社出版了我的第一本论文集《马克思主义与现代美学问题》，2004年和2006年分别重印，近期还将由北京师范大学出版社再版。本书所收集的论文主体是2000年以来我所刊发的部分论文，因为集中在现代审美问题的论域内，而人类学的理念和方法是我研究工作的基本理念与方法，因而取名《现代审美问题：人类学的反思》。

我将研究重点转向审美人类学主要与当年我的工作单位广西师范大学的学科建设有关。2004年《东方丛刊》第1辑上的一篇短文《聆听刘三姐的歌声，推动审美人类学的发展》，大致记录了我当年研究工作的心路历程。

聆听遥远的声音，寻找失落文明的踪迹，既是一种当代学术时尚，也是人的一部分本性。在历史所形成的特殊距离中，许多古老文明的文化创造转化为美的形象。在很长一段时间里，我一直认为处于前工业化生活状态的人们的生活是快乐而富有诗意的，美学是一门给人带来幸福和快乐的学问，然而当代生活的现实经验和感受却告诉我，情况并非完全如此。

历史与现实常常存在着巨大的反差。我是在南宁和柳州长大的，第一次真正到山区和农村生活是中学毕业后下乡插队，当时我去了三江县斗江公社牙林大队第六生产队，村寨有一个很好听的名字，叫小龙胜。桂北山区的青山绿水和淳朴民风给我留下了终生难忘的美好回忆。近二十年，中国社会的现代化改变了生活中的许多东西，在一定程度上也改变了我们自己。近年来，为了加深对现实的理解，我较为关注西南地区少数民族的社会和文化发展问题，并对此进行了一些初步的调研。我很吃惊地发现，社会的现代化和经济全球化把沿海城市与少数民族山村之间的差距陡然拉大了，由此产生了强烈的反差和新的不平衡。广西电影制片厂拍摄的电影《一个都不能少》反映的现实是真实的。作为一名有良知、有责任感的知识分子，对这些现象应该有所思考、有所作为。我自己的选择是从审美人类学的学科建设和理论实践等方面，努力做一点实实在在的工作，对抗和抵挡经济全球化所带来的文化压力。

近年来，在努力研究马克思主义美学和文艺理论的同时，我和广西师范大学的同事们积极倡导和推动审美人类学的研究以及相关的田野调查，我们的目标是，从美学研究和文艺学研究的角度，对西南地区少数民族文化在经济全球化压力下的发展和更新问题做出有说服力的理论研究。要真正达到这个目标，其实很不容易。在经济全球化和文化媒体化的时代，民族问题包括民族审美现象和民族艺术都纳入到全球化的过程中，孤立地研究和阐述民族审美现象和民族文学艺术已经没有意义。在全球化和标准化的时代，问题的关键在于找到审美文化的特殊性。因此，以田野调查为特征，以研究文化差异为目的的人类学方法和理论自然引起学术界的重视。我们所做的工作主要是以广西少数民族文学艺术现象的田野调查为基础，并且探讨在多元文化的碰撞和强势文化的压力中进一步发展的途径和可能性。

文化压力和巨大的经济落差在不同的视野和不同的生活态度中可以呈现出不同的意义，这是我们在审美人类学研究和田野调查中的一个切身体会。在南宁国际民歌艺术节的演出现场，在那坡县山村的山歌考察活动中，在对阳朔福利镇民间期会的田野调查中，我们都强烈感受到经济全球化的巨大压力，感受到许多人无奈的悲伤，也惊讶地看到少数民族民间文化优美潇洒的“反利用”机制。在理论上，特别值得注意的是这种“反利用”的机制，即将某种外在的压迫性的东西，转化为内在的富有实用功效的东西，类似于“化腐朽为神奇”的机制。例如，南宁国际民歌节对都市大众文化表演技巧的“反利用”，阳朔福利镇民间期会对商品化现象和机制的“反利用”，都展示出令人惊奇的东方智慧和以小博大的恢弘气度。感受到的东西不一定理解它，只有理解了的东西才能够充分感受它。审美人类学的任务在于对这种少数民族文化中类似于阿凡提式的“反利用”机制作出理论上的分析和阐述。这项工作当然难度很大，但它给我们一种行走在大地上的感觉。

有人说“刘三姐”是歌仙，也有人说“刘三姐”是女巫。在后现代主义文化条件下，在全球化的历史背景中，“刘三姐”事实上是当代少数民族个体的文化面具，它有效地阻断了经济全球化的巨大压力，用歌唱的揶揄将暂时的贫穷和落后的现实与强大的经济和文化力量结合起来，使它成为一个可以把握的对象，面具后面的主体也就可以轻松愉快地高举着面具前行——沉重的现实因此转化为可亲可爱的、自己的生活。因此，学会聆听“刘三姐”在当代学术研究中具有十分重要的意义。

现在想来，十分遗憾的是，写下这些文字一年以后，我就抱着十分复杂的心态离开了广西，离开了长期生活并深爱的家乡。审美人类学的研究也受到某种程度的影响。

在广西师范大学工作期间，海力波教授是我的合作伙伴，我们一起做田野调查，一起讨论了许多问题，本书中有四篇论文是我们合作撰写的。包括《审美人类学与马克思主义美学的当代发展》《审美人类学：研究方法与学科意义》《马克思的审美人类学思想》《列维－斯特劳斯与审美人类学》。当时我在广西师范大学给研究生讲“审美人类学”这门课程，海力波老师将我的讲稿和讲课内容整理成论文陆续发表。《审美人类学的学理基础与实践精神》是我与覃德清教授、海力波教授关于审美人类学学科建设一系列讨论的结果。我们这个团队的长期工作的一个阶段性成果于2005年获得了国家级优秀教学成果的二等奖，得到许多专家的认可和好评。收在这本集子里的《现代性与悲剧观念》是与肖琼副教授合作的，《六十年来马克思主义文论在中国的范式转化及其基本问题》是与段吉方教授合作的，《中国悲剧观念：理论传统及其当代意义》是与博士生谢卓婷合作的。这些论文是我们共同探讨有关问题的产物，也是我们友谊的见证。

说到感谢，首先要感谢我的这些合作者，他们的帮助和友谊是我一路走来的主要动力；我还要感谢妻子林屏和儿子王真，他们在我艰难的学术生涯中一直给我理解与支持，文集中的许多文章是妻子和儿子帮我打印的。《文学评论》《文艺研究》《学术月刊》《文艺理论与批评》《社会科学家》《民族艺术》《广西民族大学学报》《南方文坛》《文艺报》《西藏大学学报》《山东大学学报》等报刊刊发过这些论文，在此一并表示感谢！此外，我还要感谢张永禄副教授，在2013年上海有气象史以来最酷热的暑假里，张永禄老师帮我编辑了这本文集，使我过去十余年的学术成果有了一个整理和回顾。最后，感谢北京大学出版社张文礼编辑的细心工作，使本书得以顺利出版。

王 杰

2013年9月5日于上海交通大学

美学与文化理论研究所